工程流体力学

薛向东　主编

方程冉　王彩虹　副主编

清华大学出版社
北京

内容简介

工程流体力学是土木工程、水利工程等专业的重要基础课程。本教学用书系统阐述了流体力学的基本理论、数学模型和计算方法，对各种常见工程问题进行了分析和解析。本书通过系统性的阐述，力图实现读者能够应用流体力学的方法和理论发现各种流体力学现象，并能解决相关实际工程中的问题。

全书共分六部分：第一部分为第 1 章绪论；第二部分为第 2 章流体静力学；第三部分为第 3 章流体动力学；第四部分为实际流动，包括第 4~8 章；第五部分为第 9 章有压气体流动；第六部分为第 10 章工程流体机械。

本书可作为高等学校土木工程专业流体力学课程的教学用书，也可作为给水排水、水利、市政与环境、建筑设备等专业的教学用书和参考书。

版权所有，侵权必究。举报: 010-62782989, beiqinquan@tup.tsinghua.edu.cn。

图书在版编目(CIP)数据

工程流体力学/薛向东主编. —北京：清华大学出版社，2021.6（2025.2重印）
ISBN 978-7-302-58403-2

Ⅰ. ①工… Ⅱ. ①薛… Ⅲ. ①工程力学－流体力学 Ⅳ. ①TB126

中国版本图书馆 CIP 数据核字(2021)第 102856 号

责任编辑：刘一琳
封面设计：陈国熙
责任校对：赵丽敏
责任印制：杨 艳

出版发行：清华大学出版社
  网　　址：https://www.tup.com.cn, https://www.wqxuetang.com
  地　　址：北京清华大学学研大厦 A 座　　邮　　编：100084
  社 总 机：010-83470000　　邮　　购：010-62786544
  投稿与读者服务：010-62776969, c-service@tup.tsinghua.edu.cn
  质量反馈：010-62772015, zhiliang@tup.tsinghua.edu.cn
印 装 者：三河市铭诚印务有限公司
经　　销：全国新华书店
开　　本：185mm×260mm　　印　张：17.5　　字　数：422 千字
版　　次：2021 年 6 月第 1 版　　印　次：2025 年 2 月第 2 次印刷
定　　价：55.00 元

产品编号：091809-01

前言

本教材是为高等学校土木工程专业流体力学课程编写的教学用书,也可作为水利、给水排水、市政与环境、建筑设备等专业的流体力学教学参考用书,教学时数适宜在 32～48 学时。

遵照全国高校土木工程学科专业指导委员会的指导精神,依据中国工程教育专业认证协会关于土木工程专业课程建设的具体要求,本教材进行了较详细的前期组织调研与讨论,对核心内容的组织与编写方案进行了反复论证。本教材参考了近年来出版的国内外流体力学相关书籍,并结合编者在浙江省一流课程(流体力学)建设过程中的深刻体会编写而成。

本教材注重教学内容的系统性和逻辑性,强调章节内容之间的独立性与衔接性。整体编写思想是以经典力学普遍性原理为引入点,由浅入深地过渡到流体力学模型的建立与数学方程的求解,进而对实际工程问题进行分析和解析,以期望读者在心理接受度较高水平下掌握相关知识。

全书共 10 章,内容包括绪论、流体静力学、流体动力学、黏性流体的水头损失、压力管道流动、明渠流动、堰流、渗流、有压气体流动和工程流体机械。为培养读者的科学思维,提高分析和解决工程问题的能力,编者精心选编和设计了章节例题和课后习题,并以二维码形式提供答案。

由于编者水平所限,书中难免存在表述不足之处,恳请广大读者批评指正!

编 者

2021 年 3 月

目 录

第 1 章 绪论 ·· 1
  1.1 物质的相态与相变 ·· 1
    1.1.1 物质的相态 ·· 2
    1.1.2 物质的相变 ·· 3
  1.2 流体的主要物理性质和分类 ··· 4
    1.2.1 流动性 ·· 4
    1.2.2 惯性 ··· 4
    1.2.3 密度 ··· 5
    1.2.4 压缩性与膨胀性 ··· 6
    1.2.5 热传导 ·· 8
    1.2.6 黏性 ··· 9
    1.2.7 理想流体和连续介质模型 ·· 12
    1.2.8 牛顿流体和非牛顿流体 ··· 13
  1.3 作用于流体上的力 ·· 15
    1.3.1 表面力 ··· 15
    1.3.2 质量力 ··· 16
  1.4 流体力学的发展史 ·· 16
    1.4.1 中华文明对流体力学研究的贡献 ·· 16
    1.4.2 流体力学在欧美国家的发展 ·· 18
    1.4.3 当代流体力学的发展 ·· 19
  1.5 工程流体力学的内容与任务 ·· 21
  习题 ··· 21

第 2 章 流体静力学 ··· 24
  2.1 静止流体中的应力特性 ·· 24
    2.1.1 应力的方向垂直并指向受压面 ·· 24
    2.1.2 静压强的大小和受压面的方向无关 ·· 25
  2.2 流体平衡微分方程及其积分 ·· 27
    2.2.1 流体平衡微分方程 ·· 27
    2.2.2 平衡微分方程的全微分形式 ·· 28

2.2.3　等压面 …… 30
　2.3　重力场中静压强的计算 …… 31
　　　2.3.1　液体静压强的计算 …… 31
　　　2.3.2　气体静压强的计算 …… 32
　　　2.3.3　帕斯卡定律 …… 34
　　　2.3.4　压强表示与度量 …… 35
　2.4　相对平衡状态下的压强分布规律 …… 37
　　　2.4.1　匀加速直线运动 …… 37
　　　2.4.2　匀速圆周运动 …… 38
　2.5　受压平面的静水压力计算 …… 40
　　　2.5.1　矩形平面的静水压力 …… 40
　　　2.5.2　任意形状受压平面的静水压力 …… 42
　2.6　受压曲面的静水压力计算 …… 45
　　　2.6.1　静水总压力数值 …… 45
　　　2.6.2　静水总压力作用方位 …… 48
　习题 …… 49

第3章　流体动力学 …… 55

　3.1　流体运动学 …… 55
　　　3.1.1　流体运动的描述方法 …… 55
　　　3.1.2　拉格朗日描述 …… 56
　　　3.1.3　欧拉描述 …… 57
　　　3.1.4　拉格朗日描述和欧拉描述的关系 …… 59
　3.2　动力学基础知识 …… 61
　　　3.2.1　流体运动的分类 …… 61
　　　3.2.2　迹线和流线 …… 62
　　　3.2.3　元流、总流和过流断面 …… 64
　　　3.2.4　流量和断面平均流速 …… 65
　　　3.2.5　基本定律 …… 66
　3.3　质量守恒定律与连续性方程 …… 67
　　　3.3.1　试验发现 …… 67
　　　3.3.2　概念解析 …… 67
　　　3.3.3　连续性方程的微分形式 …… 67
　　　3.3.4　连续性方程的积分形式 …… 70
　3.4　流体运动微分方程 …… 72
　　　3.4.1　理想流体运动微分方程 …… 72
　　　3.4.2　黏性流体运动微分方程 …… 73
　3.5　能量守恒定律与伯努利能量方程 …… 77
　　　3.5.1　试验发现 …… 77

    3.5.2 概念解析 ·· 77
    3.5.3 理想流体的伯努利方程 ·· 78
    3.5.4 黏性流体的伯努利方程 ·· 83
  3.6 动量守恒定律与流体的动量方程 ·· 88
    3.6.1 试验发现 ·· 88
    3.6.2 概念解析 ·· 88
    3.6.3 恒定总流动量方程和动量矩方程 ··· 89
  3.7 动力学方程在工程中的应用 ··· 93
    3.7.1 应用条件 ·· 93
    3.7.2 解题思路 ·· 96
    3.7.3 典型算例 ·· 96
  习题 ·· 99

第4章 黏性流体的水头损失 ·· 104

  4.1 层流和紊流 ·· 104
    4.1.1 层流和紊流现象 ·· 104
    4.1.2 能量损失与流速的关系 ·· 105
    4.1.3 雷诺数 ·· 106
    4.1.4 水头损失的分类 ·· 108
  4.2 水头损失的力学机理 ··· 109
    4.2.1 均匀流基本方程 ·· 109
    4.2.2 沿程水头损失计算公式 ·· 111
    4.2.3 圆管均匀层流 ··· 112
  4.3 紊流概述 ··· 114
    4.3.1 脉动现象与时均化 ·· 114
    4.3.2 紊流的附加剪切应力 ··· 115
    4.3.3 紊流核心与黏性底层 ··· 115
    4.3.4 紊流时壁面状况 ·· 116
  4.4 紊流时的沿程水头损失 ··· 117
    4.4.1 尼古拉兹试验 ··· 117
    4.4.2 当量粗糙度 ·· 119
    4.4.3 沿程水头损失系数的经验公式 ··· 120
    4.4.4 谢才公式 ·· 123
  4.5 紊流时的流速分布 ·· 124
  4.6 边界层理论 ··· 128
    4.6.1 边界层基本概念 ·· 128
    4.6.2 边界层分离 ·· 129
    4.6.3 摩擦阻力和压差阻力 ··· 130
  4.7 局部水头损失的计算 ··· 131

  4.7.1 断面突然放大的局部水头损失系数……………………………………131
  4.7.2 其他局部水头损失系数……………………………………………………133
习题…………………………………………………………………………………………136

第 5 章 压力管道流动……………………………………………………………………140
5.1 孔口与管嘴出流………………………………………………………………………140
  5.1.1 孔口出流……………………………………………………………………140
  5.1.2 管嘴出流……………………………………………………………………145
5.2 有压管道的水力计算…………………………………………………………………147
  5.2.1 短管水力计算………………………………………………………………147
  5.2.2 长管水力计算………………………………………………………………151
5.3 管网水力计算原理……………………………………………………………………154
  5.3.1 枝状管网……………………………………………………………………154
  5.3.2 环状管网……………………………………………………………………155
5.4 压力管道水力计算……………………………………………………………………156
  5.4.1 管网节点流量的确定………………………………………………………157
  5.4.2 环状管网水力计算的基本步骤……………………………………………158
  5.4.3 环状管网的水力工况分析与调节…………………………………………159
习题…………………………………………………………………………………………161

第 6 章 明渠流动…………………………………………………………………………166
6.1 明渠流概述……………………………………………………………………………166
  6.1.1 基本概念……………………………………………………………………166
  6.1.2 渠道类型……………………………………………………………………166
6.2 明渠恒定均匀流水力计算……………………………………………………………168
  6.2.1 恒定均匀流的水力计算公式………………………………………………169
  6.2.2 水力最佳断面的确定………………………………………………………171
  6.2.3 工程设计中的流速和糙率选择……………………………………………173
  6.2.4 无压圆管水流特征…………………………………………………………174
  6.2.5 恒定均匀流的水力计算……………………………………………………175
  6.2.6 复杂断面明渠的水力计算…………………………………………………177
6.3 明渠非均匀流水面曲线计算…………………………………………………………181
  6.3.1 明渠水流流态………………………………………………………………182
  6.3.2 断面比能和临界流判别标准………………………………………………184
  6.3.3 棱柱形渠道非均匀渐变流水面曲线分析…………………………………186
  6.3.4 非均匀渐变流水面曲线计算………………………………………………191
习题…………………………………………………………………………………………194

第7章 堰流 … 196

7.1 堰流特征与堰的分类 … 196
- 7.1.1 堰流特征 … 196
- 7.1.2 堰的分类 … 196

7.2 堰流的基本公式 … 197

7.3 工程中的堰流计算问题 … 199
- 7.3.1 薄壁堰 … 199
- 7.3.2 实用堰 … 200
- 7.3.3 宽顶堰 … 201

习题 … 203

第8章 渗流 … 204

8.1 渗流的基本特征 … 204
- 8.1.1 土壤中水的形态特征 … 204
- 8.1.2 土壤的渗流特征指标 … 205
- 8.1.3 渗流简化模型 … 205

8.2 渗流的达西定律 … 205
- 8.2.1 达西定律的表达式 … 205
- 8.2.2 达西定律的应用范围 … 207
- 8.2.3 达西定律中的渗透系数 … 207

8.3 渐变渗流方程 … 208
- 8.3.1 连续性微分方程 … 208
- 8.3.2 运动微分方程 … 208
- 8.3.3 恒定渗流的流速势 … 210
- 8.3.4 初始条件和边界条件 … 211
- 8.3.5 渗流问题的求解 … 212

8.4 工程中的渗流问题 … 213
- 8.4.1 地下明槽渐变渗流 … 213
- 8.4.2 井的渗流 … 219
- 8.4.3 均质土坝渗流 … 224

习题 … 227

第9章 有压气体流动 … 231

9.1 基本概念 … 231
- 9.1.1 声速 … 231
- 9.1.2 马赫数和马赫锥 … 233

9.2 气体一维恒定流动 … 234
- 9.2.1 连续性方程 … 235

9.2.2 运动微分方程 235
9.2.3 状态方程 236
9.2.4 能量方程 236
9.2.5 等熵气流动力学 239
9.2.6 可压缩与不可压缩气流之间的误差限 241
9.3 喷管的等熵出流 242
9.4 可压缩气体管道流动 245
9.5 工程中的绝热管流问题 248
习题 250

第10章 工程流体机械 253

10.1 水泵与风机工作原理 253
    10.1.1 叶片式工作机原理 253
    10.1.2 容积式工作机原理 254
10.2 工作机的特性曲线 254
    10.2.1 理论特性曲线 254
    10.2.2 实际特性曲线 256
10.3 管道特性曲线 257
10.4 工作点的选定 258
10.5 机组联合工作 259
    10.5.1 并联工作 259
    10.5.2 串联工作 261
10.6 工况调节 262
    10.6.1 管路特性曲线的调节 262
    10.6.2 机组特性曲线的调节 262
习题 265

第 1 章 绪论

1.1 物质的相态与相变

流体是自然界中物质存在的一种形态。流体与固体相对应,流体又分为液体和气体。在宏观尺度上,流体的表观特征是没有特定形状且具有流动性,而固体的几何形状则相对稳定,不易变形。流体和固体形态上的差异是由其内部分子间作用力的不同所决定的。固体因其内部的分子排列十分紧密、分子间存在强大的引力而易于保持其稳定的形状和几何体积;流体内部分子则无固定排列、分子间存在相对较弱的引力而易于发生形态上的变化。

近代物理学研究表明,任何物质都是由大量分子构成的。根据热力学相关理论,构成物质的分子处于无止境的随机热运动和相互碰撞状态,同时分子之间存在相互作用力。当分子之间的距离较远时,作用力以吸引力为主,而吸引力来源于分子间电偶极矩(核外的电子云中心与核不重合而产生)极化而引起的相互作用。当分子之间的距离较近时,作用力以排斥力为主,这是因为分子间的外层电子云相互交叉重叠而产生的排斥作用,如图 1-1 所示。

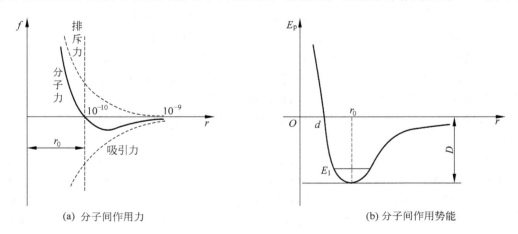

(a) 分子间作用力   (b) 分子间作用势能

图 1-1 分子间的作用力与作用势能

当处于热运动状态中的两分子接近并达到 1.0×10^{-9} m 距离(称此距离为作用半径 r)时,开始呈现吸引力,然后吸引力逐渐加大。当分子进一步靠近,排斥力开始出现,并随距离的缩小而急剧增加。在两分子间距离为 r_0（量级为 10^{-10}m）时，吸引力与排斥力相互抵消。当两分子间距离小于 r_0 时，由于排斥力越来越大，动能越来越小，最终于 $r=d$ 处动能降低为零，分子发生碰撞而使运动转向。距离 d 通常视作分子有效直径，对于简单分子，此直径约为 2.5×10^{-10}m（略小于 r_0，其值约为作用半径 r 的 1/4）。

现代研究表明，无论固体或流体（液体和气体），当取其量为 1mol 时，均有 6.022×10^{23} 个分子（阿伏伽德罗常量）。常温常压条件下，1cm³ 气体约含 2.7×10^{19} 个分子，气体分子间的平均距离约为 3.3×10^{-9}m（约为分子几何尺度的 10 倍）。液体的分子间平均距离小于气体，平均距离约为 1.0×10^{-10}m，而固体分子间的平均距离则较液体分子更小。因此，气体分子之间作用力较弱，气体分子倾向于无规则的自由运动，以致气体表现为无固定形状，易于压缩，并呈现出各向同性。固体分子间的距离最小，因此作用力也就最大，分子倾向于固定排列，形成远程有序晶格，表现为各向异性的晶体。但若晶格远程（大于 15×10^{-10}m）排列无序时，就是各向同性的非晶体。固体分子的热运动仅在其平衡位置附近做振荡，故固体具有一定的形状和体积，不易变形。液体分子间的距离约为固体分子间距离的 1.3 倍，液体分子间作用力因此略小于固体的，其分子排列则与非晶体相似，因而液体有一定的体积，难以压缩，且呈现各向同性。液体分子热振荡的振幅比固体稍大，且其平衡位置经常变动，在平衡位置上逗留的时间也长短不一，其平均逗留时间称作定居时间（τ）。定居时间的大小取决于分子间作用力的大小和分子无规则运动程度的强弱，分子力越大，定居时间越长。随环境压力和温度的变化，分子间距离及分子无规则热运动相应变化，平衡位置也随之改变。一般情况下，液体受外力的作用时间 t 比定居时间 τ 大得多（如金属液体的定居时间约为 1.0×10^{-10}s），因此在外力作用时段内，液体将沿外力方向移动平衡位置，引起液体的流动，形成流动现象。

1.1.1 物质的相态

物质相态是指一种物质存在状态的表述。人类认识的早期阶段，物质状态是以它的宏观体积进行辨别。固态时，物质拥有固定的形状和容量；液态时，物质维持固定的容量但形状会随容器的形状而改变；气态时，物质不论有没有容量都会膨胀扩散。科学家将物质存在状态的原因归结为分子之间的作用力进而加以区分。固态是指分子之间因为吸引力只会在固定位置振动。而在液态时，分子之间距离仍然较近，分子之间仍有一定的吸引力，因此只能在有限的范围内活动。气态时，分子之间的距离较远，分子之间的吸引力并不显著，分子可以随意活动。

等离子态是不同于固态、液态和气态的物质第四态。物质由分子构成，分子由原子构成，原子由带正电的原子核和核外带负电的电子构成。当被加热到足够高的温度或某种特定条件下，外层电子摆脱原子核的束缚成为自由电子，即电子离开原子核，这个过程叫作"电离"。此时，物质就变成了由带正电的原子核和带负电的电子组成的均匀"混合体"，可称作离子浆，这些离子浆中正负电荷总量相等，因此它是近似电中性的，所以叫作等离子体。等离子态常被称为超气态，它和气体有很多相似之处，比如，没有确定的形状和体积，具有流动性，但等离子也有很多独特的性质。最常见的等离子体是高温电离气体，如电弧、霓虹灯和日光灯中的发光气体，又如闪电、极光等。在地球上，等离子态物质远比固体、液体、气体物质少。然而在宇宙中,等离子体是物质存在的主要形式,占宇宙中物质总量的99%以上,如恒星(包括太阳)、星际物质以及地球周围的电离层等,都是等离子体。

1.1.2 物质的相变

不同相之间的相互转变,称为"相变"或称"物态变化"。自然界中存在的各种各样的物质,绝大多数都是以固、液、气三种聚集态存在。为描述物质的不同聚集态,用"相"来表示物质的固、液、气三种形态的"相貌"。从广义上说,所谓相,指的是物质系统中具有相同物理性质的均匀物质部分,它和其他部分用一定的分界面隔离开。例如,在由水和冰组成的系统中,冰是一个相,水是另一个相。α-铁、γ-铁和δ-铁是铁晶体的三个相。不同相之间相互转变一般包括两类,即一级相变和二级相变。相变总是在一定的压强和一定的温度下发生的。

物质相态在一定的条件下可相互转化。例如,每当温度改变到一定程度,分子热运动足以破坏某种特定相互作用形成的秩序时,物质的宏观状态就可能发生突变,形成另一种聚集态,即发生相变,如图 1-2 所示。

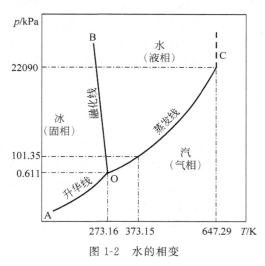

图 1-2 水的相变

物质相变时通常有两个显著现象发生:①相变时发生体积变化,如物质从固相转变为液相时,体积变化约为10%,而气相变为液相时,体积变化则随温度而不同;②产生潜热,汽化、溶解、升华时放热,凝结、凝固、凝华时吸热。表 1-1 为部分常见物质的溶解热及汽化热。

表 1-1 部分常见物质的溶解热与汽化热

物质	溶点/K	溶解热/(kJ/kg)	沸点/K	汽化热/(kJ/kg)
水(H_2O)	273	334	373	2257.0
乙酸(CH_3COOH)	290	196.7	391	406
苯(C_6H_6)	279	126	353	393.3
氧(O_2)	328	13.8	363	213.9
二氧化碳(CO_2)	217	180.8	195(升华)	554.2(升华)
乙醇(酒精(C_2H_5OH))	159	109.3	351	837.2
铁(Fe)	2081	314	3296	6279
硫(S)	659	39.1	991	287.2

土木工程实践中,常见物质相态为固态、液态和气态。一般认为,物质形成三态是分子间相互作用的有序倾向及分子热运动的无序倾向共同作用的结果。对于固体,分子间相互作用力较强,无规则运动较弱,有固定的形状和体积,不易变形和压缩。对于气体,分子间作用力较弱,无规则运动剧烈,无固定形状和体积,易于流动和压缩。对于液体,其特征介于固体与气体之间,有一定体积,但无固定形状,易变形但不易压缩。

1.2 流体的主要物理性质和分类

1.2.1 流动性

流动性是流体区别于固体的表观特征,多见于日常生活和工程现象。如平静水面因微风吹过而起涟漪;物体快速行进时,周边相对静止气体因受到摩擦力而波动。所谓流动是指静止流体不能承受剪切作用,或在任何微小的剪切力作用下,流体都将发生连续不断的变形。可以知道,剪切力的存在是流动现象发生的根本原因,流体因其内部分子间存在较弱的引力而无法抵抗这种剪切作用,故而在此作用下易产生连续不断的变形,即流动。

流动性本质上是物体在剪切力作用下的运动形式。固体因具有抵抗剪切作用的能力而不具有流动性,即可维持剪切力作用下的相对平衡,而流体则与之相反。从这个意义上看,流动性是区别流体和固体的力学表征。

1.2.2 惯性

物体保持其原有运动状态的性质,称为惯性。惯性是物体的一种固有属性,表现为物体对其运动状态变化的一种阻抗程度,质量是对物体惯性大小的量度。当作用在物体上的外力为零时,惯性表现为物体保持其运动状态不变,即保持静止或匀速直线运动;当作用在物体上的外力不为零时,惯性表现为外力改变物体运动状态的难易程度。在同样的外力作用下,相同加速度的物体质量越大则惯性越大。惯性的表征如图 1-3 所示。

(a) 突然拉动小车,木块由于惯性倒向后侧　　(b) 小车突然停止,木块由于惯性倒向前侧

图 1-3 惯性的表征

物体的惯性,在任何时候(受外力作用或不受外力作用)、任何情况下(静止或运动),都不会改变,更不会消失。惯性是物体自身的一种属性。凡改变物体的运动状态,都必须克服惯性的作用。

惯性定律即牛顿第一定律。其表述为:一切物体都将一直处于静止或者匀速直线运动状态,直到出现施加其上的力改变它的运动状态为止。

惯性不等同于惯性定律。惯性是物体本身的性质,而惯性定律讲的是运动和力的关系(力是改变物体运动状态的原因,而不是维持物体运动的原因)。惯性是物体固有的一种属性,即物体具有惯性,但不能表述为"由于惯性的作用"或"获得惯性"。

1.2.3 密度

密度是对特定体积内质量的度量,密度等于物体的质量除以体积,可以用符号 ρ 表示。物体中任一点 A 的密度(单位为:kg/m^3、g/cm^3)定义为:

$$\rho = \lim_{\Delta V \to 0} \frac{m}{V} \tag{1-1}$$

式中:V——包含 A 点的体积元;

m——该体积元的质量。

一般而言,当物质所处的环境温度和压强变化时,物质的体积或密度也会发生相应的变化。联系温度 T、压强 p 和密度 ρ(或体积)三个物理量的关系式称为状态方程。气体的体积随它受到的压强和所处的温度而有显著的变化。对于理想气体,状态方程为:

$$p = \rho R T \tag{1-2}$$

式中:R——摩尔气体常数,其值为 8.314J/(mol·K)。

如果环境温度不变,则物质的密度同压强成正比;如果环境压强不变,则密度同温度成反比。对一般气体,如果密度不大,环境温度偏离液化点较远,则其体积随压强的变化接近理想气体;对于高密度的气体,还应适当修正上述状态方程。

固态或液态物质的密度,在温度和压强变化时,只发生很小的变化。例如,在 0℃附近,各种金属的温度系数(温度升高 1℃时,物体体积的变化率)大多在 10^{-9} 左右。深水中的压强和水下爆炸时的压强可达数百个标准大气压,甚至更高。此时必须考虑密度随压强的变化。R. H. 科尔建议采用下列状态方程:

$$\frac{p+B}{1+B} = \left(\frac{\rho}{\rho_0}\right)^n \tag{1-3}$$

式中,ρ_0——一个标准大气压下水的密度。$n=7$,$B=3000$ 标准大气压(1 标准大气压 = 1.013×10^5 Pa),上述公式和实测数据的误差都在百分之几的范围内。

土木工程中,较大范围的压强变化会使一些物质的密度与常规条件下的密度相差悬殊,如表 1-2~表 1-4 所示。

表 1-2 常温常压下部分物质的密度 kg/m^3

物质	密度	物质	密度
水(4℃)	1.0×10^3	硅酸盐水泥	$(3.0 \sim 3.15) \times 10^3$
空气	1.29	其他类型水泥	$(2.8 \sim 3.1) \times 10^3$
海水	$(1.02 \sim 1.03) \times 10^3$	石英砂	$(2.2 \sim 2.3) \times 10^3$
水银(汞)	13.6×10^3	卵石	$(2.63 \sim 3.3) \times 10^3$
石油	$(0.85 \sim 1.09) \times 10^3$	混凝土	$(2.36 \sim 2.44) \times 10^3$

表 1-3 不同温度下水的密度(1 个标准大气压)

温度/℃	0	4	10	20	30
密度/(kg/m^3)	999.87	1000.00	999.73	998.23	995.67
温度/℃	40	50	60	80	100
密度/(kg/m^3)	992.24	988.07	983.24	971.83	958.38

表 1-4　不同压强下空气的密度（25℃）

绝对压强/MPa	0.1	0.2	0.3	0.4	0.5
密度/(kg/m³)	1.1691	2.3381	3.5073	4.6764	5.8455
绝对压强/MPa	0.6	0.7	0.8	0.9	1.0
密度/(kg/m³)	7.0146	8.1837	9.3528	10.522	11.691

在许多工程问题中，还常常用到相对密度这一概念。流体的相对密度是该流体的质量与同体积的水在 4℃ 时的质量之比，或该流体的密度与 4℃ 水的密度之比。相对密度以 ω 表示：

$$\omega = \frac{\rho}{\rho_{水4℃}} \tag{1-4}$$

可知，相对密度为一无量纲物理量。

流体的密度不仅取决于流体的种类，还与环境压强和温度有关。当流体是多组分混合物时，密度还是各种组分浓度的函数。例如，海水是水与各种溶解盐的混合物，海水密度常认为是压强、温度及含盐量（含盐量是单位质量海水中溶解各种盐的总质量，以 C 表示）的函数：

$$\rho_{海水} = \rho(p, T, C) \tag{1-5}$$

空气是干空气（不含水的各种气体混合物，工程中可视作单一组分气体）与气态水的混合物。大气密度是压强、温度及比湿（单位质量空气中所含有的气态水量，以 q 表示）的函数：

$$\rho_{空气} = \rho(p, T, q) \tag{1-6}$$

【例题 1.1】 已知一个标准大气压下，测定锅炉烟气在 0℃ 时的重度（$\gamma = \rho g$）为 12.98N/m³，试问 200℃ 时烟气的重度和密度。

解：由气体状态方程可知，环境压强不变，烟气密度与温度成反比，有：

$$\rho_0 T_0 = \rho T$$

$$T = T_0 + t = 273\text{K} + 200\text{K} = 473\text{K}$$

$$\rho_0 = \frac{\gamma_0}{g} = \frac{12.98\text{N/m}^3}{9.8\text{N/kg}} = 1.324\text{kg/m}^3$$

$$\rho = \rho_0 \frac{T_0}{T} = 1.324\text{kg/m}^3 \times \frac{273\text{K}}{473\text{K}} = 0.764\text{kg/m}^3$$

$$\gamma = \rho g = 0.764\text{kg/m}^3 \times 9.8\text{N/kg} = 7.487\text{N/m}^3$$

这里结果保留三位小数。可见，对气体而言，当温度变化很大时，其重度和密度均有很大的变化。

1.2.4　压缩性与膨胀性

温度一定时，流体受压力的作用而使体积发生变化的性质称为液体的可压缩性。体积为 V 的流体，当压强的变化量为 Δp 时，体积的绝对变化量为 ΔV，则流体的体积相对变化为：

$$\kappa_T = -\frac{1}{\Delta p}\frac{\Delta V}{V} \tag{1-7}$$

式中，κ_T——液体的压缩系数。

由于压强增大时液体的体积减小，因此上式右边必须加负号，以使 κ_T 值为正。液体的压缩系数的倒数称为液体的体积弹性模量，简称体积模量，用 K 表示。即：

$$K = \frac{1}{\kappa_T} = -\frac{\Delta p}{\Delta V}V \tag{1-8}$$

体积弹性模量 K 表示流体产生单位体积相对变化量时所需的压强增量。在工程中，可用 K 值来说明材料抗压缩能力的大小。例如，工程机械液压系统中矿物油的体积弹性模量 $K=(1.2\sim2)\times10^3$ MPa。它的可压缩性是钢的 50～100 倍。但在实际使用中，由于不可避免地混入空气等原因，其抗压缩能力显著降低，这会影响液压系统的工作性能。因此，在有较高要求或压强较大的液压系统中，应尽量减少油液中混入气体及其他易挥发物质（如煤油、汽油等）的含量。由于油液中的气体难以完全排除，在工程计算中常取液压油的体积弹性模量 $K=0.7\times10^3$ MPa。

流体的膨胀性用热膨胀系数 α_T 表示。压强一定时，若流体的体积为 V，当温度升高 ΔT 后，体积增加 ΔV，则热膨胀系数 α_T 定义为：

$$\alpha_T = -\frac{1}{V}\frac{\Delta V}{\Delta T} \tag{1-9}$$

式中：α_T——热膨胀系数，1/K。

因为流体的密度和温度、压强有关，即 $\rho=\rho(p,T)$。由此得到密度随压强和温度的变化量，即由流体的压缩性和膨胀性的定义，可以给出压缩系数 κ_T 和热膨胀系数 α_T 的另一种表达式：

$$\kappa_T = \frac{1}{\rho}\frac{\Delta \rho}{\Delta p} \tag{1-10}$$

$$\alpha_T = -\frac{1}{\rho}\frac{\Delta \rho}{T} \tag{1-11}$$

常温下的水，当压强增大 1 个标准大气压时，体积仅缩小（或密度仅增大）约 0.05‰，即 $d\rho/\rho=0.49\times10^{-4}$。表 1-5 是一些常见流体的等温压缩系数 κ_T 及体积弹性模量 K 的值。

表 1-5 常见流体的 κ_T 及 K 值

名称	$\kappa_T/(10^{-11}\,\mathrm{m^2/N})$	$K/(10^9\,\mathrm{N/m^2})$
水	49	2.04
水银	3.7	27.03
甘油	21	4.762
乙醇（酒精）	110	0.909
二氧化碳	64	1.56

对于气体，若用理想气体的状态方程 $p=\rho RT$ 描述，则 $\alpha_T=1/p$。例如，当压强由 1 个标准大气压变化至 1.1 个标准大气压时，密度的增加率 $d\rho/\rho=dp/p=0.1$。可知，气体的可压缩性比液体大得多。

严格来说，流体都是可压缩的，只是程度不同而已。但在工程实践中，为方便解决问题，常将压缩性很小的流体近似看为不可压缩流体,密度可看作常数。即同一流体的密度不变。

表 1-6 给出一些液体的热膨胀系数。在一个标准大气压下,当温度从 273K 增至 373K 时,水的体积仅增加 4.3%。而对于完全气体,当温度由原温度变化 1/10 时,体积的增加率约为 0.1,可见,气体的膨胀系数比液体大得多。

水是土木工程领域最为常见的流体,其体积膨胀具有独特性。试验证明,环境温度为 4℃时体积最小,水在 4～100℃ 范围内随温度升高而体积增大,而在 0～4℃ 范围内随温度升高而体积减小。表 1-7 为水在不同温度下相对于 4℃时的体积膨胀系数。

表 1-6 常见流体的热膨胀系数(20℃) $10^{-4}/K$

种类	热膨胀系数	种类	热膨胀系数
水银(汞)	1.8	煤油	10.0
水	2.08	甲苯	10.8
丙三醇(甘油)	5.0	乙醇(酒精)	10.9
浓硫酸	5.5	乙酸	11.0
乙二醇	5.7	甲醇	11.8
苯胺	8.5	二硫化碳	11.9
二甲苯	8.5	四氯化碳	12.2
汽油	9.5	正庚烷	12.4
松节油	10.0	苯	12.5

表 1-7 水的相对体积膨胀系数(相对于 4℃时) 10^{-4}

温度/℃	相对膨胀系数	温度/℃	相对膨胀系数
0	1.3	50	120.7
10	2.5	60	170.4
15	8.5	70	226.9
20	18	80	289.8
30	42.5	90	359.0
40	78.2	100	434.2

1.2.5 热传导

热传导是介质内无宏观运动时的传热现象,其在固体、液体和气体中均可发生。但严格而言,只有在固体中才是纯粹的热传导,而流体即使处于静止状态,也会由温度梯度造成的密度差而产生自然对流。因此,在流体中热对流与热传导同时发生。

设在流体中相距为 Δy 的上、下平面上,稳态条件下,上、下平面温度为 $T(y+\Delta y)$、$T(y)$,且 $T(y+\Delta y)>T(y)$,由于流体质点热运动,单位时间内将热量 Q_y 从上方传递至下方,其大小与界面面积 A 和两平面温度差成正比,而与距离成反比,其关系如下:

$$Q_y \propto A \frac{T(y+\Delta y)-T(y)}{\Delta y} \tag{1-12}$$

当 $\Delta y \to 0$ 时,有函数表达式:

$$Q_y = k\frac{dT}{dy} \quad \text{或} \quad q_y = \frac{Q_y}{A} = -k\frac{dT}{dy} \tag{1-13}$$

式中：k——流体的热传导系数，也称热导率。

式(1-13)即一维定常流傅里叶热传导定律，式中负号表明热量传递方向和温度梯度方向相反。同理，也可列出 x、z 方向的热传导公式。

各种物质的热导率相差很大，其根本原因在于不同物质的导热机理存在差异。一般而言，金属的热导率最大，非金属和液体次之，气体的热导率最小。热导率越大，说明其导热性能越好。同一种流体的热导率也会因其状态不同而改变，因而热导率是物质温度和压强的函数。由于温度和压强的高低直接反映物质分子的密集程度和热运动的强弱程度，直接影响着分子的碰撞、晶格的振动和电子的漂移，故物质的热导率与温度和压强密切相关。工程流体力学涉及的工程问题大多置于大气环境下，故温度对热导率的影响更为显著。常见流体的热导率如表 1-8 所示。

表 1-8 常见流体热导率

流体	温度/K	热导率/(W/(m·K))	流体	温度/K	热导率/(W/(m·K))
空气	300	0.0263	水	300	0.599
水蒸气	400	0.0261	丙酮	300	0.177
润滑油	300	0.145	苯	300	0.159
水银	300	8.540	汽油	300	0.135

1.2.6 黏性

黏性是指流体（液体或气体）抵抗变形或阻止相邻流体层产生相对运动的性质。流体的黏性与流动性恰好相反。当部分流体受力产生运动时，必然在一定程度上带动邻近流体运动。因此又可把黏性看成分子间的内摩擦，这种内摩擦抵抗着流体内部速度差的扩大。内摩擦是运动流体分子之间产生的摩擦，从宏观角度分析，内摩擦是流体具有黏性的原因。流体运动时，如果相邻两层流体的速度不同，则在其界面上产生剪切应力，运动快的流层对运动慢的流层施以推力，而运动慢的流层则对运动快的流层施以阻力，这对力称为流层之间的内摩擦力，或称黏性剪切应力。

1. 内摩擦现象

当流体做定向流动时，设想沿流动方向把流体分成无数平行的薄层。如果各流体层的流速 u 不等，则在相邻两流体层中，速度快的流体层对速度慢的流体层将产生一个"拖曳力"F，使它加速；而速度慢的流体层则对速度快的流体层产生一个阻止前行的"阻滞力"F，使它减速。拖曳力和阻滞力是同时出现在相邻两流体层接触面上的一对数值相等、方向相反的摩擦力，称作内摩擦力。当流体处于静止或流体内各个质点定向运动的速度相等时，流体的黏性便表现不出来，因而也就不存在内摩擦力。

从流动理论的观点来看，每个分子都具有质量，它在运动时具有一定的速度，因此每个运动分子都具有动量，因此可从一处移动到别处。当流体做定向运动时，每个分子除了拥有无规则运动的动量外，还同时拥有沿流体运动方向做定向运动的动量。例如，就气体中任取的相邻两流体层 A、B 来说，由于分子热运动的不规则性，流体层 A 与 B 通过接触面都互有分子来往，假若 A 层分子的定向速度较大，B 层分子的定向速度较小，那么 A 层分子带着较大的定向动量转移到 B 层，B 层分子带着较小的定向动量转移到 A 层。由于单位时间内在两层间有为数众多的分子彼此交换，从而使 B 层流体的定向动量增加，A 层的定向动量减少，结果造成定向动量从 A 层向 B 层的运输。按动量定理，单位时间内的动量变化在宏观上就表现为相邻两流体层在接触面上沿动量改变的方向存在相互作用力，这就是内摩擦力。

2. 牛顿内摩擦定律

流体的黏性试验是基于牛顿于 1686 年提出的假说。其表述如图 1-4 所示，2 块平行平板，相距 h，其间充满黏性流体。下平板保持不动，上平板以速度 u 在所在平面内做匀速运动。为维持上板的匀速运动，必须在平板上施加一个拖曳力 T。借助试验可知，拖曳力 T 与板的面积 A 和速度 u 成正比，而与两板间的距离 h 成反比，即：

$$T \propto A \frac{u}{h}$$

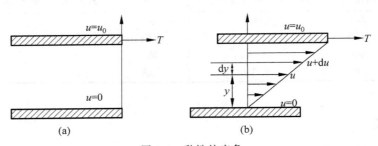

图 1-4 黏性的表象

根据牛顿黏性试验结果，推动上板的力 T 的大小与垂直于流动方向的速度梯度 du/dy 成正比，与接触面的面积 A 成正比，并与流体的种类有关，而与接触面上压强 p 无关。数学表达式：

$$T = \mu A \frac{du}{dy} \tag{1-14}$$

或

$$\tau = \mu \frac{du}{dy} \tag{1-15}$$

式中：T——牛顿内摩擦力（剪切力），N；
τ——内摩擦应力（剪切应力），N/m^2；
μ——动力黏度，N·s/m^2；
A——流层接触面积，m^2；
du/dy——速度在流层法线方向的变化率（速度梯度），1/s。

式（1-15）即牛顿内摩擦定律。从牛顿内摩擦定律可知，当速度梯度等于零时，内摩擦力也等于零。所以，当流体处于静止状态或以相同速度运动（流层间没有相对运动）时，内摩擦力等于零，此时即使流体有黏性，流体的黏性作用也表现不出来。当流体没有黏性（$\mu=0$）时，内摩擦力等于零。

3. 黏度

黏度又称黏滞系数，是量度流体黏性大小的物理量。黏度有动力黏度（μ）、运动黏度（ν）和条件黏度 3 种。

从牛顿内摩擦定律可知，动力黏度 μ 表示单位速度梯度下的剪切应力，它反映了流体内摩擦力的大小，因而也代表了黏性的大小。由量纲分析可知，动力黏度的单位是 N·s/m² 或 Pa·s，可知，动力黏度的称谓是因为它的量纲中含有动力学量纲。

运动黏度 ν 为动力黏度 μ 与同温度下该流体密度 ρ 的比值，即：

$$\nu = \frac{\mu}{\rho} \tag{1-16}$$

运动黏度 ν 的单位是 m²/s。该指标广泛用于测定燃料油、柴油、润滑油及原油等的黏度。

条件黏度指采用特定的黏度计所测得的以条件单位表示的黏度，工程界通常采用的条件黏度有以下 3 种。

（1）恩氏黏度：在规定温度（如 50℃、80℃、100℃）下，从恩氏黏度计流出 200mL 试样所需的时间与蒸馏水在 20℃流出相同体积所需要的时间（s）之比。恩氏黏度用符号°E 表示，单位为条件度。

（2）赛氏黏度：一定量的试样，在规定温度下从赛氏黏度计流出 200mL 试样所需的秒数，以"s"为单位。

（3）雷氏黏度：一定量的试样，在规定温度下，从雷氏黏度计流出 50mL 试样所需的秒数，以"s"为单位。

我国多采用恩氏黏度计测定润滑油，其余两种黏度计使用较少。恩氏黏度可与运动黏度换算。

水和空气的黏度分别如表 1-9 和表 1-10 所示。

表 1-9　水的动力黏度和运动黏度

$t/℃$	$\mu/(10^{-3}\text{Pa·s})$	$\nu/(10^{-6}\text{m}^2/\text{s})$	$t/℃$	$\mu/(10^{-3}\text{Pa·s})$	$\nu/(10^{-6}\text{m}^2/\text{s})$
0	1.792	1.792	40	0.654	0.659
5	1.519	1.519	45	0.597	0.603
10	1.310	1.310	50	0.549	0.556
15	1.145	1.146	60	0.469	0.478
20	1.009	1.011	70	0.406	0.415
25	0.895	0.897	80	0.357	0.367
30	0.800	0.803	90	0.317	0.328
35	0.721	0.725	100	0.284	0.296

表 1-10　空气的动力黏度和运动黏度

$t/℃$	$\mu/(10^{-3}\text{Pa·s})$	$\nu/(10^{-6}\text{m}^2/\text{s})$	$t/℃$	$\mu/(10^{-3}\text{Pa·s})$	$\nu/(10^{-6}\text{m}^2/\text{s})$
0	1.72	13.7	30	1.87	16.6
10	1.78	14.7	40	1.92	17.6
20	1.83	15.7	50	1.96	18.6

续表

$t/℃$	$\mu/(10^{-3}\text{Pa}\cdot\text{s})$	$\nu/(10^{-6}\text{m}^2/\text{s})$	$t/℃$	$\mu/(10^{-3}\text{Pa}\cdot\text{s})$	$\nu/(10^{-6}\text{m}^2/\text{s})$
60	2.01	19.6	140	2.36	28.5
70	2.04	20.5	160	2.42	30.6
80	2.10	21.7	180	2.51	33.2
90	2.16	22.9	200	2.59	35.8
100	2.18	23.6	250	2.80	42.8
120	2.28	26.2	300	2.98	49.9

水的黏度随温度升高而减小，空气的黏度随温度升高而增大。其原因是，液体分子间的距离很小，分子间的引力即黏聚力是形成黏性的主要因素，温度升高，分子间距离增大，黏聚力减小，黏度随之减小；气体分子间的距离远大于液体，分子热运动引起的动量交换，是形成黏性的主要因素，温度升高，分子热运动加剧，动量交换加大，黏度随之增大。从微观结构角度分析，流体的黏度系数与分子在平衡位置附近的振动（或定居）时间有关，振动时间长即平衡位置的变换次数少，其流动性小，黏性就大；反之，其流动性大，黏性就小。对于水体，温度升高时，分子间隙增大，分子引力减小，定居时间减小，黏度系数也减小，这与气体正相反。

【例题 1.2】 有一底面面积为 60cm×40cm 的平板，质量为 5kg，沿一与水平面成 20°的斜面下滑，平面与斜面之间的油层厚度为 0.6mm，若下滑速度为 0.84m/s（图 1-5(a)），求油的动力黏度 μ。

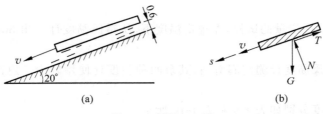

图 1-5 例题 1.2 图

解：首先画出平板受力（图 1-5(b)）。

沿 s 轴投影，有：

$$G\sin 20° - T = 0$$

$$G\sin 20° = T = \mu A \frac{\mathrm{d}u}{\mathrm{d}y}; \quad \mathrm{d}y = \delta$$

$$\mu = \frac{G\sin 20° \cdot \delta}{\mathrm{d}u \cdot A} = \left(\frac{5 \times 9.8 \times 0.342 \times 0.6 \times 10^{-3}}{0.6 \times 0.4 \times 0.84}\right) \text{kg/(m·s)} = 4.725 \times 10^{-2}\text{Pa·s}$$

油的动力黏度 $\mu = 4.725 \times 10^{-2}\text{Pa·s}$。

1.2.7 理想流体和连续介质模型

1. 理想流体

理想流体通常定义为没有摩擦的流体，也称无黏性流体，是流体力学中引入的一个重要的假设模型。实际工程中，理想流体并不存在，但是这种理论模型却有重要的理论和实用意义。因为有些问题，黏性并不起重大作用，忽略黏性更容易分析其力学关系，且由此所得到的结果也与实际相差不大。因此当黏性不起作用或不起主导作用时,可按理想流体模型使问题简化,得出流体运动基本规律。在流体力学领域,理想流体模型就是忽略了扩散、黏性、热传导效应的流体模型。

2. 连续介质模型

从微观角度看,流体分子间存在间距,即在空间上的分布是不连续的,而分子运动的随机性则说明流体分子在时间上的分布也是不连续的。但工程流体力学研究的是流体在外力作用下的宏观运动规律,是大量分子的统计平均特性,如密度、温度、压强等;同时,流体分子运动的平均自由程通常远小于研究对象的物理尺度。因此,可认为流体质点连续而无间隙地充满整个空间,同时,流体具有的宏观物理量(质量、速度、压强、温度等)是空间和时间的连续函数,满足相应的物理定律(如质量守恒定律、牛顿运动定律、能量守恒定律、热力学定律等)。这就是流体的连续介质模型。

1.2.8 牛顿流体和非牛顿流体

1. 流变性

流变性是指物体在外力作用下的形变和流动性质,主要指物体所受应力、形变、形变速率和黏度之间的关系。不同类型的流体,其剪切应力与剪切变形率(剪切速率)之间的定量关系也不同。流体的剪切应力与剪切速率之间的变化关系可用图形表示,称为流变曲线。流变学的研究内容即为流体流动过程中剪切应力与剪切速率的变化关系。

2. 牛顿流体和非牛顿流体的定义

若流体的剪切应力与剪切速率的变化关系符合牛顿内摩擦定律,则定义为牛顿流体;不符合牛顿内摩擦定律的流体则定义为非牛顿流体。

非牛顿流体有与牛顿流体不同的流动特性,如非牛顿流体在管中流动时有一固体核心(无相对运动,近管壁则有速度梯度);自管中流出时有挤出物膨胀现象;沿旋转中心轴向上爬升的现象以及开口虹吸现象,如图1-6所示。

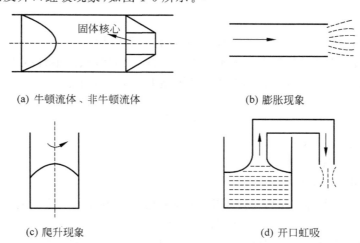

图 1-6　牛顿和非牛顿流体的流动现象

非牛顿流体又可分为时间独立性流体和时间相关性流体两种类型。时间独立性是指流体的剪切应力仅与剪切速率有关,而与剪切持续时间无关;时间依赖性则指剪切应力不仅与剪切速率有关,还与剪切持续时间有关。

1)时间独立性非牛顿流体

常见的时间独立性非牛顿流体包括宾厄姆流体、膨胀流体和拟塑性流体3种类型,如图1-7所示。

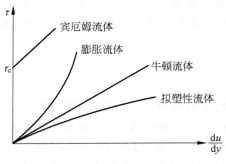

图1-7 时间独立性非牛顿流体

(1)**宾厄姆流体**:其特征是当施加于流体的剪切应力超过某值时才开始发生剪切变形,且剪切应力随剪切变形速率呈线性变化。即在低剪切应力下,宾厄姆流体表现为刚性体,但在高剪切应力下,它会像黏性流体一样流动。牛顿流体(如水、空气)属于低分子量的流体,而宾厄姆流体多为高分子量物质。牙膏是宾厄姆流体的典型例子,需要有一定的压力作用在牙膏上,才会将其挤出。宾厄姆流体的流变曲线方程如下:

$$\tau = \tau_B + \eta \frac{du}{dy} \tag{1-17}$$

式中:τ_B——屈服应力,Pa;

η——塑性黏度,Pa·s。

该流变曲线方程由美国化学家尤金·宾厄姆提出。土木与水利工程中,宾厄姆流体流变方程常被用来作为一个普遍的泥浆流动数学模型。

(2)**膨胀流体**:其主要特征是当剪切速率增加时黏度值上升,剪切速率降低时黏度值下降(即具有剪切变稠效应)。当剪切速率固定时,流体的黏度不会随时间改变。典型的膨胀流体有淀粉糊、阿拉伯树胶等有机性溶液。膨胀流体的流变曲线方程如下:

$$\tau = k\left(\frac{du}{dy}\right)^n, \quad n > 1 \tag{1-18}$$

式中:k——稠度系数,N·s^n/m^2;

n——流变系数。

(3)**拟塑性流体**:又称假塑性流体,它不具有屈服剪切应力。当剪切应力或剪切速率增大时,黏度降低,称为剪切稀化。典型的拟塑性流体如橡胶、醋酸纤维素、动物血液、微生物发酵液以及颜料和纸浆等。拟塑性流体的流变曲线方程如下:

$$\tau = k\left(\frac{du}{dy}\right)^n, \quad n < 1 \tag{1-19}$$

式中:k——稠度系数,N·s^n/m^2;

n——流变系数。

2)时间依赖性非牛顿流体

恒定温度下,如果剪切速率保持不变,流体的剪切应力和黏度会随时间的延长而减小,或者说它们的流变性受剪切应力作用时间的制约。

触变性流体和振凝性流体是两类典型的时间依赖性非牛顿流体。

(1) **触变性流体**：流体内部的质点形成结构，流动时结构破坏，停止流动时结构恢复，但结构破坏与恢复都不是立即完成的，需要一定的时间，因此流动性质有明显的时间依赖性。触变性可以看成系统在恒温下"凝胶-溶胶"之间相互转换过程的表现。更确切地说，物体在剪切应力作用下产生变形，若黏度暂时性降低，则该物体具有触变性。触变性流体的流变曲线图中"上行曲线"不再与"下行曲线"重叠，而是两条曲线之间形成一个封闭的"梭形"触变环，如图1-8所示。这个"梭形"触变环的面积大小决定着触变特性的量度，它表示破坏触变结构所需的能量。

图 1-8　时间依赖性非牛顿流体

(2) **振凝性流体**：也称作流凝性流体，其特征是流体在外界有节奏的振动下变成凝胶，即流体分子相互结合形成新的结构形式。造型石膏糊状物是流凝性体系的典型例子，摇动石膏糊大大地缩短了固化时间，使石膏很快成型。

3) **黏弹性流体**

黏弹性流体介于黏性流体和弹性固体之间，同时可表现出黏性和弹性，在不超过屈服应力的条件下，剪切应力除去以后，其变形能部分复原。外力作用于黏弹性体上一部分能量消耗于内部摩擦，以热的形式放出；一部分作为弹性储存。体系的形变不像弹性体那样立即完成，而是随时间逐渐发展，最后达到最大形变，这个过程叫作蠕变。属于此种流体的有面粉团、凝固汽油、沥青以及聚合反应后期及聚合物加工过程涉及的高分子熔融体。

通常用服从胡克定律的弹性体和服从牛顿内摩擦定律(即应力和应变率成正比)的黏性体来表征黏弹性流体的特性。麦克斯韦模型和开尔文模型是两种常用的组合模型，前一模型假定为弹性体和黏性体串联，即总应变是弹性应变和黏性应变之和；后一模型假定为弹性体和黏性体并联，即弹性应变和黏性应变相等，而总应力为弹性应力和黏性应力之和。

1.3　作用于流体上的力

自然界中的所有物体均受到不同形式力的作用，当物体所受到的各种力处于相互平衡时，物体保持静止；反之，物体将会运动。作用力是引起物体机械运动的根本原因，而运动或静止则是力作用的结果。对于流体而言，若要研究其机械运动的规律，就必须从分析作用在流体上的作用力为出发点。流体力学中，按作用方式的不同分为两类，即表面力和质量力。

1.3.1　表面力

表面力是指作用在流体外表面上与其表面积大小成正比的力，也就是周围流体作用于表面上的力。

表面力可分为沿表面法向的分力和沿表面切向的分力。单位面积上的法向力称为法向应力，单位面积上的切向力称为切向应力。

在如图1-9所示的流体中，任取一微元体，则相邻流体作用于该微元体表面上的力设为

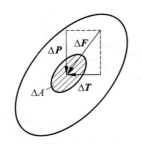

图 1-9 作用于流体上的表面力

ΔF，将其分解为法向分力 ΔP 和切向分力 ΔT，当微元面积趋于零时，则得到相应的法向应力 p 和切向应力 τ：

$$p = \lim_{\Delta A \to 0} \frac{\Delta P}{\Delta A} = \frac{\mathrm{d}P}{\mathrm{d}A} \tag{1-20}$$

$$\tau = \lim_{\Delta A \to 0} \frac{\Delta T}{\Delta A} = \frac{\mathrm{d}T}{\mathrm{d}A} \tag{1-21}$$

式中，应力的国际单位是 N/m^2 或 Pa。

无论流体处于静止还是运动状态，法向力始终存在。由于流体不能承受拉力，因此法向力只能是压力。流体黏性所引起的内摩擦力就是切向力，静止（或者相对静止）流体以及处于运动的理想流体都不存在内摩擦力，因而切向力为零，即静止流体只受到压力的作用，而流动流体则同时受到两类表面力的作用。

1.3.2 质量力

质量力是指作用在流体内所有的流体质点上，且与质量大小成正比的力。质量力可以分为两类：一类是外界物体对流体的引力，如地球引力产生的重力；另一类是流体做不等速运动而产生的惯性力和离心力。在流体力学中，质量力的大小通常以作用在单位质量上的力来表示，如图 1-10 所示。

若在均质流体中取质量为 m 的微元流体，其体积为 V，密度为 ρ，作用于微元流体的质量力为 ΔF，则定义单位质量力为：

$$f = \frac{\Delta F}{m} \tag{1-22}$$

单位质量力 f 的国际单位为 m/s^2，用分量形式表示：

$$f = X\boldsymbol{i} + Y\boldsymbol{j} + Z\boldsymbol{k} \tag{1-23}$$

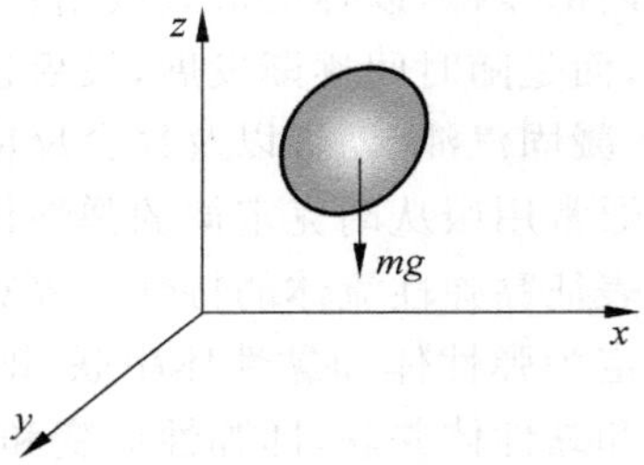

图 1-10 作用于流体上的质量力

式中：X、Y、Z——单位质量力在 x、y、z 三个方向上的分量。

1.4 流体力学的发展史

流体力学作为经典力学的一个重要分支，其发展与数学、力学的发展密不可分。流体力学知识体系的形成是人类对生产实践和日常生活中流体力学现象的观察和总结，是长期以来逐渐发展形成的，是人类集体智慧的结晶。

1.4.1 中华文明对流体力学研究的贡献

人类最早对流体力学的认识是从治水、灌溉、航行等方面开始的。中华民族的先祖在此方面的探索与贡献最为久远。

4000 多年前的大禹治水，说明我国古代已有大规模的治河工程。秦代，在公元前 256—前 210 年便修建了都江堰、郑国渠、灵渠三大水利工程，特别是李冰父子主导修建的都江堰，现存至今依旧在灌溉田畴,是造福四川人民的伟大水利工程。

都江堰位于成都平原西部的岷江段,以年代久、无坝引水为特征,是世界水利工程的鼻祖,如图1-11所示。这项工程主要由鱼嘴分水堤、飞沙堰溢洪道、宝瓶口进水口三大部分以及人字堤等附属工程构成,巧妙地运用了"深淘滩,低作堰""遇弯截角,逢正抽心"的治水原则,科学地解决了江水自动分流(鱼嘴分水堤四六分水)、自动排砂(鱼嘴分水堤二八分砂)、控制进水流量(宝瓶口与飞沙堰)等问题,消除了水患。

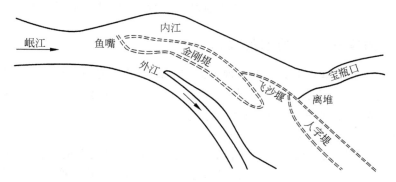

图1-11 都江堰水利工程示意

西汉武帝(公元前156—前87年)时期,为引洛水灌溉农田,在黄土高原上修建了龙首渠,创造性地采用了井渠法,即用竖井沟通长十余里的穿山隧洞,有效地防止了黄土的塌方。在古代,以水为动力的简单机械也有了长足发展,如用水轮提水,或通过简单的机械传动去碾米、磨面等。东汉南阳郡太守杜诗于公元37年发明了水排(水力鼓风机),利用水力,通过传动机械,使皮制鼓风囊连续开合,将空气送入冶金炉,较西欧早了1100多年。

元代时期的铜壶滴漏(铜壶刻漏)作为一种计时工具,就是利用孔口出流使铜壶的水位变化来计算时间的,如图1-12所示。铜壶滴漏一体4个,高低依次放在一个四阶的架子上,最上面的叫作日壶,下面三层的分别叫作月壶、星壶和授水壶。日壶、月壶、星壶的下部都有一个滴水的铜嘴,授水壶内有一个浮着的标尺。水从日壶滴入月壶、星壶,最后滴到授水壶,壶内的标尺因受水的浮力而逐渐上升,通过标尺上的刻度,人们便可确定时间。实际早在奴隶社会的周朝,中华先祖已经以管漏刻来计算时间了。

北宋(960—1127年)时期,在运河上修建的真州船闸与14世纪末荷兰的同类船闸相比,早了三百多年。

明朝的水利专家潘季驯(1521—1595年)提出了"筑堤束水,以水攻沙"和"借清刷黄"的治黄原则,并著有《两河管见》《两河经略》《河防一览》。

清朝雍正年间,何梦瑶在《算迪》一书中提出流量等于过水断面面积乘以断面平均流速的计算方法。

近现代以来,我国科学家在流体力学领域也做出了卓有成效的贡献。杰出科学家钱学森(1911—2009年)早在1938年发表的论文中,便提出了平板可压缩层流边界层的解法——卡门-钱学森解法。他在空气动力学、航空工程、喷气推进、工程控制论等技术科学领域做出许

图1-12 铜壶滴漏示意

多开创性贡献。

吴仲华(1917—1992年)在1952年发表的《轴流、径流和混流式亚声速与超声速叶轮机械中的三元流动的通用理论》和在1975年发表的《使用非正交曲线坐标的叶轮机械三元流动的基本方程及其解法》两篇论文中所建立的叶轮机械三元流理论,至今仍是国内外许多优良叶轮机械设计计算的主要依据。

周培源(1902—1993年)多年从事紊流统计理论的研究,取得了不少成果,1975年发表在《中国科学》上的《均匀各向同性湍流的涡旋结构的统计理论》便是其中之一。

1.4.2 流体力学在欧美国家的发展

欧美国家历史上最早从事流体力学现象研究的是阿基米德(Archimedes,公元前287—前212年,古希腊学者),在公元前250年发表了学术论文《论浮体》,第一个阐明了物体在流体中所受浮力的基本原理——阿基米德原理。

著名物理学家和艺术家列奥纳多·达·芬奇(Leonardo da Vinci,1452—1519年,意大利人)系统地研究了物体的沉浮、孔口出流、物体的运动阻力以及管道、明渠中水流等问题。

斯蒂文(S. Stevin,1548—1620年,荷兰数学家、工程师)将用于研究固体平衡的凝结原理转用到流体上。

伽利略(Galileo,1564—1642年,意大利科学家)在流体静力学中应用了虚位移原理,首先提出了运动物体的阻力随着流体介质密度的增大和速度的提高而增大。

托里拆利(E. Torricelli,1608—1647年,意大利科学家)论证了孔口出流的基本规律。

帕斯卡(B. Pascal,1623—1662年,法国科学家)提出了密闭流体传递压强的基本理论——帕斯卡原理。

牛顿(I. Newton,1643—1727年,英国科学家)于1687年出版了《自然哲学的数学原理》。研究了物体在阻尼介质中的运动,建立了流体内摩擦定律,为黏性流体力学初步奠定了理论基础,并讨论了波浪运动等问题。

伯努利(D. Bernoulli,1700—1782年,瑞士科学家)在1738年出版的名著《流体动力学》中,建立了流体位势能、压强势能和动能之间的能量转换关系——伯努利方程。在此历史阶段,诸学者的工作奠定了流体静力学的基础,促进了流体动力学的发展。

欧拉(L. Euler,1707—1783年,瑞士科学家)是经典流体力学的奠基人,在1755年发表了《流体运动的一般原理》,提出了流体的连续介质模型,建立了连续性微分方程和理想流体的运动微分方程,给出了不可压缩理想流体运动的一般解析方法。他提出了研究流体运动的两种不同方法及速度势的概念,并论证了速度势应当满足的运动条件和方程。

达朗贝尔(J. le R. d'Alembert,1717—1783年,法国科学家)1744年提出了达朗贝尔疑题(又称达朗贝尔佯谬),即在理想流体中运动的物体既没有升力也没有阻力。从反面说明了理想流体假定的局限性。

拉格朗日(J. L. Lagrange,1736—1813年,法国科学家)提出了新的流体动力学微分方程,论证了速度势的存在,并提出了流函数的概念,使流体动力学的解析方法有了进一步发展,同时为应用复变函数解析流体定常和非定常的平面无旋运动开辟了道路。

弗劳德(W. Froude,1810—1879年,英国船舶设计师)对船舶阻力和摇摆的研究颇有贡献,他提出了船模试验的相似准则数——弗劳德数,建立了现代船模试验技术的基础。

亥姆霍兹（H. von Helmholtz，1821—1894 年，德国科学家）和基尔霍夫（G. R. Kirchhoff，1824—1887 年，德国科学家）对旋涡运动和分离流动进行了大量的理论分析和试验研究，提出了表征旋涡基本性质的旋涡定理、带射流的物体绕流阻力等学术成就。

纳维（Claude-Louis-Marie-Henri Navier，1785—1836 年，法国力学家）首先提出了不可压缩黏性流体的运动微分方程组。斯托克斯（G. G. Stokes，1819—1903 年，英国数学家）严格地导出了这些方程，并把流体质点的运动分解为平动、转动、均匀膨胀或压缩及由剪切所引起的变形运动。后来引用时，便统称该方程为纳维-斯托克斯方程。

谢才（A. de Antoine de Chezy，1718—1798 年，法国水利工程师）在 1755 年便总结出明渠均匀流公式——谢才公式，一直沿用至今。

雷诺（O. Reynolds，1842—1912 年，英国科学家）1883 年用试验证实了黏性流体的两种流动状态——层流和紊流的客观存在，找到了试验研究黏性流体流动规律的相似准则数——雷诺数，以及判别层流和紊流的临界雷诺数，为流动阻力的研究奠定了基础。

瑞利（L. J. W. Rayleigh，1842—1919 年，英国物理学家）在相似原理的基础上，提出了试验研究的量纲分析法中的一种方法——瑞利法。

普朗特（L. Prandtl，1875—1953 年，德国物理学家）建立了边界层理论，解释了阻力产生的机制。以后又针对航空技术和其他工程技术中出现的紊流边界层，提出混合长度理论。1918—1919 年，论述了大展弦比的有限翼展机翼理论，对现代航空工业的发展做出了重要贡献。

卡门（T. von Kármán，1881—1963 年，美籍匈牙利力学家）在 1911—1912 年连续发表的论文中，提出了分析带旋涡尾流及其所产生的阻力的理论，人们称这种尾涡的排列为卡门涡街。在 1930 年的论文中，提出了计算紊流粗糙管阻力系数的理论公式。

1.4.3　当代流体力学的发展

20 世纪中叶以来，大工业的形成，高新技术产业的出现和发展，特别是电子计算机的出现、发展和广泛应用，大大地推动了科学技术的发展。由于工业生产和尖端技术的发展需要，促使流体力学知识体系不断更新与发展。这一时期的主要特点是运用最新的理论研究方法、计算机技术和试验模拟仿真等手段，研究与人类社会生产活动和生存条件紧密相关的流体力学问题。

流体力学领域正处在一个用理论分析、数值计算、试验模拟相结合的方法，以非线性问题为重点，各分支学科同时并进的大发展时期。渐近分析法、多重尺度法、平均变分法以及延伸摄动级数等理论方法开始应用于流体力学模型的建立与参数解析。数学中的泛函、群论、拓扑学，尤其是微分动力系统的发展为研究非线性流体力学问题提供了有效的手段。

由于建成了可研究复杂流动现象的风洞、激波管、弹道靶以及水槽、水洞、转盘等试验设备，发展了热线、激光、超声波以及速度、温度、浓度及涡度的数字化测量技术，流体力学现象的观察与相关信息的获取更为便利。更为重要的是，计算机技术的快速发展，从根本上改变了非线性流动方程难以解析的状况，大量数据的采集和处理成为可能。

1. 计算流体力学日趋成熟

以有限差分、有限元、有限分析、谱方法和辛算法为基础建立了计算流体力学较完整的理论体系,许多有效差分格式被用于流动现象解析。例如,TVD 和 ENO 格式,Godunov 方法和拉格朗日算法,以及求解自由边界问题的 MAC 方法,为提高分辨率的紧致格式等。计算流体力学在复杂湍流流动的数值模拟以及高速气体动力学中发挥了重大作用。

对于异形几何体和复杂流场以及需要考虑场内自由度激发和化学反应等问题,计算流体力学已能进行较精确的分析与数值计算。此外,在非定常流的控制、超临界设计等方面也已取得突破性进展。目前,超级计算机及工作站的性能有了飞跃,并行度也在提高,人们已经可以用欧拉方程,雷诺平均方程求解整个流场,以及雷诺数达到 1×10^5 的典型流动的湍流问题。计算流体力学几乎渗透到流体力学的每个分支领域。

2. 非线性流动问题取得重大进展

自 20 世纪 60 年代起,色散及孤立子理论日趋完善,非线性发展方程完整的理论得以建立,其数值求解方法被广泛应用于流体力学及其他学科领域。物理上,波作用量守恒原理的发现,揭示了振相互作用是子系统间交换能量的方式。三维非线性波和与波有关的流动相互作用是目前的研究前沿。

非线性稳定性的研究主要针对转捩(层流到紊流的过渡)问题,探讨不稳定波的发展情况,用三波共振、二次不稳定来解释涡结构和转捩方式,用波包来研究湍流斑的形成。湍流的基础研究从统计方法转向拟序结构的研究,RNG(重正化群)理论正在完善,并应用于剪切湍流。格子-Boltzmann 法用于解释非连续介质宏观物理现象,并在渗流问题的研究中开始应用。

3. 流体力学出现许多新兴的学科分支

(1) **生物流体力学**:主要研究生物体的生理流动,包括心血管、呼吸、泌尿、淋巴系统的流动。流体的非牛顿流行为(如血液属卡森流体)、管流的分叉和变形、微循环通过细胞膜的传质以及流动的尺度现象(如法罗伊斯-林奎斯特效应)等生理流动特征的解析为发展生物医学工程(如治疗动脉粥样硬化,人造心瓣等)做出了贡献。此外,植物体内的生理流动,鱼类和鸟类的运动,以及体育运动力学等分支系统正在逐步形成。

(2) **地球和星系流体力学**:主要研究大气、海洋及地幔运动的学科分支,包括全球尺度、天气尺度、中尺度的运动。其特点是要考虑旋转和层结效应,包括泰勒柱、埃克曼层、地转近似、罗斯贝波、惯性波、内波、双扩散、异重流等现象,深化了人类对自然现象的认识。

(3) **磁流体力学**:主要研究磁场中的流体运动规律,包括磁流体力学波与稳定性。由于可应用磁流体力学处理的等离子体温度范围颇宽,从磁流体发电的几千度到受控热核反应的几亿度量级(还没有包括固体等离子体),因此,磁流体力学同物理学的许多分支以及核能、化学、冶金、航天等技术科学都有联系。地球磁场的起源和逆转也是一个磁流体力学问题。

(4) **物理-化学流体力学**:主要研究流体运动对化学转化或物理化学转化的影响,以及物理、化学因素对流体运动的影响等问题的交叉学科。研究内容涉及分散体系的流动(如气泡、液滴的运动、聚并和破碎),界面和毛细运动(如液膜流动、表面波和射流雾化),电场中的流体运动(如电化学反应器、极谱、电泳和电渗析),以及有化学反应的流动等。此外,微重力场中的流动、晶体的生长和迁移、聚合物和生物流体的流动等亦属于物理-化学流体力学的范畴。

1.5 工程流体力学的内容与任务

工程流体力学是一门工程技术基础类科学,它是力学的一个分支。工程流体力学的主要内容是研究流体的平衡和机械运动的规律及其工程应用,侧重于生产、生活中的实际应用,它不追求数学上的严密性,而是趋于解决工程中出现的实际问题。

工程流体力学研究的基本规律包括两类,①关于平衡状态下的规律,它研究流体处于平衡状态(静止或相对平衡)时,作用于流体上的各种力之间的关系,即流体静力学;②关于流体运动的规律,它研究流体在运动状态时,作用于流体上的力与运动要素之间以及流体的运动特性与能量转换等的关系,即流体动力学。

工程流体力学主要涉及三大物理方程,即连续性方程、能量方程和动量方程。这三个基本物理方程是在连续介质模型基础上分别由经典物理学中的质量守恒定律、能量守恒定律和牛顿第二定律(或动量定律)推导而得。为了导出基本方程,还需引入流体密度与压力及温度之间的关系式、黏性应力和附加应力的表示式。但在工程流体力学中除特殊情况(如管道水击现象)外,均可认为流体(主要指液体)密度是不变的。工程流体力学中研究的一般都是牛顿流体,所以黏性应力可由牛顿内摩擦定律来表示。而附加应力采用混掺长度半经验理论进行表示。流体运动时的机械能损失则统一由水头损失来表示。

工程流体力学研究的工程问题主要涉及土木、水利、给水排水、建筑设备、农业灌溉、水力发电等多个生产实践领域。其主要任务是研究流体与边界(如管道、渠道、水工构筑物、土壤介质等)的相互作用,分析在各种情况下所形成的各种水流现象和边界上的各种作用力,为工程的勘测、规划、设计、施工和运行管理等方面提供依据。

流体力学的研究方法包括现场观测、试验模拟、理论分析和数值计算等,相互间是相辅相成的。试验需要理论指导,才能从分散的、表面上无联系的现象和试验数据中得出规律性的认识。反之,理论分析和数值计算也要依靠现场观测和试验模拟给出物理图案或数据以建立流动的力学模型和数学模式。最后,还需依靠试验以及实践来检验这些模型和模式的可靠程度。此外,实际流动往往较为复杂(如湍流),理论分析和数值计算经常遇到数学和计算方面的困难,得不到具体结果,需借助现场观测和试验模拟进行研究。

学习工程流体力学,要理解和掌握基本理论、基本概念和基本方法,注意理论联系实际,学会观察工程中的各种流体力学现象,准确分析和解决工程中的流体力学问题,并培养深入研究和探讨流体力学学科发展的能力。

习　题

一、选择题

1. 下列(　　)表述是正确的。
　　A. 静止液体的动力黏度为零　　　　　　B. 静止液体的运动黏度为零
　　C. 静止液体受到的剪切应力为零　　　　D. 静止液体受到的压应力为零

2. 理想液体的特征是（   ）。
   A. 黏度为常数　　　B. 无黏性　　　C. 不可压缩　　　D. 符合
3. 流体力学所述单位质量力是指作用在单位（   ）液体上的质量力。
   A. 面积　　　B. 体积　　　C. 质量　　　D. 重量
4. 流体的动力黏度 μ 与（   ）有关。
   A. 流体种类、体积　　　　　　　B. 流体种类、质量
   C. 流体种类、温度　　　　　　　D. 流体质量、体积
5. 流体的运动黏度 $\nu=$（   ）。
   A. $\dfrac{\mu}{g}$　　　B. $\dfrac{g}{\mu}$　　　C. $\dfrac{\rho}{\mu}$　　　D. $\dfrac{\mu}{\rho}$
6. 流体动力黏度 μ 的国际单位为（   ）。
   A. Pa·s　　　B. Pa·m　　　C. N·m　　　D. N·s
7. 流体运动黏度 ν 的国际单位为（   ）。
   A. m/s　　　B. m^2/s　　　C. m^3/s　　　D. m/s^2
8. 理想流体是指（   ）。
   A. 平衡流体　　　　　　　　　　B. 运动流体
   C. 忽略密度变化的流体　　　　　D. 忽略黏性的流体
9. 淀粉糊和阿拉伯树胶都属于（   ）。
   A. 牛顿流体　　　B. 非牛顿流体　　　C. 理想流体　　　D. 均质流体
10. 体积压缩系数 κ_T 的国际单位为（   ）。
    A. m^2/N　　　B. N/m^2　　　C. m/N^2　　　D. N^2/m

二、计算题

1. 如图 1-13 所示，底面面积 $A=0.1m^2$、质量 $m=1.5kg$ 的木板，沿涂有树脂液的斜面（$\alpha=45°$）匀速下滑。若测得该板的速度 $v=1m/s$，油层厚度 $h=1.0\times10^{-3}m$，试求润滑油的动力黏度。

2. 如图 1-14 所示，一圆锥体绕其中心轴以 $\omega=16rad/s$ 的角速度旋转。已知锥体半径 $R=0.3m$，锥体高 $H=0.5m$，锥体与锥腔之间的间隙 $\delta=1mm$，间隙内润滑油的动力黏度 $\mu=0.1Pa·s$，试求使锥体旋转的力矩。

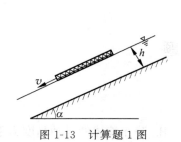

图 1-13　计算题 1 图

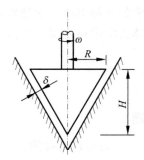

图 1-14　计算题 2 图

3. 直径 $d=50$mm 的轴颈同心地在 $D=50.1$mm 的轴承中转动(图 1-15)。间隙中润滑油的黏度 $\mu=0.45$Pa·s。当转速 $n=950$r/min 时,求因油膜摩擦而附加的阻力矩 M。

4. 金属导线以 25m/s 的速度通过装有绝缘涂覆溶液的圆筒模具(图 1-16),若导线直径 $d_1=0.8$mm;绝缘涂覆液的黏度 $\mu=0.02$Pa·s,圆筒直径 $d_2=0.9$mm,长度 $l=1000$mm,则需施加给导线的力为多少?

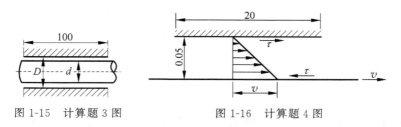

图 1-15　计算题 3 图　　　　图 1-16　计算题 4 图

5. 已知某密闭容器内装有液体蜡油,施加 0.2MPa 压强时,测得蜡油体积为 0.355m^3,施加 100MPa 压强时,测得蜡油体积为 0.343m^3,则该蜡油的弹性模量为多少?

6. 如图 1-17 所示,手摇式管道加压泵,内部装有压缩系数 $\kappa=1.98\times10^{-10}\text{m}^2/\text{N}$ 的液压油,已知手柄摇距为 0.5mm/r,活塞直径为 0.5cm,工作前液压油的体积为 150mL,若需对管道加压至 10MPa,需摇动多少转?

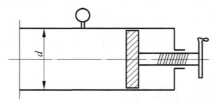

图 1-17　计算题 6 图

第 1 章答案

第2章 流体静力学

流体静力学主要研究流体处于平衡状态下的力学规律。平衡是物体机械运动的特殊形式,如果物体相对于惯性参照系处于静止或做匀速直线运动的状态,即加速度为零的状态则称之为平衡。如果流体相对于非惯性参照系静止不动,我们就说流体在力学上处于相对平衡状态。平衡流体的最大特点是流体质点之间无相对运动,因此表面力中的黏性力可不予考虑,即没有剪切应力,仅考虑法向应力,这就使得平衡流体的数学模型较为简单。对于一般工程问题,流体静力学的基本内容包括静止液体内的压力(压强)分布,压力对器壁的作用,分布在平面或曲面上的压力合力及其作用点,物体受到的浮力和浮力的作用点,浮体的稳定性以及静止气体的压力分布、密度分布和温度分布等。从广义上说,流体静力学还包括流体处于相对平衡的情形,如装有水的容器在做自由落体运动时的力平衡关系。

2.1 静止流体中的应力特性

2.1.1 应力的方向垂直并指向受压面

在静止流体中取一流体团,用 N-N 曲面将 M 分为 Ⅰ 和 Ⅱ 两部分,若取出 Ⅱ 部分流体作为脱离体,则在 N-N 面上,Ⅰ 部分流体对 Ⅱ 部分流体将产生作用力,如图 2-1 所示。

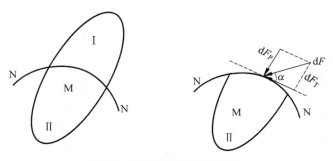

图 2-1 静止流体的应力分析

取 N-N 面上某微元面 dA,该微元面承受的作用力设为 dF,假定 dF 不垂直于 dA 所在平面,则必与该平面相交成某一角 α,则 dF 可分解为垂直于 dA 的分力 dF_P,及平行于该面的分力 dF_T。第 1 章已指出,流体区别于固体的一个显著特点就是流体不能承受拉应力,也就是说，dF_P 的作用方向只能垂直并指向 dA 所在平面。同时，若 dF_T 不等于零，说明 II 部分流体受到了剪切应力作用，II 部分流体应在 dF_T 作用下发生连续不断的变形，即存在流动现象，显然，这与流体的静止状态不符，故可推断，dF_T 等于零。由此可以确定，静止流体□应力的方向垂直并指向受压面，即只存在法向应力（压强），而没有剪切应力。

2.1.2 静压强的大小和受压面的方向无关

这一特性的含义是指作用于同一点上各方向的静压强大小相等。如图 2-2 所示，静止流体中有一垂直平板 AC，设平板上 B 点的静水压强为 p_B，可知，p_B 作用线沿垂直方向指向 AC 平板。若 C 点为铰接点，平板 AC 可绕 C 点转动任一角度，假定 B 点至液面距离 h_B 保持不变，则转动后 B 点压强 p_B 的大小与转动前相同。这就是"静压强的大小和受压面的方向无关"的含义。

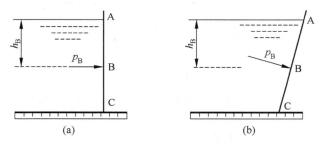

图 2-2　作用于同一点的静压强示意

如图 2-3 所示，在静止流体中任取一直角四面体 OABC，为论述简便起见，取四面体三个直角边分别与三个坐标轴平行，其中 z 轴为铅垂方向，而 ABC 为任意倾斜面，四面体各边长分别为 Δx、Δy 和 Δz。因四面体受相邻流体作用，其四个表面上分别存在作用方向各不相同的表面力，即静压力 ΔP_x、ΔP_y、ΔP_z 和 ΔP_n。若当四面体趋于一点时，各表面上的静压强大小相等（因斜平面为任取），则证明静压强的大小和受压面的方向无关。

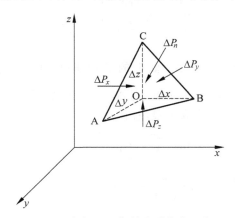

图 2-3　直角四面体所受到的表面力

静止流体处于力平衡状态，因此作用于四面体上的所有外力的合力为零，即表面力与质量力平衡。

由直角四面体体积公式知，$V_{OABC} = \dfrac{1}{6}\Delta x \cdot \Delta y \cdot \Delta z$，假定作用在四面体上的单位质量力在三个坐标方向的投影分别为 X、Y、Z，则总质量力在三个坐标方向的投影分别为：

$$\begin{cases} F_x = \dfrac{1}{6}\Delta x \Delta y \Delta z \Delta \rho X \\ F_y = \dfrac{1}{6}\Delta x \Delta y \Delta z \Delta \rho Y \\ F_z = \dfrac{1}{6}\Delta x \Delta y \Delta z \Delta \rho Z \end{cases} \tag{2-1}$$

因流体处于静止平衡状态，作用于四面体上的外力之和等于零，在三个坐标轴方向上的分力之和也分别等于零，有下式成立：

$$\begin{cases} \Delta P_x - \Delta P_n \cos(n,x) + \dfrac{1}{6}\Delta x \Delta y \Delta z \rho X = 0 \\ \Delta P_y - \Delta P_n \cos(n,y) + \dfrac{1}{6}\Delta x \Delta y \Delta z \rho Y = 0 \\ \Delta P_z - \Delta P_n \cos(n,z) + \dfrac{1}{6}\Delta x \Delta y \Delta z \rho Z = 0 \end{cases} \tag{2-2}$$

式中：(n,x)、(n,y)、(n,z)——ABC 斜面的法线 n 与 x，y，z 坐标轴的夹角。以 A_x、A_y、A_z 和 A_n 分别表示 AOC、BOC、AOB 和 ABC 四个面的面积，有：

$$\begin{cases} A_x = A_n \cos(n,x) = \dfrac{1}{2}\Delta y \Delta z \\ A_y = A_n \cos(n,y) = \dfrac{1}{2}\Delta x \Delta z \\ A_z = A_n \cos(n,z) = \dfrac{1}{2}\Delta y \Delta x \end{cases} \tag{2-3}$$

以式(2-2)中第一式左右两侧同除以 A_x，得：

$$\dfrac{\Delta P_x}{A_x} - \dfrac{\Delta P_n}{A_n} + \dfrac{1}{3}\Delta x \rho X = 0$$

式中：$\dfrac{\Delta P_x}{A_x}$ 和 $\dfrac{\Delta P_n}{A_n}$——AOC 和 ABC 面上的平均压强，可用 p_x 和 p_n 表示。令四面体 OABC 趋近于点，则 Δx、Δy 和 Δz 及 A_x、A_y、A_z 和 A_n 均趋近于 0，对上式取极限，有：

$$\begin{cases} \lim\limits_{A_n \to 0} \dfrac{\Delta P_n}{A_n} = p_n \\ \lim\limits_{A_x \to 0} \dfrac{\Delta P_x}{A_x} = p_x \rightarrow p_x = p_n \\ \lim\limits_{\Delta x \to 0} \dfrac{1}{3}\Delta x \rho X = 0 \end{cases}$$

对式(2-2)中第二式和第三式分别除以 A_y、A_z 并作如上类似推导，分别可得：

$$p_y = p_n; \quad p_z = p_n$$

由上可得：

$$p_x = p_y = p_z = p_n$$

鉴于四面体斜面 ABC 为任意选取，故法线 n 为任意方向，可知，当四面体趋于一点时，来自各个方向作用其上的静压强均相等，即静压强的大小和受压面的方向无关。

根据连续介质模型假定，物理量是空间坐标和时间变量的连续函数，静止流体因未发生运动，时间变量不是物理量的影响参数。因此，静止流体中任一点的静压强仅是空间坐标的函数而与作用面的方位无关，即有：

$$p = p(x, y, z) \tag{2-4}$$

2.2 流体平衡微分方程及其积分

2.2.1 流体平衡微分方程

流体平衡微分方程是指处于平衡状态时，作用于流体上的各种外力之间的关系式。

设在静止流体中取一微元直角六面体 $AA'BB'CC'DD'$（图 2-4），其边长分别为 dx、dy、dz，中心点为 $O'(x, y, z)$，现分别讨论该六面体在表面力和质量力作用下的力平衡。

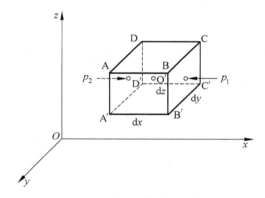

图 2-4 静止流体受力分析

预备知识：泰勒(Taylor)级数

泰勒级数是一个用函数在某点的信息描述其附近取值的公式。如果函数满足一定的条件，泰勒公式可以用函数在某一点的各阶导数值做系数构建一个多项式来近似表达这个函数。一元泰勒公式展开式如下：

$$f(x) = f(x_0) + f'(x_0)(x - x_0) + \frac{f''(x_0)}{2!}(x - x_0)^2 + \cdots + \frac{f^{(n)}(x_0)}{n!}(x - x_0)^n + \cdots$$

$$= f(x_0) + f'(x_0)(x - x_0) + a$$

式中：a——一阶后的高阶余项，可称为误差项。

$$\lim_{\Delta x \to 0} f(x_0 + \Delta x) - f(x_0) = f'(x_0) \Delta x$$

误差 a 在 $\Delta x \to 0$，即 $x \to x_0$ 时趋近于 0。

(1) 表面力：对于六面体而言，作用于其六个面上的表面力为周围流体所施加的静压力。设六面体中心点 O' 的静压强为 $p(x, y, z)$，依据坐标关系，$BB'C'C$ 和 $AA'D'D$ 两个面的中心点静压强可分别表示为 $p_1\left(x + \frac{1}{2}dx, y, z\right)$、$p_2\left(x - \frac{1}{2}dx, y, z\right)$，按泰勒级数展开，

忽略高阶项,取前两项,则有:

$$p_1\left(x+\frac{1}{2}\mathrm{d}x,y,z\right)=p+\frac{1}{2}\frac{\partial p}{\partial x}\mathrm{d}x$$

$$p_2\left(x-\frac{1}{2}\mathrm{d}x,y,z\right)=p-\frac{1}{2}\frac{\partial p}{\partial x}\mathrm{d}x$$

对于微元六面体而言,其表面各点处静压强可视作与面中心点压强相同,因此作用于 BB'C'C 和 AA'D'D 上的静压力可分别写作:

$$P_1=\left(p+\frac{1}{2}\frac{\partial p}{\partial x}\mathrm{d}x\right)\mathrm{d}y\mathrm{d}z$$

$$P_2=\left(p-\frac{1}{2}\frac{\partial p}{\partial x}\mathrm{d}x\right)\mathrm{d}y\mathrm{d}z$$

相似的,可以得到六面体其余4个面的静压力表达式。

(2)质量力:令 X、Y、Z 为六面体在 x、y、z 三个方向上的单位质量力,则总质量力在三个方向的分力分别为 $X\rho\mathrm{d}x\mathrm{d}y\mathrm{d}z$、$Y\rho\mathrm{d}x\mathrm{d}y\mathrm{d}z$、$Z\rho\mathrm{d}x\mathrm{d}y\mathrm{d}z$。

六面体处于静止平衡状态,所有作用于六面体上的力,在三个坐标轴方向上的投影和应等于零,即分力平衡。在 x 方向有:

$$P_2-P_1+X\rho\mathrm{d}x\mathrm{d}y\mathrm{d}z=0$$

$$\left(p-\frac{1}{2}\frac{\partial p}{\partial x}\mathrm{d}x\right)\mathrm{d}y\mathrm{d}z-\left(p+\frac{1}{2}\frac{\partial p}{\partial x}\mathrm{d}x\right)\mathrm{d}y\mathrm{d}z+X\rho\mathrm{d}x\mathrm{d}y\mathrm{d}z=0$$

上式以 $\rho\mathrm{d}x\mathrm{d}y\mathrm{d}z$ 约分并化简,得:

$$X-\frac{1}{\rho}\frac{\partial p}{\partial x}=0$$

同理推导,y、z 方向可得到类似的力平衡方程,由此有微分方程组:

$$\begin{cases}X-\dfrac{1}{\rho}\dfrac{\partial p}{\partial x}=0\\ Y-\dfrac{1}{\rho}\dfrac{\partial p}{\partial y}=0\\ Z-\dfrac{1}{\rho}\dfrac{\partial p}{\partial z}=0\end{cases} \quad (2\text{-}5)$$

式(2-5)是由瑞士科学家欧拉于1775年首先推导,故又称欧拉平衡微分方程式,该微分方程组的物理意义是:静止流体中,某一方向上单位体积的质量力与静压强在该方向的变化率相等。

2.2.2 平衡微分方程的全微分形式

将式(2-5)中各式分别乘以 $\mathrm{d}x$、$\mathrm{d}y$、$\mathrm{d}z$ 再相加,有:

$$\frac{\partial p}{\partial x}\mathrm{d}x+\frac{\partial p}{\partial y}\mathrm{d}y+\frac{\partial p}{\partial z}\mathrm{d}z=\rho(X\mathrm{d}x+Y\mathrm{d}y+Z\mathrm{d}z) \quad (2\text{-}6)$$

因为 p 是连续函数,即 $p=p(x,y,z)$,故式(2-6)左端为函数 p 的全微分,故此式可写作:

$$\mathrm{d}p=\rho(X\mathrm{d}x+Y\mathrm{d}y+Z\mathrm{d}z) \quad (2\text{-}7)$$

式(2-7)是不可压缩均质流体平衡微分方程式的另一种表达形式,也即全微分式。

根据式(2-5)分析平衡条件下流体所受质量力的特征,首先以第一式和第二式分别对 y 和 x 取偏导数,又考虑流体不可压缩($\rho=$常数),故有:

$$\frac{\partial X}{\partial y} = \frac{1}{\rho}\frac{\partial^2 p}{\partial x \partial y}$$

$$\frac{\partial Y}{\partial x} = \frac{1}{\rho}\frac{\partial^2 p}{\partial y \partial x}$$

因为连续函数的二次偏导数与取导的先后顺序无关,得:

$$\frac{\partial X}{\partial y} = \frac{\partial Y}{\partial x}$$

同理,式(2-5)中第二式和第三式分别对 z 和 y、第三式和第二式分别对 x 和 z 求导,可得类似结果,综合如下式:

$$\begin{cases}\dfrac{\partial X}{\partial y} = \dfrac{\partial Y}{\partial x} \\ \dfrac{\partial X}{\partial z} = \dfrac{\partial Z}{\partial x} \\ \dfrac{\partial Y}{\partial z} = \dfrac{\partial Z}{\partial y}\end{cases} \qquad (2\text{-}8)$$

式(2-8)表明,作用于平衡流体上的各方向单位质量力的偏导数之间存在交叉相等关系。由经典力学可知,当流体的质量力满足上述条件时,必然存在一个仅与坐标有关的力势函数 $F(x,y,z)$,而 $F(x,y,z)$ 对 x,y,z 的偏导数等于各方向上的单位质量力的分量,即有:

$$\begin{cases} X = \dfrac{\partial F}{\partial x} \\ Y = \dfrac{\partial F}{\partial y} \\ Z = \dfrac{\partial F}{\partial z}\end{cases} \qquad (2\text{-}9)$$

同时,$F(x,y,z)$ 的全微分 $\mathrm{d}F$ 应等于物体位移变化时单位质量力所做的功(也可由曲线积分定理推知:$X\mathrm{d}x+Y\mathrm{d}y+Z\mathrm{d}z$ 即为某坐标函数全微分的充分必要条件):

$$\begin{aligned}\mathrm{d}F &= \frac{\partial F}{\partial x}\mathrm{d}x + \frac{\partial F}{\partial y}\mathrm{d}y + \frac{\partial F}{\partial z}\mathrm{d}z \\ &= X\mathrm{d}x + Y\mathrm{d}y + Z\mathrm{d}z\end{aligned} \qquad (2\text{-}10)$$

满足式(2-9)关系的力称为有势力,有势力的特征是其所做的功与路径无关,仅与坐标变化有关。质量力中的重力和惯性力均属于有势力。

上述分析表明,若流体处于平衡状态,那么作用于其上的质量力必然是有势力。据此,不可压缩均质流体平衡方程的全微分式(2-7)可变形为:

$$\begin{aligned}\mathrm{d}p &= X\mathrm{d}x + Y\mathrm{d}y + Z\mathrm{d}z \\ &= \rho\left(\frac{\partial F}{\partial x}\mathrm{d}x + \frac{\partial F}{\partial y}\mathrm{d}y + \frac{\partial F}{\partial z}\mathrm{d}z\right)\end{aligned}$$

对上式积分,得:

$$p = \rho F + C \qquad (2\text{-}11)$$

式中:C——积分常数。

若平衡流体中某点压强为 p_0,作用其上的力势函数为 F_0,则 $C = p_0 - \rho F_0$,代入式(2-11)有：
$$p = p_0 + \rho(F - F_0) \quad (2\text{-}12)$$

基于力势函数 F 仅是空间坐标的连续函数，因此 $F - F_0$ 必然也仅是空间坐标的连续函数而与 p_0 无关，故可推断出：平衡流体中某点的压强将等值传递至流体中的其他点，若该点压强增加或减小，则流体中其他点的压强也将等值的增加或减小。

2.2.3　等压面

等压面是指压强数值相等的点构成的空间平面或曲面。一般而言，平衡流体内部各点压强均是空间坐标的函数，故位置不同的点，其压强值也不相等。但也存在一些特殊情况，如盛有水的敞口容器，其水面处各点的压强均相等，都等于大气压强，此时的水面即为等压面。因各点压强相同，故等压面具有不同于平衡流体内其他平面或曲面的某些性质。

1. 等压面即等势面

由前述可知，等压面上的压强与势函数存在如下关系：
$$dp = \rho dF$$

因等压面上 $p = $ 常数，又考虑流体不可压缩，即 $\rho = $ 常数，可推导出势函数 F 等于常数。这说明等压面即等势面。

2. 等压面与质量力正交

在平衡流体中任取一等压面，如图 2-5 所示。

设有一质量为 dm 的流体质点，其在质量力 F 的作用下由 A 点移动至 B 点，相应位移为 ds，已知 F 与 ds 之间的夹角为 θ，相应 F 的单位质量力的分量分别为 X、Y、Z；ds 在各坐标方向的分量为 dx、dy、dz。用 i、j、k 表示各坐标方向的单位矢量，则有矢量表达式：
$$F = (Xi + Yj + Zk)dm$$
$$ds = (dxi + dyj + dzk)dm$$

质量力对质点 dm 所做的功 W 为 F 和 ds 的数量积：
$$W = F \cdot ds = (Xdx + Ydy + Zdz)dm$$

根据式(2-10)，$dF = Xdx + Ydy + Zdz$ 有：
$$W = dF \cdot dm$$

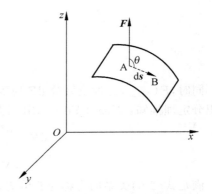

图 2-5　等压面上的质点在质量力作用下的位移

由等压面势函数为常数，知 $dF = 0$，因此 $W = 0$。这表明，等压面上质点移动时，质量力所做功为零，即可推断，质量力与等压面正交。

重力场中，若流体处于静止平衡状态，此时作用于流体上的质量力只有重力，则就某一有限流体空间而言，等压面应是一水平面；就整个重力场中的静止流体而言，等压面则是与指向地心的引力处正交的曲面。

以上有关等压面的讨论与分析是将势函数视作空间坐标的连续函数，而流体密度视为常数。若基于等压面分析相关流体问题时，应明确对象是同种连续介质。

2.3 重力场中静压强的计算

土木、水利等工程实践中涉及的平衡流体多为重力作用状态,即质量力仅有重力。因此,讨论重力场中静压强的计算对于实际工程而言更有意义。

2.3.1 液体静压强的计算

如图 2-6 所示,施工现场中一圆柱形储水桶处于静止状态,桶内液面至 xOy 面的距离为 z_0,液面处压强为 p_0,桶内某点至 xOy 面的距离为 z,现求该点压强。

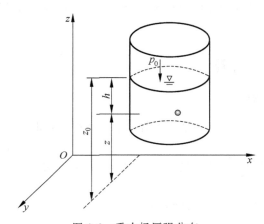

图 2-6 重力场压强分布

该点处于静止平衡流体,故满足式(2-7):

$$\mathrm{d}p = \rho(X\mathrm{d}x + Y\mathrm{d}y + Z\mathrm{d}z)$$

因为质量力只有重力,即 $X=0, Y=0, Z=-g$,水密度 ρ 为常数,因此上式可简化为:

$$\mathrm{d}p = \rho(-g\mathrm{d}z)$$

积分上式得到:

$$p = -\rho g z + C$$

因液面处压强为 p_0,液面点在 z 方向的坐标为 z_0,代入上式,有:

$$C = p_0 + \rho g z_0$$

故积分式转化为:

$$p = p_0 + \rho g(z_0 - z) \tag{2-13}$$

又 $z_0 - z$ 等于液面至计算点 A 的垂线距离 h(淹没水深),所以上式又可写作:

$$p = p_0 + \rho g h \tag{2-14}$$

以容重 $\gamma(\gamma = \rho g)$ 对上式约分,得:

$$z + \frac{p}{\rho g} = C \tag{2-15}$$

式(2-15)即为重力场下静压强计算公式。可知,静止流体中某点的压强由两部分构成:①液面处压强,该压强等值传递至流体内各处;②$\rho g h$,相当于单位面积上高度为 h 的流体重量。

由静压强公式可以看出,位置高度相同的各点处静压强相等,因此,重力场下的等压面是一水平面。但需强调的是，这一推论有其前提：①质量力只有重力；②同种连续流体。若流体不连续或同一水平面穿越不同流体，则位于同一水平面上的各点压强并不一定相等，而水平面也不能确定为等压面。

流体静压强计算公式表明，重力场中均质流体的压强随水深增加而呈线性增加。由此很容易说明为什么水坝断面要做成上面窄下面宽的形状，如图 2-7 所示。对此，我国古代人民很早就有所认识。例如，根据春秋时期的《管子》记录：堤坝的纵断面要修成"大其下，小其上"的梯形。而在西方，直到约 2000 年后，即 1586 年，荷兰工程师 S.斯蒂文才提出坝体的相似设计思路。

图 2-7　水坝断面

2.3.2　气体静压强的计算

1. 工程气体压强计算

工程气体是指各种工业设施（如密闭容器、密闭罐体）、工业管道（如天然气管道）中存储或输送的原料或燃料类气体。

由流体平衡微分方程式，质量力只有重力，$X=0, Y=0, Z=-g$，因此有：

$$\mathrm{d}p = -\rho g \mathrm{d}z$$

若视气体不可压缩，密度为常量，则对上式积分，有：

$$p = -\rho g z + C$$

考虑常温常压条件下，一般气体的密度值很小，而对于常规工程设施及设备，因其垂向高度有限，重力（气体重量）对压强的影响也较小，可忽略不计，则有：

$$p = C$$

上式表明，常规工程条件下，各点的气体压强可视作相同。

2. 大气压强计算

在大气环境中，因空气含量沿高度分布呈变化状态，不同高度处空气密度不同，故其压缩性不可忽略。国际民航组织规定以在干空气条件下、平均海平面的气压和气温分别为 101.325kPa 和 15℃（288K）作为基准，对流层顶以下约 11km 之间的温度随高度递减率为每千米下降 6.5℃；11～25km 温度变化微小，视作恒定，为 216.5K（-56.5℃），该区域称为大气同温层。

1) 对流层大气压强推导

根据前式：

$$\mathrm{d}p = -\rho g \mathrm{d}z$$

考虑到对流层中密度 ρ 随压强和温度变化，由理想气体状态方程：

$$pV = nRT \rightarrow \frac{n}{V} = \frac{p}{RT} \rightarrow \rho = \frac{p}{RT}$$

代入前式，有：

$$\mathrm{d}p = -\frac{\rho g}{RT}\mathrm{d}z$$

对流层中,温度随高度变化,有 $T = 288 - 6.5 \times 10^{-3} z$,故有:

$$\mathrm{d}p = -\frac{\rho g \mathrm{d}z}{R(288 - 6.5 \times 10^{-3} z)}$$

积分上式,可得:

$$p = 101.3 \times \left(1 - \frac{z}{44300}\right)^{5.256}$$

式中：p——某位置处大气压强,kPa;

z——该位置海拔高度,$0 \leqslant z \leqslant 11000$m。

2) 同温层大气压强推导

同温层视作等温,温度值为 216.5K(−56.5℃),同温层最下层(即对流层顶层)压强 p_T 可由对流层压强公式计算得出,其值为 22.6kPa,代入式:

$$\mathrm{d}p = -\rho g \mathrm{d}z$$

积分,得:

$$p = 22.6 \times \mathrm{e}^{-\frac{11000-z}{6334}} \tag{2-16}$$

式中,各参数意义同前；$11000\mathrm{m} \leqslant z \leqslant 25000\mathrm{m}$。

【例题 2.1】 如图 2-8 所示,U 形管一端开口接大气,另一端连通内装空气的密闭容器,静止平衡时管内水银柱的位置如图所示,已知水银密度为 $13.6 \times 10^3 \mathrm{kg/m^3}$,如何求密闭容器内压强 p_A?

解：由图 2-8 知,M、N 两点连线为水平线,两点间均为水银,属同种均质流体,根据静压强分布规律,$p_M = p_N$；U 形管口与大气相同,管口液面处压强为大气压 p_0；根据静压强计算公式,有:

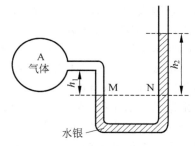

图 2-8 U 形压差计测压

$$p_N = p_0 + \rho_{水银} g h_2$$
$$p_A = p_M + \rho_{气} g h_1$$

可解得:

$$p_A = p_0 + \rho_{水银} g h_2 - \rho_{气} g h_1$$

因 $\rho_{水银}$ 远大于 $\rho_{气}$,故上式可简化为:

$$p_A \approx p_0 + \rho_{水银} g h_2$$

代入具体参数值可求得压强 p_A 数值。

由例题 2.1 可知,U 形压差计中测量用的液体与被测液体间的密度差越大,h_2 越小,反之则越大。对于实际工程而言,h_2 越小,则测量压强时越便捷,即测压装置容易设备化,因此,实际的测压计多选用水银作测量用液体。

工程中常用水银柱或水柱高度表示压强大小,与压强国际单位(Pa)的换算关系为:

1 毫米水银柱(mmHg) = 133.32Pa

1 毫米水柱(mmH$_2$O) = 9.807Pa

【例题 2.2】 已知海水的密度与压强之间存在如下关系：

$$\frac{p}{p_a} = 3000\left[\left(\frac{\rho}{\rho_a}\right)^7 - 1\right]$$

海面表层水的 ρ_a 为 1030kg/m³，则深度为 10km 处的海水密度为多少？（式中 p_a、ρ_a 均为标准状态下的值）

解：水深 10km 处的静水压强为：

$$p = p_a + \rho g \times 10000 \approx 1000 p_a$$

即有 $p/p_a = 1000$，代入海水密度-压强关系式，得：

$$\frac{\rho}{\rho_a} = \left[\left(\frac{p}{p_a} + 3000\right)\bigg/3000\right]^{1/7} = 1.042$$

由计算结果可知，水深 10km 处的海水压强约是海面表层水密度的 1000 倍，相应的海水密度约为表层水的 1.042 倍。实际工程中涉及的水深远小于本例水深，因此，水的密度可视作常数。

2.3.3 帕斯卡定律

法国科学家帕斯卡在 1648 年表演了一个著名的试验：在一个密闭装满水的桶的桶盖上插入一根细长管，从楼房的阳台上向细管里灌水。结果只用了几杯水，就把桶撑裂了。其原因在于细管面积虽然较小，装满水之后，管内水的重量也不大，但由于管高度大，管底部产生的压强很大，并传递至桶壁，超过了桶壁承压极限而使之破裂。这就是历史上有名的帕斯卡桶裂试验，如图 2-9 所示。

帕斯卡定律：不可压缩静止均质流体中任一点受外力作用产生压强增值后，此压强增值将等量传递至静止流体内部各点。帕斯卡定律是流体静力学的一条定律，其推导过程与前述相同，在此不再赘述。

根据帕斯卡定律，在密闭液体系统（图 2-10）中的一个活塞上施加一定的压强，必将在另一个活塞上产生相同的压强增量。如果第二个活塞面积是第一个活塞面积的 2 倍，那么作用于第二个活塞上的力将增大至第一个活塞的 2 倍，而两个活塞上的压强相等。

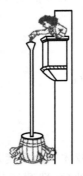

图 2-9　帕斯卡桶裂试验

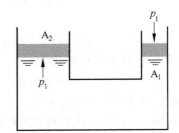

图 2-10　静止流体中的压强传递

显然，当 A_2 远远大于 A_1 时，在 A_2 上产生的力要比原来在 A_1 上施加的力大得多。据此，依据帕斯卡定律，可以放大作用力。工程中常用的液压千斤顶、液压制动、液压锻铸等机械设备都是依据这一定律发明的。

2.3.4 压强表示与度量

静止流体压强计算公式表明,流体内部任意一点的压强和液面处的压强存在定量关系,可用液面压强作为流体内部任意一点压强计算的基准。若液面与大气连通,则液面压强等于大气压强。

1. 绝对压强和相对压强

绝对压强是指以绝对真空为基准起算的压强,以符号 p_{abs} 表示。在工程中的压强计算问题涉及流体本身的性质时,例如,应用气体状态方程进行问题求解时,必须采用绝对压强。当讨论可压缩气体动力学问题时,气体压强也必须采用绝对压强。无论何种情形,都存在:

$$p_{abs} \geqslant 0$$

以当地同高程的大气压 p_a 为基准起算的压强称为相对压强,一般以 p 表示。如果采用相对压强为基准,则大气相对压强为零,即 $p_a=0$。

一般大气压随当地高程和气温变化而有所变化。相对压强、绝对压强和大气压强之间的关系如下:

$$p = p_{abs} - p_a \tag{2-17}$$

由式(2-17)可知,某一点的绝对压强 p_{abs} 大于大气压强 p_a 时,则相对压强大于零,工程中习惯称之为正压。当某一点的绝对压强 p_{abs} 小于大气压强 p_a 时,则相对压强小于零,工程中习惯称之为负压。此时的相对压强 p 也可表述为真空压强 p_v,p_v 与 p_{abs} 和 p_a 的关系如下:

$$p_v = |p_{abs} - p_a| \tag{2-18}$$

真空压强 p_v 以相对压强的绝对值表示,因此 p_v 数值始终大于零。需要说明的是,真空压强常写作真空度,二者表述意义相同。但在工程中,真空度有时也指真空的百分比程度,取值范围为 0~100%,即从大气压强到绝对真空。百分比值越高说明真空程度越大。对此,应予以注意区别。

现以下例说明相对压强 p、绝对压强 p_{abs} 和真空压强 p_v 之间的关系。

【例题 2.3】 一圆柱形容器倒置于水池中,如图 2-11 所示,若已知 $h_1=4.0\mathrm{m}$,$h_2=3.0\mathrm{m}$(图 2-11),试求 p_A、p_B、p_C 的压强数值,判断哪一点存在真空,求其真空压强值。

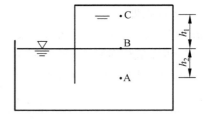

图 2-11 例题 2.3 图

解:由图 2-11 可知,水池液面与大气连通,水面压强是大气压,因水平面是等压面,故 B 点压强即大气压强,以相对压强计,$p_B=0$。

因 A、B、C 三点位于同一静止流体中,因此存在:

$$p_A = p_B + \rho_水 g h_{AB} = (1000 \times 9.8 \times 3)\mathrm{Pa} = 29400\mathrm{Pa}$$

$$p_C = p_B - \rho_水 g h_{BC} = (0 - 1000 \times 9.8 \times 4)\mathrm{Pa} = -39200\mathrm{Pa}$$

可知,C 点相对压强小于 0,即存在真空,其真空压强为:

$$p_v = -p_C = 39200\text{Pa}$$

需要指出的是,工程构筑物和设备一般处于大气环境中,多数情况下大气压强的作用是相互抵消的,采用相对压强往往可省去大气压强的重复计算,所以在工程实际中广泛采用相对压强。除非另有说明,书中涉及压强均指相对压强。

2. 压强的度量单位

在不同领域,压强的度量单位有所不同,工程中常见的度量单位有三种:

(1) 从压强的定义出发,用单位面积上的力来表示,即力/面积。在国际单位制中,压强单位是 N/m^2 或是帕斯卡[帕],用 Pa 表示,即标准压强单位,$1\text{Pa}=1\text{N/m}^2$。因帕的度量范围偏小,实际工程中多采用 $10^3\text{Pa}(\text{kPa})$ 或 $10^6\text{Pa}(\text{MPa})$ 作为压强单位,早期也记作 kgf/m^2(千克力/平方米)或 kgf/cm^2(千克力/平方厘米)。

(2) 以大气压来表示。国际上规定:标准大气压用符号 atm 表示(温度为 0℃时,海平面上的压强,即 760mmHg 柱),$1\text{atm}=101.3\text{kPa}$。工程制规定:大气压用符号 at 表示($1\text{at}=9.80665\times10^4\text{Pa}$,相当于海拔 200m 处正常大气压),$1\text{at}=1\text{kgf/cm}^2$,称为工程大气压。

(3) 以液体柱高度 h 来表示。通常采用水柱高度或者水银柱高度表示压强,其单位为 mH_2O 或 mmHg。这一度量方式与标准度量间存在如下关系:

$$h = \frac{p}{\rho g}$$

一个标准大气压对应的水柱高度和水银柱高度分别为:

$$h = \left(\frac{101300}{1000\times9.8}\right)\text{mH}_2\text{O} \approx 10.33\text{mH}_2\text{O}$$

$$h = \left(\frac{101300}{1000\times13.6\times9.8}\right)\text{mHg} \approx 0.76\text{mHg} = 760\text{mmHg}$$

一个工程大气压对应的水柱高度和水银柱高度分别为:

$$h = \left(\frac{98000}{1000\times9.8}\right)\text{mH}_2\text{O} = 10\text{mH}_2\text{O}$$

$$h = \left(\frac{98000}{1000\times13.6\times9.8}\right)\text{mHg} \approx 0.735\text{mHg} = 735\text{mmHg}$$

上述压强度量方式常常应用于不同的工程场景,需灵活应用。例如,在暖通空调工程中,流体多涉及气体,且压强值一般不大,采用 Pa 较为适宜。在土木与水利工程领域,流体多为水,压强值相对较大,采用 kPa 或 mH_2O 更为合适。

压强不同度量单位间的换算关系如表 2-1 所示。

表 2-1 压强度量单位间的换算关系

度量单位	Pa	bar	mmH$_2$O	at	atm	mmHg
换算关系	9.8	9.8×10^{-5}	1	10^{-4}	9.674×10^{-5}	0.0735
	9.8×10^4	9.8×10^{-1}	10^4	1	9.678×10^{-4}	735.6
	1.013×10^5	1.013	1.034×10^4	1.034	1	760
	1.33×10^2	1.33×10^{-3}	1.36×10^1	1.36×10^{-3}	1.316×10^{-3}	1

另需指出的是,工程中使用的各种压强测量仪表测定的是测量点的相对压强,而不是绝对压强,故表压指相对压强。

2.4 相对平衡状态下的压强分布规律

实际工程中,经常会遇到流体处于相对平衡的情形。所谓相对平衡是指流体与容器虽处于运动状态,但流体与容器之间,以及流体内部质点之间没有相对运动,即处于相对静止状态。

不同前节所述静止,相对平衡状态下,因流体相对于地球处于运动状态,此时的压强已不遵从重力场下静压强的分布规律,在求解此类问题时,需强调以下原则:

(1) 流体质点无相对运动,不存在黏性力,故此时的流体可视作理想流体。

(2) 尽管流体质点实际处于运动状态,但可根据达朗贝尔原理,将动力学问题转化为静力学问题,即在流体质点受力运动的任何时刻,可将惯性力 ma 作为外力引入流体质点的受力体系而构成力平衡关系,从而将动力学问题转化为静力学问题。

(3) 坐标系一般选取在运动容器上,此时流体相对于坐标系而言处于静止状态。

2.4.1 匀加速直线运动

如图 2-12 所示,一水箱置于洒水车上,随车做加速度为 a 的直线运动,稳定状态时,水箱液面由静止时的水平面变为倾斜平面,现分析水箱内水的压强分布。

坐标系设于洒水车,坐标原点 O 置于静止时水面中心,取铅垂向上为 z 轴正方向,x 和 y 轴位于水平面。因处于平衡状态,水箱内的水所受表面力与质量力遵从欧拉平衡微分方程,即有:

$$\mathrm{d}p = \rho(X\mathrm{d}x + Y\mathrm{d}y + Z\mathrm{d}z)$$

此时,质量力系包括重力和惯性力,单位质量力在各方向的分量如下:

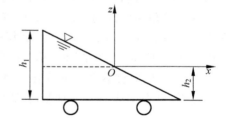

图 2-12 均加速直线运动小车

$$X = -a; \quad Y = 0; \quad Z = -g$$

代入前式,得:

$$\mathrm{d}p = \rho(-a\mathrm{d}x - g\mathrm{d}z)$$

积分上式,有:

$$p = \rho(-ax - gz) + C$$

边界条件:液面处压强为大气压,即有:

$$x = 0; \quad z = 0; \quad p = p_a$$

代入上式,可解积分常数:

$$C = p_a$$

故有均加速直线运动时压强表达式:

$$p = p_a + \rho(-ax - gz)$$

因液面为等压面,液面各点压强均为大气压,即 $p=p_a$,代入上式,有液面方程表达式如下(下标 s 表示液面点):

$$z_s = -\frac{a}{g}x_s$$

若已知水箱最大高度 h_1,静止时水面高度 h_2,则可求得水不溢出水箱时的洒水车最大加速度 a_{max}。水箱水不溢出,则有:

$$z_s \leqslant h_1 - h_2$$

代入液面方程,可解得:

$$a_{max} \leqslant -\frac{g}{x_s}(h_1 - h_2)$$

2.4.2 匀速圆周运动

盛有流体的容器沿圆周运动,如果流体质点在任意相等的时间里通过的弧度相等,这种运动就叫作"匀速圆周运动",也称"等角速度旋转运动"。因为流体做圆周运动时角速度不变,但速度方向随时发生变化,所以匀速圆周运动的线速度是每时每刻都在变化。流体质点做匀速圆周运动时,因质点间无相对运动,故也处于相对平衡状态。工程中常见的离心铸造、离心脱水、离心搅拌等机械设备均涉及流体的圆周运动。

以盛有液体的圆柱形容器绕其中心轴做等角速度旋转运动为例,对此类相对平衡问题进行分析。由于黏性作用,容器边壁处的液体层首先被带动旋转,随后带动邻近层的液体质点运动,并逐层传递直至容器中心轴处的质点。当体系运行稳定后,容器内所有液体与容器保持一致的等角速度圆周运动,此时的液面则由静止时的水平面呈现为凹型的抛物面,其原因在于旋转前后的液体质点所受表面力和质量力的变化所致。

如图 2-13 所示,直角坐标系置于容器上,取水平面为 xOy 面,坐标原点 O 位于容器底中心,z 轴与圆柱形容器中心轴重合。因容器内液体相对地球做圆周运动,若将惯性力纳入质量力体系,则根据达朗贝尔原理,容器内液体将处于相对平衡状态。

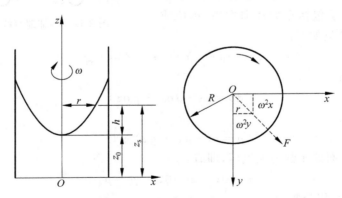

图 2-13 等角速度旋转流体

在容器内任取一液体质点 $m(x,y,z)$,其旋转半径为 r,旋转角速度为 ω。该质点所受外力包括表面力和质量力,此时单位质量的惯性力(离心力)为 $\omega^2 r$,作用方向过质点 m 并沿半径方向指向外侧，在 x 和 y 轴方向上的投影分别为 $\omega^2 x$、$\omega^2 y$，单位质量的重力则仅在 z 轴方向有投影，为 $-g$。因处于平衡状态，容器内质点所受外力遵从欧拉平衡微分方程，将质量力代入，则有：

$$dp = \rho(Xdx + Ydy + Zdz)$$
$$= \rho(\omega^2 dx + \omega^2 dy - gdz)$$

积分可得：

$$p = \left[\frac{\omega^2(x^2+y^2)}{2g} - z\right] + C \tag{2-19}$$

因 $x^2 + y^2 = r^2$，又液面点满足 $r=0$，$z=z_0$，$p=p_0$，代入上式，可确定积分常数 C：

$$C = p_0 + \rho g z_0$$

因此，有：

$$p = p_0 + \rho g\left[(z_0 - z) + \frac{\omega^2 r^2}{2g}\right] \tag{2-20}$$

式(2-20)即为匀速圆周运动时液体压强分布规律的表达式。

若令压强 p 为常数，则由式(2-19)可得等压面方程：

$$z = \frac{\omega^2 r^2}{2g} + C \tag{2-21}$$

需指出的是，该方程表征一簇抛物面，即等压面不是一个。

若令 $p = p_0$，则由式(2-20)可得自由液面方程：

$$z_s - z_0 = \frac{\omega^2 r^2}{2g} \tag{2-22}$$

式中：z_s——液面点的 z 坐标。

将式(2-22)代入式(2-20)，得：

$$p = p_0 + \rho g[(z_0 - z) + (z_s - z_0)]$$
$$= p_0 + \rho g(z_s - z)$$
$$= p_0 + \rho g h \tag{2-23}$$

式中：$z_s - z$——液面至液体内某点的铅垂距离，即该点的淹没水深 h。

可以知道，匀速圆周运动时，液体质点的压强在铅垂方向上的分布规律同静止液体一致。

对于静止流体而言，质量力只有重力，由 2.3.1 节可知，存在 $z + \dfrac{p}{\rho g} = C$ 的关系式。在匀速圆周运动时，由于质量力增加了惯性力，类似关系式已不成立。但对式(2-21)变形，可得：

$$z + \frac{p}{\rho g} - \frac{\omega^2 r^2}{2g} = C$$

可知，r 相同的液体质点，即同一圆柱面上的各点 $z + \dfrac{p}{\rho g}$ 相等。

【例题 2.4】 如图 2-14 所示，两端开口 U 形细管，内装某液体，以加速度 a 做直线运动，若测得两端距离为 30cm，液面高差为 5cm，试问加速度为多少？

解：U 形管做匀加速直线运动，属相对平衡问题。

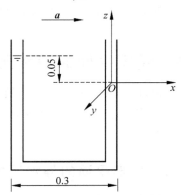

图 2-14　例题 2.4 图（单位：m）

选取坐标系置于 U 形管上，O 点在右侧液面，z 轴铅垂向下，有：
$$dp = \rho(Xdx + Ydy + Zdz)$$
分析可得：$X = -a, Y = 0, Z = -g$，代入上式，积分得：
$$p = \rho(-ax - gz) + C$$
由边界条件：$x = -0.3\text{m}, z = 0.05\text{m}, p = 0$，代入上式得：
$$a = \left(\frac{0.05}{0.3} \times 9.8\right)\text{m/s}^2 = 1.633\text{m/s}^2$$

【例题 2.5】 如图 2-15 所示，一浇铸生铁车轮的砂型模具，已知 $h = 180\text{mm}$，$R = 600\text{mm}$，铁水密度 $\rho = 7000\text{kg/m}^3$，求静止时 M 点的压强；为使铸件密实，使砂型以 $n = 600\text{r/min}$ 的速度旋转，则 M 点压强是多少？

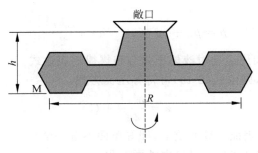

图 2-15 例题 2.5 图

解：砂型静止时，M 点压强符合静止压强分布规律，代入已知条件，得：
$$p_M = \rho_\text{铁} gh = (7000 \times 9.8 \times 0.18)\text{Pa} = 1.235 \times 10^4 \text{Pa}$$
砂型旋转时，M 点压强符合圆周运动压强分布规律：
$$p = p_0 + \rho g\left[(z_0 - z) + \frac{\omega^2 r^2}{2g}\right]$$
$\omega = 2\pi n = 2\pi \times \frac{600}{60} \approx 62.8 \text{rad}$，$r = 0.3\text{m}$ 代入上式，得：
$$p_M = \left[7000 \times 9.8 \times \left(0.18 + \frac{62.8^2 \times 0.3^2}{2 \times 9.8}\right)\right]\text{Pa}$$
$$= 1.254 \times 10^6 \text{Pa}$$
可知，旋转后压强增大至 100 倍，铸件因此更为密实。

2.5 受压平面的静水压力计算

储水池、水坝等常见土工构筑物多与水体直接接触，其池壁、坝体承受静压力作用，在结构设计与施工过程中需进行压力计算，以校核结构的强度可靠性，这也是工程中经常遇到的实际问题。

2.5.1 矩形平面的静水压力

矩形是土工结构中最为常见的构件形式，涉及的静压力工程问题也最为多见。计算此类平面构件的静压力时,采取压强分布图进行求解较为简便,该方法也称为图解法。

1. 压强分布图

由重力场下的静压强分布规律可知,随水深增加,压强数值线性增大。据此,将这种线性关系以矢量图的形式表示,即为压强分布图。其绘制方法如下:

(1) 按一定比例,用矢量线段长度表示受压面某点静压强数值大小。
(2) 矢量线段箭头指向并垂直于该点所在受压平面。
(3) 将若干已绘制好的矢量线段末端相连。

压强分布图绘制结果如图 2-16 所示。

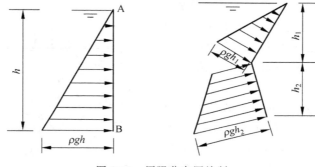

图 2-16　压强分布图绘制

2. 静水压力计算

平面上静水总压力的数值等于分布于平面上的各点所受静水压力之和。分析压强分布图可知,其面积代表作用于单位宽度受压面的静水压力,用压强分布图的面积乘以受压面宽度,则可得到静水总压力。而总压力的作用线通过压强分布图的形心,作用线与受压面的交点,就是总压力的作用点。

图 2-17 为一倾斜放置矩形平面 AB,左侧挡水,其上端 A 至液面水深为 h_1,下端 B 至液面水深为 h_2,绘出 AB 面的压强分布图。

因压强分布图为梯形,面积 S=(上底+下底)×高÷2,代入相应参数,有:

$$S = \frac{1}{2}\rho g(h_1 + h_2)L \quad (2\text{-}24)$$

矩形平面 AB 所受静水总压力 P 则为:

$$P = S \times b = \frac{1}{2}\rho g(h_1 + h_2)bL \quad (2\text{-}25)$$

P 的作用线通过该梯形的形心点,作用线与 AB 面的交点 D 即为作用点。

不同形状图形的形心点不同,2.5.2 节将对此进行讲述。

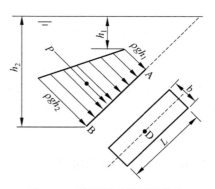

图 2-17　受压平面的压强分布

2.5.2 任意形状受压平面的静水压力

为满足空间环境及结构受力的特殊需要,异形受压构件也会在实际工程中出现。相对于矩形规则受压面,异形受压面的静水压力求解较为复杂。此时,需要借助数学上的解析方法进行求解。

1. 静水总压力的求解

设任意形状的受压平面 ab,其左侧挡水,面积为 S,与水平面夹角为 α(图 2-18)。以平面的延长面与自由液面的交线为 Ox 轴,Oy 轴垂直于 Ox 轴向下。将平面所在坐标面绕 Oy 轴顺时针转动 90°,受压平面展示如图 2-18 所示。

考虑到平面所受静水总压力分布于平面的各个微元面上,即总压力为微元面静水压力之和,故可采取数学上的微积分方法进行求解。

在 ab 面任意选取微元面 $\mathrm{d}A$,设该微元面中心点距液面垂向水深为 h,故中心点静压强 p 可表示为 $\rho g h$。因微元面趋于一点,其中心点压强可视作平均压强,因此微元面所受静水压力 $\mathrm{d}p$ 为 $\rho g h \mathrm{d}A$,ab 面静水总压力则为:

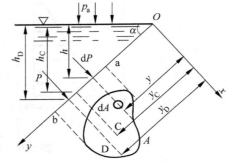

图 2-18 受压平面旋转后展示

$$P = \int_A \mathrm{d}p = \int_A \rho g h \mathrm{d}A \quad (2-26)$$

设微元面中心点坐标为 (x, y),则存在 $h = y\sin\alpha$,代入式(2-26),有:

$$P = \rho g \sin\alpha \int_A y \mathrm{d}A \quad (2-27)$$

式中:$\int_A y \mathrm{d}A$ ——ab 面对 x 轴的面积矩,其值等于受压面的面积乘以该面形心点到 x 轴的距离,即有 $\int_A y \mathrm{d}A = y_C A$,代入上式有:

$$P = \rho g \sin\alpha \cdot y_C A$$

又 $y_C \sin\alpha = h_C$,故可得到:

$$P = \rho g h_C A = p_C A \quad (2-28)$$

式中:p_C ——ab 面形心点静压强。

式(2-28)表明,任意形状平面上静水总压力的大小等于该面形心点的压强与其面积的乘积。形心点的压强可理解为该受压面的平均静水压强。此外,不难知道,总压力的方向必然垂直并指向该受压面。

2. 静水总压力的作用位置

静水总压力的作用位置,可根据经典力学中的合力矩定理(即总力矩等于各分力矩之和)求解。设总压力作用位置在图 2-18 中 D 点,则 P 对 x 轴的力矩为 $P \cdot y_D$,应用合力矩定理,有:

$$Py_D = \int dp \cdot y = \int_A \rho g h \, dA \cdot y = \rho g \sin\alpha \int_A y^2 \, dA$$

式中：$\int_A y^2 \, dA$——受压面 ab 对 x 轴的惯性矩，即 I_x，上式可变形为：

$$Py_D = \rho g \sin\alpha I_x$$

由前述可知，$P = \rho g \sin\alpha \cdot y_C A$，代入上式，解得：

$$y_D = \frac{I_x}{y_C A} \tag{2-29}$$

根据平行移轴定理：$I_x = I_C + y_C^2 A$，式(2-29)可变为：

$$y_D = y_C + \frac{I_C}{y_C A} \tag{2-30}$$

式中：I_C——平面对过其形心点且与 x 坐标轴平行的轴线的惯性矩（可简称形心矩）。

因为 $\frac{I_C}{y_C A} > 0$，故 $y_D > y_C$，即静水总压力的作用位置在受压平面的形心点下方。

以上求出了总压力作用点 D 的 y 坐标。对于不对称受压面，还需求解 x 坐标，才能确定其具体位置，求解过程与前述相同。对于大多数受压构筑物而言，其受压面多为轴对称图形，即静水总压力位于对称轴上，确定了 y_D 数值，便可确定 D 点的具体位置。

实际工程中常见受压面图形及其相关参数如表 2-2 所示。

表 2-2 工程中常见受压平面的几何参数

受压面图形	面积 A	形心点 y_C	形心矩 I_C
矩形	ab	$\frac{1}{2}b$	$\frac{1}{12}ab^3$
三角形	$\frac{1}{2}ab$	$\frac{2}{3}b$	$\frac{1}{36}ab^3$
梯形	$\frac{1}{2}(a+b)h$	$\frac{h}{3}\left(\frac{a+2b}{a+b}\right)$	$\frac{h^3}{36}\left(\frac{a^3+4ab+b^2}{a+b}\right)$
圆形	πr^2	r	$\frac{\pi}{4}r^4$

注意：应用解析法求解时，前述公式的推导均以液面为自由液面（压强为大气压）作为前提条件，对于密闭容器，液面压强则不一定为大气压。对此类问题，应先虚设一个所谓的自由液面，若容器液面的相对压强为 p，则虚设自由液面距密闭容器液面的相对高度为 $\dfrac{p}{\rho g}$。若 $p>0$，则虚设自由液面在容器液面之上；反之，则在其之下。

图解法则只适用于受压面为矩形平面，若受压面为其他形状，则采用解析法更为适宜。

【例题 2.6】 如图 2-19 所示，一铅垂方向矩形受压平板 AB，已知 A 端至自由液面水深为 $h=2\text{m}$，AB 板高 $l=3\text{m}$，宽 $b=1.5\text{m}$，试问作用在该平板上的静压力数值及作用位置。

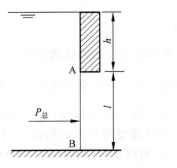
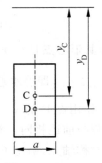

图 2-19 例题 2.6 图

用以下 2 种方法求解。

解：(1) 解析法

静水总压力数值

$$P_\text{总} = p_C A = \rho g h_C A$$
$$= \rho g (h + l/2) bl$$
$$= [1000 \times 9.8 \times (2+1.5) \times (1.5 \times 3)]\text{kN}$$
$$= 154.35\text{kN}$$

总压力作用位置

$$y_D = y_C + \frac{I_C}{y_C A} = \left(h + \frac{l}{2}\right) + \frac{\dfrac{bl^3}{12}}{\left(h+\dfrac{l}{2}\right)bl}$$

$$= \left[\left(2+\frac{3}{2}\right) + \frac{\dfrac{1.5 \times 3^3}{12}}{\left(2+\dfrac{3}{2}\right) \times 1.5 \times 3}\right]\text{m}$$

$$= 3.71\text{m}$$

可知，总压力作用于水面下 3.71m 处。

(2) 图解法

① 静水总压力数值 $P_\text{总}$：

绘出 AB 板的压强分布图，如图 2-20 所示。

A 端压强：
$$p_A = \rho g h = (9.8 \times 1000 \times 2)\text{kPa} = 19.60\text{kPa}$$
B 端压强：
$$p_B = \rho g(h+l) = [9.8 \times 1000 \times (2+3)]\text{kPa}$$
$$= 49.00\text{kPa}$$
压强分布图面积：
$$S = \frac{1}{2}\rho g(2h+l)l$$
$$= [0.5 \times 1000 \times 9.8 \times (2 \times 2 + 3) \times 3]\text{kPa} \cdot \text{m}$$
$$= 102.90\text{kPa} \cdot \text{m}$$

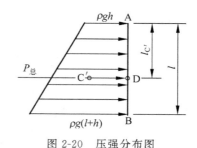

图 2-20　压强分布图

AB 所受静水总压力为：
$$P_总 = S \times b = (102.90 \times 1.5)\text{kPa} = 154.35\text{kPa}$$
② 总压力作用位置 y_D：
压强分布图为梯形，其形心点为：
$$l_{C'} = \frac{l}{3} \times \frac{\rho g h + 2\rho g(l+h)}{\rho g h + \rho g(l+h)} = \frac{l}{3} \times \frac{2l+3h}{l+2h} = \left(\frac{3}{3} \times \frac{6+6}{3+4}\right)\text{m} = \frac{12}{7}\text{m} = 1.714\text{m}$$
即总压力作用位置位于 A 端下方 1.714m，距液面 3.714m。

对比解析法和图解法可知，二者计算结果一致。在求解问题时，解析法要注意坐标原点是位于液面处；图解法则需注意所谓形心点是针对压强分布图而不是受压面。

2.6　受压曲面的静水压力计算

工程上也常遇到圆形水池、圆形水塔、拱形坝体、弧形闸门等构筑物，此类构筑物的受压面多为二元曲面，即圆柱面。受静水压作用的曲面不同于受压平面，因曲面各点压强正交于各自对应的微元面，因此，曲面上不同位置处的压强作用方向不同，它们彼此不平行，也不一定相交于一点。显然，受压平面总压力计算采取的积分累计求和的方法不能直接应用于曲面。

总体而言，对于曲面静水压力问题，其核心仍然是数值大小、作用方向和作用位置三个要素，现讨论如下。

2.6.1　静水总压力数值

如图 2-21 所示，一截面为弧形的二元曲面闸门 AB，左侧承受水压。取其曲面母线垂直于页面，设定坐标系，取 xOy 平面与液面重合，y 轴平行于曲面母线，z 轴为铅垂方向。

为便于说明，在曲面左侧水体中取出部分作为隔离体，隔离体长度同曲面母线长，纵断面为 ACDBA，隔离体 AC 所在上顶面面积记为 A_1；BD 面所在下底面面积记作 A_2；CD 所在竖直面面积记作 A_3，AB 曲面面积记作 A。分析可知，作用于该隔离体的外力有上侧水体产生的压力 P_1，下侧水体产生的压力 P_2，左侧水体产生的压力 P_3，右侧闸门产生的压力 P'，以及脱离体自身重量 G。各力分别表示如下：
$$P_1 = \rho g h_1 A_1; \quad P_2 = \rho g h_2 A_2; \quad P_3 = \rho g h_3 A_3; \quad P' = \sqrt{P'^2_x + P'^2_z}; \quad G = mg$$

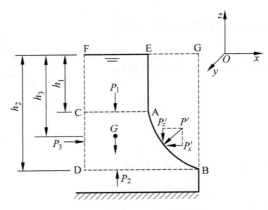

图 2-21 受压曲面受力分析

式中：P'_x、P'_z——P'的水平分力和铅垂分力。

因体系处于静止平衡状态，作用于隔离体上的全部外力的合力为零，在 x 轴和 z 轴方向可分别列出相应的分力平衡方程。

1) 水平分力

x 轴方向的分力平衡方程如下：

$$\sum F_x = P_3 - P'_x = 0$$

故可得：

$$P'_x = P_3 = \rho g h_3 A_3$$

考虑到 A_3（CD 面）即为曲面 AB 在铅垂方向的投影面 A_z，又 P' 为曲面 AB 所受压力的反作用力，即 $P'_x = -P_x$，可知，AB 曲面压力 P 的水平分力在数值上等于其铅垂投影面所受到的压力。这意味着曲面压力的水平分力可转化为受压平面的静压力求解问题。同受压平面静压力表示方法一致，曲面水平分力计算公式如下：

$$P_x = \rho g h_C A_z = p_C A_z \tag{2-31}$$

式中：h_C——铅垂投影面形心点至自由液面的水深；

A_z——铅垂投影面的面积；

p_C——投影面形心点的压强。

P_x 的作用线穿过铅垂投影面的压强分布图形心，如图 2-22 所示。

2) 铅垂分力

列出 z 轴方向隔离体的分力平衡方程：

$$\sum F_z = P_2 - P_1 - G - P'_z = 0$$

可解得：

$$P'_z = P_2 - P_1 - G$$

由受压曲面图 2-21 可知，P_1 为 AEFCA 包围的水体产生的压力，即为该部分水体重量。相应的，G 为 ACDBA 包围的水体重量（即隔离体重量）；P_2 则为 BGFDB 包围的全部水体的总重量，而 P'_z 为 BGEAB 部分包围的水体重量——压力体。

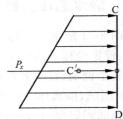

图 2-22 受压曲面水平分力作用线

以 V 表示压力体体积,有:

$$P'_z = \gamma V; \quad P_z = -P'_z \tag{2-32}$$

式(2-32)表明受压曲面的铅垂分力在数值上等于压力体的重力,其作用线显然通过压力体的重心。

不难知道,求解曲面铅垂分力的关键在于确定压力体,设想取铅垂线沿曲面边缘平行移动一周,割出的以自由液面(或延伸面)为上底,曲面本身为下底的柱体就是压力体。压力体由以下各面包围而成:①曲面自身;②自由液面或其延长面;③沿曲面四个边缘端线作出的铅垂面。

压力体的类型如图 2-23 所示。

(1) 实压力体——当压力体图形内实际含有液体时(压力体和液体在曲面的同一侧),铅垂分力 P_z 方向向下,即曲面实际受到向下的液体压力作用。

(2) 虚压力体——当压力体图形内实际不含液体时(压力体和液体在曲面的两侧),铅垂分力 P_z 方向向上,即曲面实际受到向上的液体浮力作用。

(3) 虚实叠加压力体——当压力体图形内部分含有液体,部分不含液体时(压力体和液体部分在曲面的同一侧,部分在曲面两侧),则曲面部分受到压力作用,部分受到浮力作用。

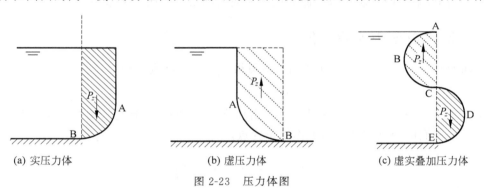

(a) 实压力体　　(b) 虚压力体　　(c) 虚实叠加压力体

图 2-23　压力体图

3) 微分法求解受压曲面总压力

受压曲面的水平分力和铅垂分力也可借助微积分方法进行推导。

可以设想,任意二元曲面总是可以分解为无穷个微元曲面,而每个微元曲面又可以视作微元平面,这样,就可以按照受压平面的方式对曲面静水压力进行分析和求解。分析如下:

如图 2-24 所示,在 AB 曲面任取微元面 dA,作用于该微元面的静压力为 dP,dP 与水平线方向的夹角为 θ,在水平和铅垂方向的分力为 dP_x、dP_z,则有:

$$dP_x = dP\cos\theta = \rho g h \, dA \cos\theta = \rho g h \, dA_z$$
$$dP_z = dP\sin\theta = \rho g h \, dA \sin\theta = \rho g h \, dA_x$$

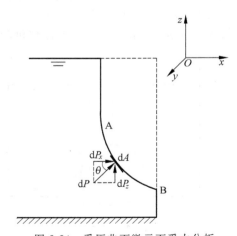

图 2-24　受压曲面微元面受力分析

因任意微元面的水平分力的方向相同,其累计和即为受压曲面总压力的水平分力,因此有：
$$P_x = \int dP_x = \rho g \int_{A_z} h \, dA_z$$

式中：$\int_{A_z} h \, dA_z$ ——受压曲面的铅垂投影面 A_z 对 y 轴的面积矩，其值等于该面面积与其形心点（C点）到 y 轴距离（h_C）的乘积，即

$$\int_{A_z} h \, dA_z = h_C A_z$$

代入上式，得：
$$P_x = \rho g h_C A_z = p_C A_z$$

受压曲面的铅垂分力的推导过程与前类似：
$$P_z = \int dP_z = \int_{A_x} h \, dA_x = \rho h V$$

式中：$\int_{A_x} h \, dA_x$ ——以 A_x 为底、h 为高的柱体体积，在图中即代表受压曲面到自由液面（或自由液面延伸面）之间的压力体体积。

可以知道，采用微分法求解曲面总压力的数值结果与前述方法是一致的。

2.6.2　静水总压力作用方位

曲面静水总压力 P 的大小和作用方位可根据合力原则进行确定：
$$P = \sqrt{P_x^2 + P_z^2} \tag{2-33}$$

即总压力 P 的作用线穿过水平分力 P_x 和铅垂分力 P_z 的交点且与水平线方向的夹角为 θ，该作用线与曲面的交点即为总压力作用位置点。

$$\tan\theta = \frac{P_z}{P_x}; \quad \theta = \arctan\frac{P_z}{P_x}$$

【**例题 2.7**】　一大型混凝土储水池如图 2-25 所示。其底部开有一个直径 $d=0.5\text{m}$ 的圆形排水孔，该排水孔用一个半径 $R=0.9\text{m}$、质量 $m=2000\text{kg}$ 的球状不锈钢构件封闭，已知储水池水深 $h=10\text{m}$，当排水时，需提供的拉力 T 至少应为多少？

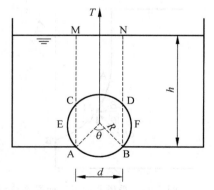
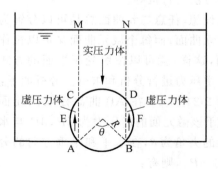

图 2-25　例题 2.7 图

解：球状封堵受静水压力作用，因球体为对称体，其左、右两侧的水平分力相互抵消，故

$\sum F_x = 0$。排水时所需拉力 T 只需大于或等于球状封堵所受铅垂分力即可打开排水孔。

首先绘制所示压强分布图，ACE 段存在拐点 E，AE 段虚压力体，AC 段为实压力体，叠加后的压力体为虚压力体 V_{AECA}；类似的，BFD 段存在拐点 F，虚实叠加后的压力体为虚压力体 V_{BFDB}；CD 段压力体为实压力体 V_{CDNMC}。

故球状封堵铅垂分力为：

$$P_z = \rho g V_{CDNMC} - \rho g (V_{AECA} + V_{BFDB})$$
$$= \rho g (V_{MABNM} - V_{CABDC}) - \rho g (V_{AECA} + V_{BFDB})$$
$$= \rho g V_{MABNM} - \rho g (V_{AECA} + V_{BFDB} + V_{CABDC})$$
$$= \rho g V_{MABNM} - \rho g V_{球}$$

由图可得体积关系：

$$V_{MABNM} = \pi r^2 h + \frac{\theta}{2\pi} \times \frac{4}{3} \pi R^3 - \frac{1}{3} \pi r^2 R \cos \frac{\theta}{2}$$

根据三角函数关系，有：

$$\sin \frac{\theta}{2} = \frac{r}{R} = \frac{0.25}{0.9} = 0.278$$

可得 $\theta = 0.563 \text{rad}$，代入前式，得：

$$V_{MABNM} = \left(3.14 \times 0.25^2 \times 10 + \frac{0.563}{2 \times 3.14} \times \frac{4}{3} \times 3.14 \times 0.9^3 - \frac{1}{3} \times 3.14 \times 0.25^2 \times 0.9 \times 0.961\right) \text{m}^3 = 2.180 \text{m}^3$$

$$V_{球} = \frac{4}{3} \pi R^3 = \left(\frac{4}{3} \times 3.14 \times 0.9^3\right) \text{m}^3 = 3.052 \text{m}^3$$

$$P_z = \rho g (V_{MABNM} - V_{球}) = -8.546 \text{kN}(方向向上)$$
$$T = G - P_z = (19.60 - 8.55) \text{kN} = 11.05 \text{kN}$$

习　　题

一、选择题

1. 受压平面所受到的静压强 p 的作用方向为（　　）。
   A. 与受压面重合　　　　　　　　　B. 垂直于受压面
   C. 背离受压面　　　　　　　　　　D. 垂直并指向受压面
2. 平衡流体内任一点的压强大小（　　）。
   A. 与作用方位无关，但与作用位置有关　　B. 与作用方位有关，但与作用位置无关
   C. 与作用方位、作用位置均有关　　　　　D. 与作用方位、作用位置均无关
3. 重力场中静止流体的压强微分方程为 $dp = ($　　$)$。
   A. $-\rho dz$　　　　B. $-g dz$　　　　C. $-\rho g dz$　　　　D. $\rho g dz$
4. 2 个工程大气压等于（　　）。
   A. 202.6kPa　　　　B. 20mH$_2$O　　　　C. 2.066kgf/m^2　　　　D. 152mmHg

5. 相对压强是以(　　)为计算起点。
   A. 绝对真空　　　B. 标准大气压　　　C. 当地大气压　　　D. 液面压强

6. 绝对压强是以(　　)为起量点。
   A. 绝对真空　　　B. 标准大气压　　　C. 当地大气压　　　D. 液面压强

7. 绝对压强 p_{abs} 与当地大气压 p_a、相对压强 p 或真空值 p_v 之间的关系为(　　)。
   A. $p_{abs}=p+p_a$　　B. $p_{abs}=p-p_a$　　C. $p_{abs}=p_a-p$　　D. $p_{abs}=p_v+p_a$

8. 重力作用下的流体静力学基本方程为 $z+\dfrac{p}{\rho g}=($　　$)$。
   A. $C(x,y,z)$　　B. $C(y,z)$　　C. $C(z)$　　D. $C(0)$

9. 一装有水的容器绕中心轴等角速度运动,其测压管水头为 $z+\dfrac{p}{\rho g}=($　　$)$。
   A. $C(x,y,z)$　　B. $C(y,z)$　　C. $C(z)$　　D. $C(0)$

10. 静止、同质、连续液体的等压面为(　　)。
    A. 水平面　　　B. 斜平面　　　C. 旋转抛物面　　　D. 对数曲面

11. 对整个重力场中的静止流体而言,等压面是与指向地心的引力(　　)的曲面。
    A. 处处正交　　B. 处处平行　　C. 倾斜相交　　D. 都有可能

12. 在静止水池中,水的质量力与等压面(　　)。
    A. 重合　　　B. 平行　　　C. 相交　　　D. 正交

13. 金属测压表的读数为(　　)。
    A. 绝对压强 p_{abs}　　B. 相对压强 p　　C. 当地大气压 p_a　　D. $p-p_a$

14. 密闭容器内装有水,其侧壁安装一 U 形水银测压计,如图 2-26 所示,在同一水平面上的三个点的压强符合下列哪种关系(　　)。
    A. $p_1=p_2=p_3$　　B. $p_1<p_2<p_3$　　C. $p_1>p_2>p_3$　　D. $p_1>p_3>p_2$

15. 图 2-27 所示为一密闭容器,测得容器内水面绝对压强 $p_0=85$kPa,中间细玻璃管两端开口。试问当既无空气通过细玻璃管进入容器又无水进入细玻璃管时,玻璃管应伸入水下的深度 $h=($　　$)$m。
    A. 0.85　　　B. 1.33　　　C. 8.5　　　D. 1.5

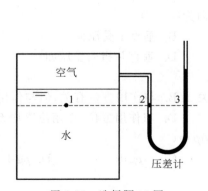

图 2-26　选择题 14 图

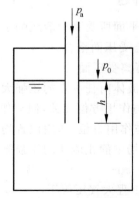

图 2-27　选择题 15 图

16. 静止液体作用于平面上的总压力等于（ ）与平面面积的乘积。
   A. 受压面形心处的绝对压强　　B. 受压面形心处的相对压强
   C. 压力中心处的绝对压强　　　D. 压力中心处的相对压强

17. 如图 2-28 所示，4 个不同形状的开口盛水容器，底面面积均相同，若各容器内的水深相同，则作用于各容器底面的静水总压力符合下述哪种关系（ ）。
   A. $P_1>P_2>P_3>P_4$　　　　B. $P_1<P_2,P_3>P_4$
   C. $P_1>P_2,P_3<P_4$　　　　D. $P_1=P_2=P_3=P_4$

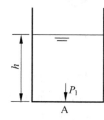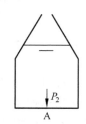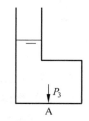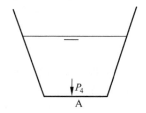

图 2-28　选择题 17 图

18. 受压曲面总压力的作用线与水平面的夹角为（ ）。
   A. $\arctan\dfrac{P_总}{P_x}$　　B. $\arctan\dfrac{P_总}{P_y}$　　C. $\arctan\dfrac{P_z}{P_y}$　　D. $\arctan\dfrac{P_z}{P_x}$

19. 下列关于压力体表述正确的是（ ）。
   A. 压力体的重量即铅垂分力　　B. 水平分力通过压力体形心
   C. 虚压力体不产生实际作用力　D. 实压力体的方向向上

20. 作用于曲面上的静水总压力的水平分力等于作用于（ ）的压力。
   A. 铅垂投影面　　B. 水平投影面　　C. 压力体　　D. 切平面

二、计算题

1. 昼间市政管道中的压强一般维持在 20～30mH_2O 柱高度，夜晚则维持在 10～15mH_2O 柱高度，试分别将其换算为工程大气压强表示。

2. 如图 2-29 所示，一装有水的密闭水箱，侧壁安装一压力表，若压力表读数为 $9800N/m^2$，则溶液水面压强为多少？

3. 如图 2-30 所示，一带塞锥形玻璃瓶容器，瓶口直径 $d=0.1m$，瓶底直径 $D=0.5m$，瓶高 $h=0.5m$，若在瓶口塞上施加 500N 的垂向作用力，则瓶底处的压强和瓶底所受到的静水总压力是多少？

4. 采用多管压差计测量水箱内液面压强，压差计各位置处的高程如图 2-31 所示，试求水箱液面处的压强。

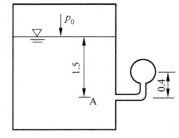

图 2-29　计算题 2 图（单位：m）

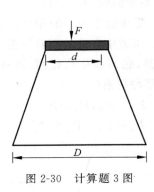

图 2-30 计算题 3 图

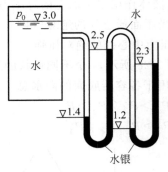

图 2-31 计算题 4 图（单位：m）

5. 一截面为正方形的水箱，边长为 0.2m，水箱自身质量为 4kg，静止时箱内水深为 0.15m，若水箱一端连接一质量为 25kg 的物体并在该物体作用下沿地面滑动，如图 2-32 所示。已知水箱与地面摩擦系数 $f=0.3$，试求水不溢出水箱所需要的最小高度 H。

6. 图 2-33 表示一半径 $R=1m$ 的半球形容器，质量为 3.2×10^3kg，内部充满密度为 800kg/m³ 的油，容器顶部的金属压力表读数为 16.5kPa。试求容器底部所受油压以及容器底与地面间的平均压强。

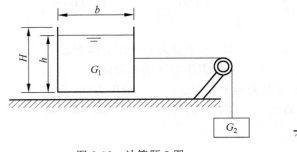

图 2-32 计算题 5 图

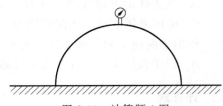

图 2-33 计算题 6 图

7. 如图 2-34 所示，直径 $D=0.2m$ 的圆柱形盛水容器悬于直径 $d=0.1m$ 的柱塞上，已知容器自重 $G=490N$，水深 $h=0.3m$，若略去容器与柱塞间的摩擦力，试求容器内液面的真空压强 p_v 并分析柱塞淹没深度对计算结果的影响。

8. 如图 2-35 所示，一直径为 d 的圆柱形容器内装满某种液体，该容器以等角速度绕其中心转轴运动，假若在顶部开一小孔，则孔距设定为多少时，容器顶部所受到的液体压力为零。设角速度为 ω，液体密度为 ρ。

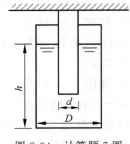

图 2-34 计算题 7 图

9. 如图 2-36 所示，一圆柱形容器，绕中心轴等角速度旋转，在容器顶部安装一测压管，测压管至中心轴距离为 0.43m，已知容器直径为 1.2m，若容器内液体为水，测定测压管液面至容器顶部的液柱高度为 0.5m，则容器顶盖所受水压力为零时的角速度应为多少？

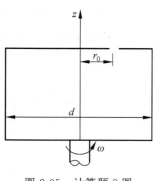
图 2-35 计算题 8 图

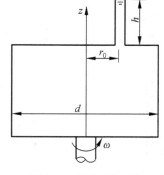
图 2-36 计算题 9 图

10. 某河道中布设一施工用沉箱(图 2-37),若测得河水深度 $H=12\text{m}$,沉箱高 $h=1.8\text{m}$,则若保证沉箱底部不进水,箱内应该维持的最低气压为多少?

11. 如图 2-38 所示,输水管道试压时,压力表的读值为 8.5at,管道直径 $d=1\text{m}$,试求作用在管端法兰堵头上的静水总压力。

12. 如图 2-39 所示为一混凝土坝,坝体承压面与地面夹角 $\alpha=45°$,坝体开一宽度 $b=1.0\text{m}$,长度 $l=2.0\text{m}$ 的矩形泄洪闸孔,闸板与 A 点铰接,闸板形心点处的淹没水深为 2.0m,试求开启闸门所需拉力 T。

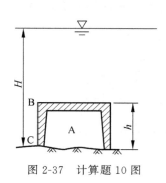
图 2-37 计算题 10 图

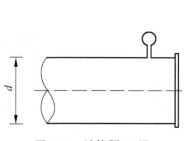
图 2-38 计算题 11 图

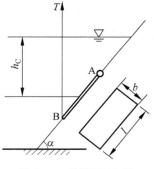
图 2-39 计算题 12 图

13. 如图 2-40 所示,圩区河道中设有一 3.0m(高)×2.0m(宽)的矩形调蓄闸门,闸门上游侧水深为 6.0m,下游侧水深为 4.5m,则该闸门所受到的水压力为多少?水压力作用于何处?

14. 如图 2-41 所示,水池垂直壁面处设有一 1.0m(高)×0.8m(宽)的矩形闸门,若当水池蓄水深度 h_1 达到 2.0m 时,要求闸门自动开启放水,则闸门的铰接点应设于何处?

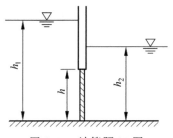
图 2-40 计算题 13 图

15. 一异形水箱如图 2-42 所示,其侧壁由 AB 段(铅垂平面)和 BC 段(倾斜平面)构成,BC 段与地面夹角为 45°,水箱内液面与 A 点齐平,AB 和 BC 段的铅垂高度均为 2.0m,试求作用在水箱侧壁单位宽度(1.0m)上的静水压力。

16. 竖直方向设置一 3.0m(高)×1.0m(宽)的平面形挡水板,如图 2-43 所示。板背面设置 2 根支撑横杠,其左侧挡水水深为 h,水面与板顶齐平,若两横杠受力相等,试确定各自安装位置 y_1 和 y_2。

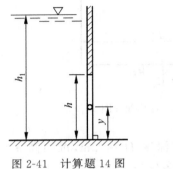
图 2-41 计算题 14 图

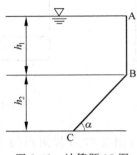
图 2-42 计算题 15 图

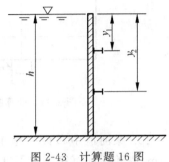
图 2-43 计算题 16 图

17. 一宽度为 4.0m 的圆弧形水闸 AB(图 2-44),圆心角 $\alpha=45°$,半径 $R=2.0$m,闸门在水面处铰接固定,试确定闸门所受到的水平方向的压力 P_x 和铅垂方向的压力 P_z 及作用方位。

18. 湖水中设置一高度为 0.8m、直径为 1.0m、重量为 493.8N 的圆柱形漂浮工作台,如图 2-45 所示。该工作台由一沉于湖底的压重混凝土块通过缆绳固定。该压重体积为 0.3m³,密度为 2400kg/m³,若工作台吃水深度为 $h=0.4$mm,则当湖水水面抬升高度 Δh 为多少时,工作台将会漂流。

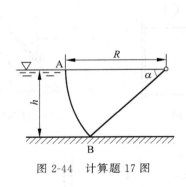
图 2-44 计算题 17 图

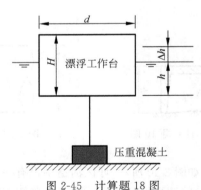
图 2-45 计算题 18 图

第 2 章答案

第3章 流体动力学

流体动力学是流体力学的重要组成部分,主要研究流体在外力作用下的机械运动规律及其与边界的相互作用。广义地说,流体动力学还涉及流体和运动形态之间的相互作用。流体静力学与流体动力学的差别在于前者所受外力系平衡,而后者则在外力作用下运动。流体动力学包括液体动力学和气体动力学两大部分。

流体动力学的基本公理为物理守恒定律,主要涉及质量守恒定律、能量守恒定律和动量守恒定律(也称作牛顿第二定律与牛顿第三定律)。工程流体力学是以经典力学为基础,而广义的流体动力学在量子力学及广义相对论中有所修改。除了质量、能量与动量守恒定律之外,另外还有热力学的状态方程,使得压力因此成为流体其他热力学变量的函数,这使得问题被限定。实际工程中的动力学问题主要借助经典力学的相关知识加以解决。

3.1 流体运动学

流体运动是力作用的结果,也是力的表现形式。流体运动学并不直接研究作用于流体上的力,而是关注于运动过程的几何性质(如速度、加速度、运动轨迹、运动方程等)。流体运动学是动力学的基础。在工程问题中,有时需对水流、气流的运动进行控制以使之符合某些特定工程要求,因此,运动学有其独立意义。

流体运动发生在一定的空间和时间范围内。空间、时间和运动是不可分割的,它们是流体存在的形式。相对论的研究详细阐述了时间、空间与运动速度的依赖关系。但是这种依赖关系,只有在运动速度达到或超过光速时才凸显出来。在一般工程技术领域,流体运动速度远小于光速,在这种情况下时间、空间与运动的依赖关系可以忽略不计。因此,在工程流体力学中,时间和空间的度量对于所有参考系都是相同的,而且将时间视为连续的自变量。

3.1.1 流体运动的描述方法

描述流体运动有两种方法:一种是给每一流体质点一个不同的标记(例如,根据连续介质假设,在 $t=t_0$ 时刻,质点在空间位于某一空间点,于是该质点可以以 $t=t_0$ 时刻的空间坐标作为标记坐标),流体质点的运动参数表示为该标记坐标及时间的函数;另一种是将流体运动参数表示为空间点及时间的函数。根据连续介质假设,流体所占区域的空间点在某一时刻必被一流体质点所占据,因而流体在该空间点上的运动参数,实际上就是某一流体质点在某一时刻的运动参数,这种描述法并不去追究该运动参数归于哪一个质点。

3.1.2 拉格朗日描述

拉格朗日描述又称随体法或跟踪法,是研究流体各个质点的运动参数(位置坐标、速度、加速度等)随时间的变化规律。综合所有流体质点运动参数的变化,便得到整个流体的运动规律。研究波动问题时,常用拉格朗日法。

同所有的物体运动一样,当流体中所有质点的运动均为已知时,即当每一个流体质点的位置与时间的函数关系已被解析,流体的运动才是完全确定的。

设在某一初始时刻 t_0,流体中任意一个质点的位置均与其起始位置 (a,b,c) 有关,在运动开始后的 t 时刻,流体质点的空间位置发生变化,其坐标由起始坐标 (a,b,c) 变为随时间变化的坐标 (x,y,z)。对于每一个流体质点而言,如果 (x,y,z) 可以作为时间 t 的函数而加以确定,即存在如下关系时,则流体质点的运动形式是确定的。

$$\begin{cases} x = x(a,b,c,t) \\ y = y(a,b,c,t) \\ z = z(a,b,c,t) \end{cases} \tag{3-1}$$

式中,起始坐标 (a,b,c) 和时间变量 t 都是决定流体质点运动形式的各自函数关系的参数,称之为拉格朗日变量。通常情况下,坐标 (a,b,c) 可能是曲线坐标。为完整地研究流体的运动状态,还需给出密度 ρ 同上述关系类似的函数描述:

$$\rho = \rho(a,b,c,t) \tag{3-2}$$

在连续介质模型条件下,上述函数都是连续的,也就是说,流体在运动状态下并不是被分割为单个质点个体。

由式(3-1)也可以求得 (a,b,c) 的数值解,即 (a,b,c) 是 (x,y,z) 的函数,可以用于解决在已知时间时具有 (x,y,z) 坐标的任意流体质点在运动开始时刻的位置问题。在以拉格朗日变数作为运动参数的条件下,运动要素可以确定。

流体质点速度的拉格朗日描述:

$$\boldsymbol{u} = \boldsymbol{u}(a,b,c,t) \tag{3-3}$$

流体质点速度是其矢径(位置矢量) $\boldsymbol{r}$ 对时间的导数,因此也有:

$$\begin{aligned}\boldsymbol{u} &= \boldsymbol{u}(a,b,c,t) \\ &= \lim_{\Delta t \to 0} \frac{\boldsymbol{r}(a,b,c,t+\Delta t) - \boldsymbol{r}(a,b,c,t)}{\Delta t} = \frac{\partial \boldsymbol{r}}{\partial t} \end{aligned} \tag{3-4}$$

速度在各坐标方向的分量:

$$\left. \begin{aligned} u_x(a,b,c,t) &= \frac{\partial x(a,b,c,t)}{\partial t} \\ u_y(a,b,c,t) &= \frac{\partial y(a,b,c,t)}{\partial t} \\ u_z(a,b,c,t) &= \frac{\partial z(a,b,c,t)}{\partial t} \end{aligned} \right\}$$

式(3-3)和式(3-4)对 t 求导时,以 (a,b,c) 确定的流体质点的速度是该质点矢径的时间变化率,(a,b,c) 在求导时作为常量。

流体质点加速度的拉格朗日描述：
$$\boldsymbol{a} = \boldsymbol{a}(a,b,c,t) \tag{3-5}$$

同速度描述类似，加速度是流体质点在 t 时刻的速度对时间的变化率，即有：

$$\boldsymbol{a} = \boldsymbol{a}(a,b,c,t) = \lim_{\Delta t \to 0} \frac{\boldsymbol{u}(a,b,c,t+\Delta t) - \boldsymbol{u}(a,b,c,t)}{\Delta t}$$

$$= \frac{\partial \boldsymbol{u}(a,b,c,t)}{\partial t} = \frac{\partial^2 \boldsymbol{r}(a,b,c,t)}{\partial t^2} \tag{3-6}$$

$$\boldsymbol{a}_x = \boldsymbol{a}_x(a,b,c,t) = \frac{\partial \boldsymbol{u}_x(a,b,c,t)}{\partial t} = \frac{\partial^2 x(a,b,c,t)}{\partial t^2}$$

$$\boldsymbol{a}_y = \boldsymbol{a}_y(a,b,c,t) = \frac{\partial \boldsymbol{u}_y(a,b,c,t)}{\partial t} = \frac{\partial^2 y(a,b,c,t)}{\partial t^2}$$

$$\boldsymbol{a}_z = \boldsymbol{a}_z(a,b,c,t) = \frac{\partial \boldsymbol{u}_z(a,b,c,t)}{\partial t} = \frac{\partial^2 z(a,b,c,t)}{\partial t^2}$$

其他运动要素如压强 p、密度 ρ 等的拉格朗日描述也可类似写出。

可以知道，当表征流体质点运动的式(3-1)明确时，任意质点在任何瞬时的流速和加速度即可确定。而加速度一经确定，则可以通过牛顿第二定律，建立流体质点运动和作用在该质点上外力之间的关系，反之亦然。因此，当采用拉格朗日法研究流体运动时，关键在于求出质点 t 时刻坐标和起始 t_0 坐标之间的关系式(3-1)。但是，实际工程中，如管道中的水流、地下水的渗流等多数情况下，我们并不需要弄清楚每个质点的运动参数，通常只需要明确通过空间任一点时运动要素随时间的变化关系。

3.1.3 欧拉描述

欧拉描述又称空间描述、流场描述，是以流体质点流经流场中各空间点的运动，即以流场作为描述对象研究流动的方法。

选定一个空间点，观察不同时间经过该空间点的各个流场质点运动参数的变化情况，再由该空间点转移到另一空间点……便能了解整个流场的运动状态。可见，欧拉描述是表示流体运动参数在不同时刻的空间分布，即运动参数是空间坐标及时间的函数。设选定的一个空间点 (x,y,z) 不变，而时间 t 变化，这表示选取固定空间点观察；时间 t 不变，而空间点 (x,y,z) 变化，则表示在同一时刻，由某一空间点转移到另一空间点观察。由数学分析可知，当某时刻一个运动参数在空间中每一个点上的值确定时，即某时刻该运动参数在空间的分布一旦确定，就认为该运动参数在此空间形成了一个场，欧拉描述实际就是描述了一个个运动参数的物理场。应该指出的是，由于某时刻在空间点 (x,y,z) 上必有一个流体质点 A 占据，因此该空间点对应的运动参数实际上也就是 A 质点的运动参数。

以 κ 表示流体某一运动参数，欧拉描述的数学表达如下：
$$\kappa = f(x,y,z,t) = f(\boldsymbol{r},t) \tag{3-7}$$

式中：x、y、z、t——欧拉变量；

(x,y,z)——欧拉坐标，是独立变量。

流体质点的速度场及其分量场表述如下：

$$u = u(x,y,z,t) \tag{3-8}$$

式(3-8)的分量形式为：
$$u_x = u_x(x,y,z,t)$$
$$u_y = u_y(x,y,z,t)$$
$$u_z = u_z(x,y,z,t)$$

流体质点的压强场 p、密度场 ρ 可类似表述：
$$p = p(x,y,z,t) \tag{3-9}$$
$$\rho = \rho(x,y,z,t) \tag{3-10}$$

欧拉描述用于实际流体运动的应用研究更为广泛。当要研究空间某区域内流体的运动,并要研究流体与物体之间的作用力时,往往采用欧拉法。流体作为一种连续介质,在空间构成一个场,场的观点就是欧拉观点。速度场是流体力学中最基本的场。流场中的许多属性都可以从速度场直接或间接导出。例如,从速度分布可分析出流体质点的运动、变形及旋转特性；通过本构方程,从速度场可计算流体的应力场等。因此常将速度场等同于流场。由于从场论角度研究流体运动,可用数学中的场论理论进行分析讨论。

欧拉加速度

因欧拉坐标(x,y,z)是独立变量,应按速度 u 对时间 t 的复合函数求导：

$$a = \frac{du}{dt} = \frac{\partial u}{\partial t} + \frac{\partial u}{\partial x}\frac{dx}{dt} + \frac{\partial u}{\partial y}\frac{dy}{dt} + \frac{\partial u}{\partial z}\frac{dz}{dt}$$
$$= \frac{\partial u}{\partial t} + u_x\frac{\partial u}{\partial x} + u_y\frac{\partial u}{\partial y} + u_z\frac{\partial u}{\partial z} \tag{3-11}$$

欧拉加速度的分量表达式：

$$a_x = \frac{\partial u_x}{\partial t} + u_x\frac{\partial u_x}{\partial x} + u_y\frac{\partial u_x}{\partial y} + u_z\frac{\partial u_x}{\partial z}$$
$$a_y = \frac{\partial u_y}{\partial t} + u_x\frac{\partial u_y}{\partial x} + u_y\frac{\partial u_y}{\partial y} + u_z\frac{\partial u_y}{\partial z}$$
$$a_z = \frac{\partial u_z}{\partial t} + u_x\frac{\partial u_z}{\partial x} + u_y\frac{\partial u_z}{\partial y} + u_z\frac{\partial u_z}{\partial z} \tag{3-12}$$

引入矢性微分算子"∇"(哈密顿算子,读作 Nabla)：

$$\nabla = \frac{\partial}{\partial x}i + \frac{\partial}{\partial x}j + \frac{\partial}{\partial x}k$$

则加速度 a 表示为：

$$a = \frac{du}{dt} = \frac{\partial u}{\partial t} + (u \cdot \nabla)u \tag{3-13}$$

欧拉描述的加速度可以看作由两部分组成,上式中第一项 $\frac{\partial u}{\partial t}$ 中不含有空间坐标,仅含有时间变量,称为当地加速度或时变加速度,它表示经过流场中某空间固定点的不同流体质点的速度随时间的变化率,反映了流场的非恒定性。上式中第二项 $(u \cdot \nabla)u$ 中不含有时间变量仅含有空间坐标,称为位变加速度或迁移加速度,反映了流场的不均匀性。

以水箱水经变径管道流出过程中水流流速变化为例,可以较容易理解欧拉加速度的物理意义,如图 3-1 所示。

水箱排空过程中，液面不断降低，排水管中 1 和 2 两点的速度 u_1、u_2 均随时间而减小，即存在当地加速度，其值为负；而 2 点所在过水断面小于 1 点，即 $u_2 > u_1$，即存在位变加速度，其值为正。若水箱水位保持恒定不变，则 u_1、u_2 均不随时间而变化，此时不存在当地加速度；但始终 $u_2 > u_1$，即仍存在位变加速度。

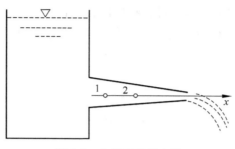

图 3-1 水箱变径管出流

3.1.4 拉格朗日描述和欧拉描述的关系

拉格朗日描述是从流体质点的角度出发，将运动参数看作随空间坐标和时间变量的连续函数。而欧拉描述则以流场，即从空间点角度出发，将运动参数看作空间坐标和时间变量的连续函数。两者间显然存在区别，但对于同一运动参数而言，两者均能描述，这说明它们之间存在必然联系。

设函数 $f = f'(a,b,c,t)$ 表示流体质点 (a,b,c) 在 t 时刻的运动参数；函数 $f = F(x,y,z,t)$ 表示空间点 (x,y,z) 在 t 时刻的同一运动参数。若流体质点 (a,b,c) 在 t 时刻运动到空间点 (x,y,z)，则存在：

$$\begin{cases} x = x(a,b,c,t) \\ y = y(a,b,c,t) \\ z = z(a,b,c,t) \\ f = F(x,y,z,t) = f(a,b,c,t) \end{cases} \tag{3-14}$$

如果将式(3-1)代入式(3-14)，即有：

$$F(x,y,z,t) = F[x(a,b,c,t), y(a,b,c,t), z(a,b,c,t)]$$
$$= f(a,b,c,t) \tag{3-15}$$

由式(3-1)也可反推，得到：

$$\begin{cases} a = a(x,y,z,t) \\ b = b(x,y,z,t) \\ c = c(x,y,z,t) \end{cases} \tag{3-16}$$

式(3-16)是在下列函数行列式既不为零，也不是无穷数的条件下成立。

$$\frac{\partial(x,y,z)}{\partial(a,b,c)} = \begin{vmatrix} \dfrac{\partial x}{\partial a} & \dfrac{\partial y}{\partial a} & \dfrac{\partial z}{\partial a} \\ \dfrac{\partial x}{\partial b} & \dfrac{\partial y}{\partial b} & \dfrac{\partial z}{\partial b} \\ \dfrac{\partial x}{\partial c} & \dfrac{\partial y}{\partial c} & \dfrac{\partial z}{\partial c} \end{vmatrix} \neq \begin{cases} 0 \\ 无穷数 \end{cases}$$

将式(3-16)代入式(3-14),也存在:
$$f(a,b,c,t) = f[a(x,y,z,t),b(x,y,z,t),c(x,y,z,t)]$$
$$= F(x,y,z,t)$$

由上可知,若已知拉格朗日描述,则由 $r=r(a,b,c,t)$ 及 $f=f(a,b,c,t)$,可推解得式(3-16),再代入 $f=f(a,b,c,t)$,就得到欧拉描述的表达式。

同样,若已知欧拉描述,$u=u(x,y,z,t)$ 及 $f=F(x,y,z,t)$,可先由下式积分:
$$u = \frac{dr}{dt}$$

或

$$u_x(x,y,z,t) = \frac{dx}{dt}$$

$$u_y(x,y,z,t) = \frac{dy}{dt}$$

$$u_z(x,y,z,t) = \frac{dz}{dt}$$

可有:
$$r = r(\delta_1, \delta_2, \delta_3, t)$$

或

$$\begin{cases} x = x(\delta_1, \delta_2, \delta_3, t) \\ y = y(\delta_1, \delta_2, \delta_3, t) \\ z = z(\delta_1, \delta_2, \delta_3, t) \end{cases} \quad (3\text{-}17)$$

由初始条件 $r=r(a,b,c,t_0)$,代入上式,即可解得 δ_1、δ_2 和 δ_3 对应于 a,b,c 的表达式:

$$\delta_1 = \delta_1(a,b,c,t_0)$$
$$\delta_2 = \delta_2(a,b,c,t_0)$$
$$\delta_3 = \delta_3(a,b,c,t_0)$$

将上式代入式(3-17),可得:
$$r = r(a,b,c,t)$$

或:

$$x = x(a,b,c,t)$$
$$y = y(a,b,c,t)$$
$$z = z(a,b,c,t)$$

将其代入下式:
$$f = F(x,y,z,t)$$

可得拉格朗日描述的表达式。

【例题 3.1】 已知渠道中水体运动的欧拉描述为:
$$u_x = 2x$$
$$u_y = -2y$$

若在 $t=0$ 时质点位于空间点 (a,b),试给出该渠道水体拉格朗日描述的表达式。

解：由于

$$u_x = \frac{\partial x}{\partial t} = 2x$$

即：

$$\frac{\mathrm{d}x}{\mathrm{d}t} = 2x$$

故有：

$$\frac{\mathrm{d}x}{x} = 2\mathrm{d}t$$

对上式积分，得：

$$\ln x = 2t + C$$

有：

$$x = C_1 \mathrm{e}^{2t}$$

同理可得：

$$y = C_2 \mathrm{e}^{-2t}$$

代入初始时刻条件，得常数 C_1、C_2：

$$C_1 = a \ ; \quad C_2 = b$$

故该质点的拉格朗日描述为：

$$x = a \mathrm{e}^{2t}$$
$$y = b \mathrm{e}^{-2t}$$

3.2 动力学基础知识

3.2.1 流体运动的分类

1. 恒定流和非恒定流

根据运动要素是否随时间变化把流体运动分为恒定流（定常流）和非恒定流（非定常流）。空间点处的运动要素不随时间发生变化的流动称为恒定流；反之，则称为非恒定流。根据定义，恒定流的运动要素与时间无关，即有：

$$\frac{\partial \boldsymbol{u}}{\partial t} = 0 \ ; \quad \frac{\partial p}{\partial t} = 0 \ ; \quad \frac{\partial \rho}{\partial t} = 0$$

恒定流和非恒定流是采用欧拉描述对流动的分类。前者欧拉变数中减去了时间变量 t，从而使问题的求解大为简化。就某一空间点而言，不同时刻有不同的流体质点经过该点，这些质点的压强、速度、密度等运动要素大多情况下并不相同，因此，非恒定流更为常见。实际工程中的多数流动体系是非恒定流，但运动要素随时间的变化若较为缓慢，则可按恒定流近似处理，以使问题简化。

2. 一元流、二元流和三元流

流场中，若各空间点上的运动要素与三个空间坐标（x,y,z）有关，则称流动为三元流，即此时流动发生在三维空间，如图 3-2(a)所示。

如果运动要素与两个坐标有关,而与第三个坐标无关,则称流动为二元流,即此时流动发生在平行平面,如图 3-2(b)所示。当流动在某一方向的尺度远大于其余两个方向的尺度时,可看作平面运动。例如,跨度较大的溢流坝,水流越过坝顶时,沿坝体宽度方向(y 轴)可认为没有水流运动,流动仅存在坝体深度(z 轴)和河道纵轴线(x 轴)两个方向。此时,仅需研究平行于 xOz 平面的任意一个平面上的运动情况就可满足工程需要。

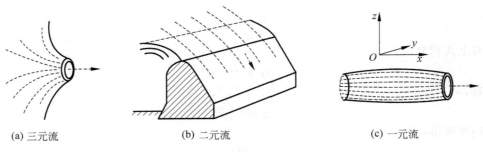

(a) 三元流　　　　　(b) 二元流　　　　　(c) 一元流

图 3-2　一元流、二元流和三元流

如果运动要素仅与一个坐标有关,而与另外两个坐标无关,则称流动为一元流,即此时流动仅发生在一条直线或一条曲线方向,如图 3-2(c)所示。如水流在管道或河道中流动,虽然在垂直方向存在运动,但主要是沿轴线方向运动,可简化为一元流动问题进行处理。此时,流速 u 可表示为微元线段矢量 s 和时间 t 的函数:

$$u = u(s, t)$$

需注意的是,此时 s 的方向和各点处 u 的方向一致,也就是后续内容所指的流线方向。大多数工程流体力学问题可以当作一元流动进行求解过程简化。一元流、二元流和三元流的区分是根据运动要素涉及的位置坐标的个数而言,它们既可以是恒定流,也可以是非恒定流。

3.2.2　迹线和流线

1. 迹线和流线的概念

迹线是流体质点的运动轨迹线,也就是在某段时间范围内质点经过的空间点连线。流线是指流场中某一瞬时曲线,其上任意一点的速度均与该曲线相切。

流场中任取一点 A,在时刻 t,位于 A 点的质点流速为 u_A,自 A 点沿 u_A 方向取一微元长度 s_1,得点 B,位于 B 点的流体质点速度为 u_B,沿 u_B 方向取微元长度 s_2,得 C 点,依次类推。因为 A、B、C 等空间点坐标不同,相对应的质点速度一般也不同。于是得到 1 根连接线,其每段 s 都是沿速度矢量截取的,当 s 趋近无穷小时,相邻的点 A 与 B,B 与 C 等将无限接近,它们将连接成为一条光滑线,而曲线上各个点的速度矢量均与该曲线相切,如图 3-3 所示。

流线的性质如下:

(1) 非恒定流的流速随时间变化,故流线是变化的;恒定流的流速不随时间变化,其流线是不变的。

(2) 一般情况下,同一时刻的不同流线不会相交,即在同一空间点上,同一时刻只存在

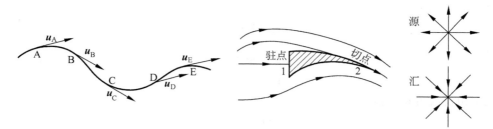

图 3-3 流线及其性质

一个流体质点,因此仅对应一个流速。特殊情况下,流线存在相交的可能。例如,速度为零的点(驻点),流线相切点以及源和汇的点(奇点)。

(3)恒定流条件下,流线与迹线重合。因为恒定流时流线不变,而流体质点在各时刻都沿着流线方向运动,因此,流线与迹线重合。

2. 迹线方程和流线方程

(1)迹线方程

根据迹线的定义,可直接得出迹线方程:

$$\frac{\mathrm{d}x}{u_x} = \frac{\mathrm{d}y}{u_y} = \frac{\mathrm{d}z}{u_z} = \mathrm{d}t \tag{3-18}$$

式中:x、y、z——空间坐标;
　　　t——时间变量。

(2)流线方程

根据流线定义,流线某点的速度方向与该点邻近的曲线相切,二者(以矢量形式)表示的向量积为零:

$$\mathrm{d}\boldsymbol{s} \times \boldsymbol{u} = \boldsymbol{0}$$

即有行列式:

$$\begin{vmatrix} \boldsymbol{i} & \boldsymbol{j} & \boldsymbol{k} \\ \mathrm{d}x & \mathrm{d}y & \mathrm{d}z \\ u_x & u_y & u_z \end{vmatrix} = 0$$

展开后,有:

$$\frac{\mathrm{d}x}{u_x} = \frac{\mathrm{d}y}{u_y} = \frac{\mathrm{d}z}{u_z}$$

【例题 3.2】 已知速度场表达式如下,试写出流线和迹线方程。

$$\begin{cases} u_x = -3x \\ u_y = 3y \quad (y \geqslant 0) \\ u_z = 0 \end{cases}$$

解:(1)由迹线方程,有:

$$\frac{\mathrm{d}x}{-3x} = \frac{\mathrm{d}y}{3y} = \mathrm{d}t$$

对上式积分,得:
$$\begin{cases} x = C_1 e^{-3t} \\ y = C_2 e^{3t} \end{cases}$$
即 $xy = C$

(2) 由流线方程,有:
$$\frac{dx}{-3x} = \frac{dy}{3y}$$

对上式积分,得:
$$\ln x = -\ln y + C'$$
$$xy = C$$

对比迹线和流线方程可知,二者形式相同,说明迹线和流线重合,流动状态为恒定流。

【例题 3.3】 已知流速场分布为 $u_x = 2x^3$,$u_y = -6x^2 y$,求流线方程和加速度表达式。

解:由流线方程,得:
$$\frac{dx}{2x^3} = -\frac{dy}{6x^2 y}$$

即:
$$\frac{dx}{x} = -\frac{dy}{3y}$$

积分得:
$$3\ln x = -\ln y + \ln C$$

流线方程为:
$$x^3 y = C$$

将速度分布 $u_x = 2x^3$,$u_y = -6x^2 y$,代入欧拉加速度表达式,解得:
$$a_x = \frac{\partial u_x}{\partial t} + u_x \frac{\partial u_x}{\partial x} + u_y \frac{\partial u_x}{\partial y} = 0 + 2x^3 \times 6x^2 + 0 = 12x^5$$
$$a_y = \frac{\partial u_y}{\partial t} + u_x \frac{\partial u_y}{\partial x} + u_y \frac{\partial u_y}{\partial y} = 0 - 2x^3 \times 12xy - 6x^2 y \times (-6x^2) = 12x^4 y$$

3.2.3 元流、总流和过流断面

1. 流管和流束

在流场中任取一封闭曲线,通过封闭曲线上各点作出的流线构成的管状空间,称为流管。由于流线不相交,流体质点只能沿流线方向运动而不会穿越管壁。

充满以流管为边界的一束液流,称为流束。当流动为恒定流时,流束的形状和位置不会随时间而改变。流动为非恒定流时,流束的形状和位置将随时间而改变。当流束断面微小时,断面上各点的流速或动水压强可近似看作相等。

2. 元流和总流

元流就是断面趋近于零时的流束,其极限状态就是流线。

总流是元流的集合,具有实际有限的断面面积。由于断面上各点位置不同,相应的流速

或动水压一般也不同。如图 3-4 所示。

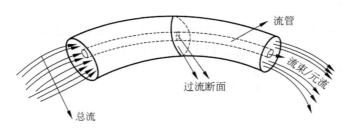

图 3-4 流管、流束、元流和总流

3. 过流断面

过流断面是与元流或总流中的所有流线正交的横断面。过流断面的面积一般用 A 表示。当流线簇彼此不平行时，过流断面为曲面；当流线簇彼此平行时，过流断面为一平面。

3.2.4 流量和断面平均流速

1. 流量

流量是指单位时间内流经过流断面的流体量，又称瞬时流量。当流体量以体积表示时称为体积流量(符号：Q_v，单位：m^3/s)；当流体量以质量表示时称为质量流量(符号：Q_m，单位 kg/s)。对于不可压缩流体，ρ 为常数，有：

$$Q_m = \rho \cdot Q_v$$

无特别指出时，工程流体力学中一般指体积流量，可用 Q 表示。

若在流场中任取一控制曲面，则通过曲面的总体积流量 Q 可由各个微元曲面通过的流量累计求和计算。如图 3-5 所示，在曲面上任取一微元面 dA，dA 上质点的速度为 u，由于在该曲面上流体质点的速度 u 并不相同，该速度矢量在 dA 的法线方向 n 的分量为 u_n，则通过 dA 面的体积流量为：

$$dQ = (\boldsymbol{u} \cdot \boldsymbol{n})dA \tag{3-19}$$

$(\boldsymbol{u} \cdot \boldsymbol{n})$ 表示矢量 $\boldsymbol{u}$ 和 $\boldsymbol{n}$ 的内积，即 $\boldsymbol{u}$ 在 $\boldsymbol{n}$ 方向的投影值：

$$\boldsymbol{u} \cdot \boldsymbol{n} = u\cos\theta = u_n$$

则通过 A 曲面上的体积流量 Q：

$$Q = \int_A dQ = \int_A (\boldsymbol{u} \cdot \boldsymbol{n})dA = \int_A u_n dA \tag{3-20}$$

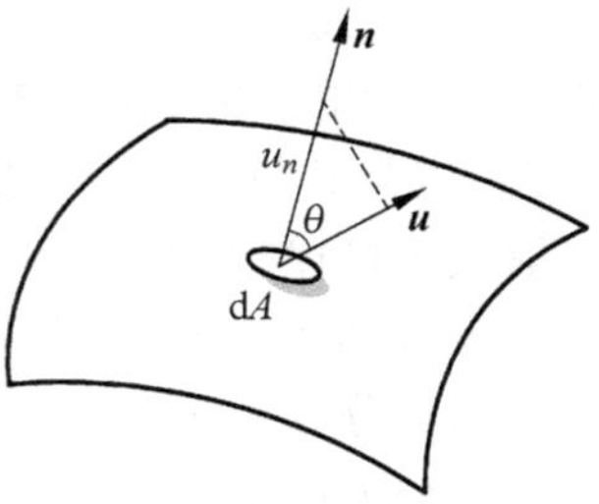

当流体流出曲面时，即与 $\boldsymbol{n}$ 方向相同，则 Q 为正；反之，流入曲面时，即与 $\boldsymbol{n}$ 方向相同，则 Q 为负。

图 3-5 流场中控制曲面

流量是一个重要的物理量，多涉及物料输送问题。例如，泥浆泵输送建设淤泥就是将一定流量的淤泥通过管道输送至泥浆池；地基排水时就是通过水泵以一定流量输送管井中的地下水至地面集水池。

2. 断面平均流速

在总流的过流断面上,各空间点对应的运动要素并不相同,流速大小和方向也不一致。为便于工程计算,以总流流量与过流面积之比作为平均流速,即:

$$v = \frac{Q}{A} = \left(\int_A dQ\right) \bigg/ A = \left(\int_A u_n dA\right) \bigg/ A \tag{3-21}$$

3.2.5 基本定律

流体的本质是具有流动性的物质。在宏观工程条件下,流体与固体物质相似,也遵循经典力学中的物理定律。在流动条件下,将经典力学中的相关定律应用于流体,建立流动状态下的力学模型并以数学公式表示出来,可用于解决实际工程中的问题,即各种运动要素的求解。

1. 描述流体运动的基本定律

一般而言,工程流体力学领域涉及的基本定律,或者说对流体运动起主导作用的定律主要有以下几种:

(1) 质量守恒定律;
(2) 动量守恒定律;
(3) 能量守恒定律;
(4) 热力学第二定律。

上述定律中,前3个定律构建了工程流体力学的理论基础。质量守恒和动量守恒定律直接与作用于流体上的力有关,能量守恒和热力学第二定律主要与流体运动过程中的能量转化有关。其中,热力学第二定律多涉及流体传热问题,如建筑管道的保温与隔热、冷热流体在换热器中的热量传递等。工程问题求解时,经常需借助其他辅助定理或数学方程,以满足由上述基本定律导出运动要素数值解的需要,如本构方程、状态方程等。对于某一具体流动来说,上述定律的应用多数情况并非全部涉及,而只是涉及其中某一个或某几个。

2. 数学模型的条件选择

1) 变量形式

拉格朗日描述和欧拉描述是动力学模型设定的前置条件。依据基本定律建立数学方程式时,变量应与其前置条件一致,即采取拉格朗日描述时,以拉格朗日变量建立拉式数学方程;采取欧拉描述时,则以欧拉变量建立欧拉方程。对于个别质点运动,多采用前一方式;而对于运动要素的分布,则采用后一方式。

2) 微、积分方程

微、积分方程是基本定律在动力学研究中的数学表达。动力学方程式在积分时需对流体取有限体积,再依据基本定律经积分运算得到;微分时则需对流体取微元量,再直接依据基本定律得到数学表达。

积分与微分相互联系,在获取运动要素的总量时(如作用面上的总作用力),宜采用积分方法,但此时不能获得运动要素的局部分布(如作用力分布函数)。若需要建立运动要素的空间分布时,则宜采用微分方法。此外,微分方法要求运动要素在流场内具有连续性,而积分方法允许运动要素在场内局部不连续。

3.3 质量守恒定律与连续性方程

3.3.1 试验发现

达·芬奇对流体流动时的连续性认识做出过重要贡献。大约在公元 1500 年,达·芬奇通过观察河水流动,发现无论河流的宽度、深度、坡度、粗糙度和曲折度如何,沿河流的任一部分,在相同的时间内通过的水的流量相同。若河道深度均匀,河道窄的断面较宽的断面的水流速度要快。这说明河水在流动过程中:横截面一定,流量与速度成正比。达·芬奇的发现实际上是流动连续性现象的早期认识,但当时未被重视。1628 年卡斯特里重新发现,虽然沿河流的各横截面并不相等,但在相同时间内,流过这些横截面的流量相等。他解释说"沿河流若有 2 个横截面 A 和 B,河水由 A 流向 B,那么在相等时间内,流过 A 和 B 的流量应相等。因为如果流过 A 的流量大于或小于流过 B 的流量,则 A 与 B 会出现积水或缺水现象,这显然是不正确的"。1744 年达朗贝尔根据达·芬奇和卡斯特里的发现,应用数学方法,导出定常不可压缩流体微分形式的连续性方程。1755 年,欧拉在直角坐标系中取微六面体导出了非定常可压缩流体微分形式的连续性方程。应当注意,对均质不可压缩流体,体积流量守恒原理即质量守恒原理。

3.3.2 概念解析

质量守恒定律指的是一个系统质量的改变总是等于该系统输入和输出质量的差值。质量守恒定律是自然界普遍存在的基本定律之一。在物理性变化过程中,无论物体的几何形状、存在状态、空间位置如何变化,所蕴含的质量不变。当物体分割为若干部分时,各部分质量之和等于原物体质量。当物体加(减)速运动时,动质量会变化,但静止质量恒定不变。在流体动力学的研究中,质量守恒定律的含义是指流体在流场中的运动过程中,其质量保持不变,或者说在流场中,流体质量的变化率等于在此期间流经过流断面的通量。前一说法针对流体系统,后一说法针对控制体。

连续性方程是质量守恒定律在流体力学中的具体表述形式。它的前提是流体假定为连续介质,所有运动要素都是空间坐标及时间的连续、可微函数。在任意流场内守恒量的改变,等于从流场边界进入或离去的量;守恒量不能够增加或减少,只能够从某一个位置迁移到另外一个位置。连续性方程可以以积分形式表达(使用通量积分),描述任意有限区域内的守恒量;也可以以微分形式表达(使用散度算符),描述任意位置的守恒量。应用散度定理,可以从微分形式推导出积分形式,反之亦然。

3.3.3 连续性方程的微分形式

设在流场中取一微元直角六面体作为控制体,建立直角坐标系,中心点为 O,六面体相互垂直的三个边长分别为 dx、dy、dz(图 3-6)。

流体流经六面体时,依据质量守恒定律分析其质量变化。因为流体在坐标轴方向只能

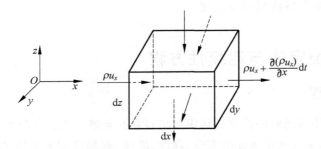

图 3-6　流体流经微元六面体

单向流动,在 x 方向,dt 时间内进入六面体的流体质量为:$\rho u_x \,dy\,dz\,dt$。

在 x 方向,dt 时间内流出六面体的流体质量为:$\rho u_x \,dy\,dz\,dt + \dfrac{\partial(\rho u_x \,dy\,dz\,dt)}{\partial x}dx$。

因此,在 x 方向,dt 时间内流经六面体的质量变化量则为:$\dfrac{\partial(\rho u_x)\,dx\,dy\,dz\,dt}{\partial x}$。

同理,在 y 方向和 z 方向分别有:$\dfrac{\partial(\rho u_y)\,dx\,dy\,dz\,dt}{\partial y}$ 和 $\dfrac{\partial(\rho u_z)\,dx\,dy\,dz\,dt}{\partial z}$。

dt 时间内,流体流经六面体时的质量总变化量为:

$$\Delta M_{流动} = \left[\frac{\partial(\rho u_x)}{\partial x} + \frac{\partial(\rho u_y)}{\partial y} + \frac{\partial(\rho u_z)}{\partial z}\right]dx\,dy\,dz\,dt \tag{3-22}$$

相应地,在 dt 时间内六面体内的质量也将发生改变。在初始时刻,六面体内的流体质量为:$\rho\,dx\,dy\,dz$。

在 dt 时刻,六面体内的流体质量为:$\rho\,dx\,dy\,dz + \dfrac{\partial(\rho\,dx\,dy\,dz)}{\partial t}dt$。

因此,在 dt 时间内,六面体内的质量变化量为:

$$\Delta M_{空间} = \frac{\partial \rho}{\partial t}dx\,dy\,dz\,dt$$

根据质量守恒定律,dt 时间内,六面体空间内所增加或减少的质量一定与同一时间内从六面体空间流出或流进的质量相等,即有$-\Delta M_{流动} = \Delta M_{空间}$,

$$-\frac{\partial \rho}{\partial t}dx\,dy\,dz\,dt = \left[\frac{\partial(\rho u_x)}{\partial x} + \frac{\partial(\rho u_y)}{\partial y} + \frac{\partial(\rho u_z)}{\partial z}\right]dx\,dy\,dz\,dt$$

约去式中左、右两侧共同项并移项,得:

$$\frac{\partial \rho}{\partial t} + \frac{\partial(\rho u_x)}{\partial x} + \frac{\partial(\rho u_y)}{\partial y} + \frac{\partial(\rho u_z)}{\partial z} = 0 \tag{3-23}$$

式(3-23)即连续性方程的微分形式。式(3-23)第 1 项表示流动空间内的流体质量净增(减)量,第 2、3 项和第 4 项表示流出空间的流体质量净减(增)量。

以散度表示式(3-23),有:

$$\frac{\partial \rho}{\partial t} = \mathrm{div}(\rho \boldsymbol{u}) \tag{3-24}$$

工程应用时的几种情况:

(1) 对于恒定流状态,密度不随时间变化,即 $\frac{\partial \rho}{\partial t}=0$,连续性方程简化为:

$$\frac{\partial(\rho u_x)}{\partial x}+\frac{\partial(\rho u_y)}{\partial y}+\frac{\partial(\rho u_z)}{\partial z}=0 \tag{3-25}$$

此时,流体流经流场时的质量增量为零,即流进与流出的质量相同。

(2) 对于不可压缩流体,$\rho=C$,连续性方程简化为:

$$\frac{\partial u_x}{\partial x}+\frac{\partial u_y}{\partial y}+\frac{\partial u_z}{\partial z}=0 \tag{3-26}$$

即

$$\mathrm{div}\boldsymbol{u}=0$$

此时,速度场散度为零,说明流体经过流场时,若在某个坐标方向存在质量通量的增加或减小,则必然在其他方向上有所补偿。流动过程中不会发生流体体积的膨胀或压缩。

【例题 3.4】 一河道中有水流流动,水面处存在水波,若河道断面为矩形,河道宽度为 b,渠道底标高沿水流方向变化,流动过程中水流密度 ρ 不变,试求该水体运动时的连续性条件。

解:x 轴置于静止水面,其正向与水流方向一致。河床至静水面的水深为 $h(x)$,动水面与静止水面的高度差为 $\Delta h(x,t)$,河道断面平均流速为 $u(x,t)$。如图 3-7 所示,在河道中取长度为 $\mathrm{d}x$ 的控制体。

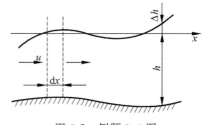

图 3-7 例题 3.4 图

该控制体体积为 $(h+\Delta h)b\mathrm{d}x$,假定单位时间进入该控制体的水体质量为:$\rho(h+\Delta h)bu$。

单位时间内流出控制体的水体质量为:$\rho(h+\Delta h)bu+\frac{\partial(\rho(h+\Delta h)bu)}{\partial x}\mathrm{d}x$,则水体流经控制体的净变化量为:$\rho b\frac{\partial[(h+\Delta h)u]}{\partial x}\mathrm{d}x$。

单位时间内控制体内流体质量的净变化量为:$-\frac{\partial[\rho(h+\Delta h)b\mathrm{d}x]}{\partial x}$,根据质量守恒定律,有:$-\rho b\frac{\partial(h+\Delta h)}{\partial t}\mathrm{d}x=\rho b\frac{\partial[(h+\Delta h)u]}{\partial x}\mathrm{d}x$。

因 h 为静止水面水深,不随时间变化,ρ、b 均为常数,故上式可化简为:

$$\frac{\partial \Delta h}{\partial t}+\frac{\partial((h+\Delta h)u)}{\partial x}=0$$

上式即水体在河道流动时的连续性方程。

若水面波动范围很小,即 $\Delta h \ll h$,则连续性方程可简化为:

$$\frac{\partial \Delta h}{\partial t}+\frac{\partial(hu)}{\partial x}=0$$

【例题 3.5】 已知不可压缩流体平面流动,若 y 方向的速度分量 $u_y=y^2-2x+2y$,请给出速度分量 u_x 的表达式。

解:该流体为不可压缩流体,故满足不可压缩流体连续性方程,有:

$$\frac{\partial u_x}{\partial x} + \frac{\partial u_y}{\partial y} = 0$$

将 u_y 表达式代入上式,得:

$$\frac{\partial u_x}{\partial x} = -2y - 2$$

积分得:

$$u_x = -(2 + 2y)x + C$$

3.3.4 连续性方程的积分形式

设某一流场中的流动为恒定流,流体不可压缩,以过流断面 A-A、B-B 及壁面构成的空间为控制体,如图 3-8 所示。

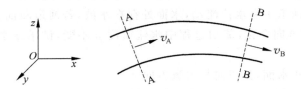

图 3-8 恒定不可压缩流体

设其体积为 V,该流动应满足连续性微分方程(3-26),对该控制体进行空间积分,应有:

$$\iiint_V \frac{\partial u_x}{\partial x} + \frac{\partial u_y}{\partial y} + \frac{\partial u_z}{\partial z} = 0$$

根据高斯-奥斯特罗格拉德斯基公式(高斯定理):矢量穿过任意闭合曲面的通量等于矢量的散度对闭合面所包围体积的积分。故有:

$$\iiint_V \frac{\partial u_x}{\partial x} + \frac{\partial u_y}{\partial y} + \frac{\partial u_z}{\partial z} = \iint_\Omega u_n \, dA = 0 \tag{3-27}$$

式中:Ω——控制体的边界曲面面积;

n——该封闭曲面朝外的单位法向量。

由图 3-8 可知,空间体内的流体无壁面通量,故 u_n 仅在流动方向上有分量,式(3-27)即为:

$$\iint_\Omega u_n \, d\Omega = -\int_{\Omega_A} u_A \, d\Omega_A + \int_{\Omega_B} u_B \, d\Omega_B = 0$$

式中:u_A——沿 A-A 面内法线方向,符号为负;

u_B——沿 B-B 面外法线方向,符号为正。

由上式可得:

$$\int_{\Omega_A} u_A \, d\Omega_A = \int_{\Omega_B} u_B \, d\Omega_B$$

由式(3-21)可知,上式即:

$$Q_A = Q_B \quad \text{或} \quad v_A \Omega_A = v_B \Omega_B \tag{3-28}$$

式中,Q_A、Q_B——流进、流出该空间的体积流量;

Ω_A、Ω_B——流进、流出断面的面积；

v_A、v_B——流进、流出断面的平均流速。

式(3-28)即连续性微分方程在恒定流条件下且流体为不可压缩流体时的积分形式。显然，该式有严格的适用条件，若为非恒定流或流体压缩性不可忽略时，则该式不成立。在土木与水利工程中，大多数情况下的流动情形可近似与公式条件一致，故可广泛应用。

【例题 3.6】 不可压缩的原油在油罐出油管段内流动，该管段半径为 R，如图 3-9 所示。因原油黏性作用，进口 A 断面的速度均匀分布，平均流速为 v_A，而出口 B 断面上各点速度为抛物面分布，断面各点速度 u_B 与管轴心处速度 u_0 的关系式为：

$$u_B = u_0 \left[1 - \left(\frac{r}{R}\right)^2\right]$$

式中：R——圆管半径；

r——断面某点至轴线的距离。

试求管轴心处的原油速度 u_0。

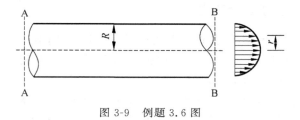

图 3-9 例题 3.6 图

解：取 A-B 间管道包围空间为控制体，因管壁处无原油通量，根据不可压缩恒定流的连续性方程，有：

$$v_A \Omega = \int_{\Omega_B} u_B \mathrm{d}\Omega_B$$

$$v_A \frac{\pi R^2}{4} = \int_0^R u_0 \left[1 - \left(\frac{r}{R}\right)^2\right] 2\pi r \mathrm{d}r$$

$$v_A \frac{\pi R^2}{4} = u_0 \frac{\pi R^2}{2}$$

故有 $u_0 = 2v_A$。

【例题 3.7】 如图 3-10 所示，有一矩形断面的空气输送管道，断面尺寸为 500mm×500mm，管道中布设 4 个相同的通风口，几何尺寸为 300mm×300mm。已知各通风口处的空气流速为 $v=5\mathrm{m/s}$，假定流动过程中空气密度无变化，试求 1-1、2-2、3-3 断面处的空气流量和流速。

解：根据连续性方程，各断面空气流量存在如下关系：

$Q_0 = q + Q_1$

$Q_1 = q + Q_2$

$Q_2 = q + Q_3$

$Q_3 = q$

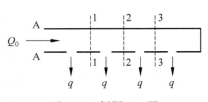

图 3-10 例题 3.7 图

各通风口尺寸相同,空气流速相同,故空气流量相同,有:
$$q = 0.3\text{m} \times 0.3\text{m} \times 5\text{m/s} = 0.45\text{m}^3/\text{s}$$

代入前式,可解得:$Q_3 = 0.45\text{m}^3/\text{s}$,$v_3 = 1.8\text{m/s}$;$Q_2 = 0.9\text{m}^3/\text{s}$,$v_2 = 3.6\text{m/s}$;$Q_1 = 1.35\text{m}^3/\text{s}$,$v_1 = 7.2\text{m/s}$。

3.4 流体运动微分方程

运动微分方程是用牛顿第二定律描述流体微元体运动与外力之间的数学关系式。一般涉及两类问题:①已知微元体的运动规律,求解作用于其上的外力;②已知微元体所受的外力,求解微元体的运动规律,即从运动微分方程通过积分求解流体的运动方程。通常情况下,流体上所受的外力既可能是常力,也可能是随时间、速度、位置而变化的力。解决具体问题时,通常需要明确初始条件才能得到确定的解答。

3.4.1 理想流体运动微分方程

理想流体即假定流体无黏性,其在运动状态下,相邻流层间不产生黏性力。以理想流体为对象研究流体运动规律与作用力之间的关系,可使问题简化,有利于获取近似解。理想流体运动微分方程也称欧拉运动微分方程。

不难知道,静止是运动状态的特殊情形。无论静止或运动,流体均会受到外力作用。显然,静止时的平衡微分方程与运动时的微分方程必然存在相互联系。在流体静力学中,已经推导出欧拉平衡微分方程(式(2-5)):

$$\begin{cases} X - \dfrac{1}{\rho}\dfrac{\partial p}{\partial x} = 0 \\ Y - \dfrac{1}{\rho}\dfrac{\partial p}{\partial y} = 0 \\ Z - \dfrac{1}{\rho}\dfrac{\partial p}{\partial z} = 0 \end{cases}$$

式中:X、Y、Z——流体所受质量力在直角坐标轴x、y、z上的投影,而质量力包括重力和惯性力。

假定X、Y、Z仅表示重力在三个坐标轴上的投影,那么惯性力在x、y、z轴上的投影可分别写作$-\dfrac{\text{d}u_x}{\text{d}t}$、$-\dfrac{\text{d}u_y}{\text{d}t}$和$-\dfrac{\text{d}u_z}{\text{d}t}$。于是,上式便可写作:

$$\begin{cases} X - \dfrac{\text{d}u_x}{\text{d}t} - \dfrac{1}{\rho}\dfrac{\partial p}{\partial x} = 0 \\ Y - \dfrac{\text{d}u_y}{\text{d}t} - \dfrac{1}{\rho}\dfrac{\partial p}{\partial y} = 0 \\ Z - \dfrac{\text{d}u_z}{\text{d}t} - \dfrac{1}{\rho}\dfrac{\partial p}{\partial z} = 0 \end{cases}$$

考虑到理想流体无黏性,流体表面不承受剪切应力,故表面力只有压应力,而当流体运动时即使受到惯性力作用,力平衡方程同样成立。由此可知,静力学中理想流体的欧拉平衡方程也就是运动微分方程的特殊形式。上式经整理,可得:

$$\begin{cases} X - \dfrac{1}{\rho}\dfrac{\partial p}{\partial x} = \dfrac{\mathrm{d}u_x}{\mathrm{d}t} \\ Y - \dfrac{1}{\rho}\dfrac{\partial p}{\partial y} = \dfrac{\mathrm{d}u_y}{\mathrm{d}t} \\ Z - \dfrac{1}{\rho}\dfrac{\partial p}{\partial z} = \dfrac{\mathrm{d}u_z}{\mathrm{d}t} \end{cases} \quad (3\text{-}29)$$

以欧拉加速度表示上式等号右侧各项：

$$\begin{cases} X - \dfrac{1}{\rho}\dfrac{\partial p}{\partial x} = \dfrac{\partial u_x}{\partial t} + u_x\dfrac{\partial u_x}{\partial x} + u_y\dfrac{\partial u_x}{\partial y} + u_z\dfrac{\partial u_x}{\partial z} \\ Y - \dfrac{1}{\rho}\dfrac{\partial p}{\partial y} = \dfrac{\partial u_y}{\partial t} + u_x\dfrac{\partial u_y}{\partial x} + u_y\dfrac{\partial u_y}{\partial y} + u_z\dfrac{\partial u_y}{\partial z} \\ Z - \dfrac{1}{\rho}\dfrac{\partial p}{\partial x} = \dfrac{\partial u_z}{\partial t} + u_x\dfrac{\partial u_z}{\partial x} + u_y\dfrac{\partial u_z}{\partial y} + u_z\dfrac{\partial u_z}{\partial z} \end{cases} \quad (3\text{-}30)$$

式(3-30)即理想流体的欧拉运动微分方程，其矢量表达：

$$\dfrac{\partial \boldsymbol{u}}{\partial t} + (\boldsymbol{u} \cdot \nabla)\boldsymbol{u} = \boldsymbol{f} - \dfrac{1}{\rho}\nabla p \quad (3\text{-}31)$$

式(3-30)中的每一项都表示一个单位质量的力，等式右侧表示惯性力，包括非恒定流动引起的局部惯性力(对应时变加速度)和非均匀性引起的变位惯性力(对应位变加速度)；等式左侧表示重力和压力的合力。

理想流体运动微分方程的讨论：

(1) 对于静止流体，$\dfrac{\mathrm{d}\boldsymbol{u}}{\mathrm{d}t} = 0$，$\boldsymbol{f} - \dfrac{1}{\rho}\nabla p = 0$，此即为平衡微分方程。

(2) 对于恒定流动，$\dfrac{\partial \boldsymbol{u}}{\partial t} = 0$。

(3) 一般情况下，重力已知，即 X、Y、Z 确定，将运动微分方程、连续性方程及流体的状态方程联立，可求解压强 p 的分布规律。

3.4.2 黏性流体运动微分方程

1. 黏性流体动压强

对于理想流体，由于不考虑黏性，故流体质点在运动时的表面力只有法向应力，即动压强 p，而无剪切应力。与2.1节中静压强分析方法相同，可以证明，理想流体运动状态下，任一点动压强的大小与作用面的方位无关，而是空间和时间的函数，即 $p = p(x,y,z,t)$。黏性流体的表面力与理想流体不同，由于黏性效应，流体在运动过程受到切向应力，这使得流体的法向应力大小与作用面方位有关。

如图3-11所示，在黏性运动流体中，取微元六面体，六面体各表面均分布压应力 p 和切向应力 τ，应力符号下标中包括两个坐标方向，第一个表示应力作用面的外法线方向，第二个表示应力的作用方向。

可以证明(略)，同一点任意三个正交面上的法向应力之和相同，即：

$$p_{xx} + p_{yy} + p_{zz} = p_{x'x'} + p_{y'y'} + p_{z'z'} \quad (3\text{-}32)$$

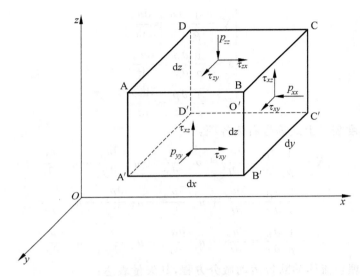

图 3-11　黏性流体表面力分布

对于黏性流体运动,将动压强 p 定义为某点三个正交面上的法向应力的平均值,即:

$$p = \frac{1}{3}(p_{xx} + p_{yy} + p_{zz}) \tag{3-33}$$

按上述定义,黏性流体的动压强 p 的数值大小是空间坐标和时间的函数,而方向与作用面方位无关,即:

$$p = p(x, y, z, t)$$

同样可以证明(略),同一点任意三个正交面上,垂直指向交线的切向应力相等,即:

$$\tau_{xy} = \tau_{yx}; \quad \tau_{yz} = \tau_{zy}; \quad \tau_{zx} = \tau_{xz} \tag{3-34}$$

2. 应力和变形速率的关系

牛顿黏性流体的应力和变形速率的关系是以斯托克斯假设的前置条件为依据的,即:

(1) 应力和变形速率成线性关系;

(2) 流体具有各向同性,而应力与变形速率的关系与坐标系选择无关;

(3) 角变形速率为零,即静止时,法向应力等于静压强。

依据上述假设,对于均质不可压缩流体,可推导出牛顿黏性流体的本构方程:

$$\begin{cases} \sigma_x = p - p_{xx} = 2\mu \dfrac{\partial u_x}{\partial x} \\ \sigma_y = p - p_{yy} = 2\mu \dfrac{\partial u_y}{\partial y} \\ \sigma_z = p - p_{zz} = 2\mu \dfrac{\partial u_z}{\partial z} \end{cases} \tag{3-35}$$

式中:σ_x、σ_y、σ_z——附加法向应力,其物理意义是法向应力的平均值(动压强)和相应方向的法向应力之差。

至于切向应力和角变形速率的关系,可将牛顿内摩擦定律推导到一般的空间流动,有:

$$\begin{cases} \tau_{xy} = \tau_{yx} = \mu\left(\dfrac{\partial u_x}{\partial y} + \dfrac{\partial u_y}{\partial x}\right) \\ \tau_{yz} = \tau_{zy} = \mu\left(\dfrac{\partial u_y}{\partial z} + \dfrac{\partial u_z}{\partial y}\right) \\ \tau_{xz} = \tau_{zx} = \mu\left(\dfrac{\partial u_x}{\partial z} + \dfrac{\partial u_z}{\partial x}\right) \end{cases} \quad (3\text{-}36)$$

【例题 3.8】 已知某一平面流场内的流体为牛顿黏性流体,若其速度场表达为:

$$\begin{cases} u_x = ky \\ u_y = 0 \end{cases}$$

分析该流场中的应力状态分布情况。

解:(1)附加法向应力:

$$\sigma_x = 2\mu \dfrac{\partial u_x}{\partial x} = 0$$

$$\sigma_y = 2\mu \dfrac{\partial u_y}{\partial y} = 0$$

(2)流体中一点的法向应力:

$$p_{xx} = p - \sigma_x = p$$
$$p_{yy} = p - \sigma_y = p$$

(3)黏性切应力:

$$\tau_{xy} = \tau_{yx} = \mu\left(\dfrac{\partial u_x}{\partial y} + \dfrac{\partial u_y}{\partial x}\right) = \mu k$$

分析结果表明,该流场中,任一点处于 x、y 的附加法向应力为零,所以 x,y 的法向应力均等于平均压强,而黏性切向应力在流动空间内保持常量。

3. 黏性流体运动微分方程

黏性流体运动微分方程推导过程与理想流体类似,将附加法向应力和黏性切向应力计入流体所受外力,即将式(3-35)和式(3-36)代入式(3-29)中,整理后可得:

$$\begin{cases} X - \dfrac{1}{\rho}\dfrac{\partial p}{\partial x} + \nu\nabla^2 u_x = \dfrac{\partial u_x}{\partial t} + u_x\dfrac{\partial u_x}{\partial x} + u_y\dfrac{\partial u_x}{\partial y} + u_z\dfrac{\partial u_x}{\partial z} \\ Y - \dfrac{1}{\rho}\dfrac{\partial p}{\partial y} + \nu\nabla^2 u_y = \dfrac{\partial u_y}{\partial t} + u_x\dfrac{\partial u_y}{\partial x} + u_y\dfrac{\partial u_y}{\partial y} + u_z\dfrac{\partial u_y}{\partial z} \\ Z - \dfrac{1}{\rho}\dfrac{\partial p}{\partial x} + \nu\nabla^2 u_z = \dfrac{\partial u_z}{\partial t} + u_x\dfrac{\partial u_z}{\partial x} + u_y\dfrac{\partial u_z}{\partial y} + u_z\dfrac{\partial u_z}{\partial z} \end{cases} \quad (3\text{-}37)$$

式(3-37)即黏性流体运动微分方程,式中,$\nu = \dfrac{\mu}{\rho}$,即运动黏度;∇^2 表示拉普拉斯算子,其含义如下:

$$\nabla^2 = \dfrac{\partial^2}{\partial x^2} + \dfrac{\partial^2}{\partial y^2} + \dfrac{\partial^2}{\partial z^2}$$

式(3-37)的矢量表达为:

$$\frac{\mathrm{d}\boldsymbol{u}}{\mathrm{d}t}=\frac{\partial \boldsymbol{u}}{\partial t}+(\boldsymbol{u}\cdot\boldsymbol{\nabla})\boldsymbol{u}=\boldsymbol{f}-\frac{1}{\rho}\boldsymbol{\nabla}p+\nu\boldsymbol{\nabla}^2\boldsymbol{u} \qquad (3-38)$$

黏性流体运动微分方程也称作纳维-斯托克斯方程(Navier-Stokes equation),简称 N-S 方程。在质量力和流体密度已知条件下,N-S 方程中含有压应力 p 和三个方向的速度分量,目前在数学上仍难以对该方程组直接求解,只有在给定假设条件下,可获得近似解。

【**例题 3.9**】 不可压缩黏性流体在平面场内做恒定层流,若不计质量力,试推导该平面场内的速度分布规律。

解:首先建立如图 3-12 所示的 xOy 平面坐标系,x 方向与流动方向一致。因为恒定流且质量力不计,可列出如下 N-S 方程和连续性方程组:

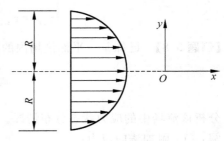

图 3-12 例题 3.9 图

$$\begin{cases} -\dfrac{1}{\rho}\dfrac{\partial p}{\partial x}+\nu\left(\dfrac{\partial^2 u_x}{\partial x^2}+\dfrac{\partial^2 u_x}{\partial y^2}\right)=u_x\dfrac{\partial u_x}{\partial x}+u_y\dfrac{\partial u_x}{\partial y} & \text{①} \\[2mm] -\dfrac{1}{\rho}\dfrac{\partial p}{\partial y}+\nu\left(\dfrac{\partial^2 u_y}{\partial x^2}+\dfrac{\partial^2 u_y}{\partial y^2}\right)=u_x\dfrac{\partial u_y}{\partial x}+u_y\dfrac{\partial u_y}{\partial y} & \text{②} \\[2mm] \dfrac{\partial u_x}{\partial x}+\dfrac{\partial u_y}{\partial y}=0 & \text{③} \end{cases}$$

又,流动为层流,即在 y 方向的流速 $u_y=0$,由式③,得:$\dfrac{\partial u_x}{\partial x}=0$ 或 $u_x=u(y)$

由式②,得:

$$\frac{\partial p}{\partial y}=0 \quad \text{即} \quad p=p(x)$$

由式①,得:

$$\frac{1}{\rho}\frac{\partial p}{\partial x}=\nu\frac{\partial^2 u_x}{\partial y^2}=\nu\frac{\mathrm{d}^2 u_x}{\mathrm{d}y^2}=\frac{1}{\rho}\frac{\mathrm{d}p}{\mathrm{d}x}$$

或

$$\frac{1}{\mu}\frac{\mathrm{d}p}{\mathrm{d}x}=\frac{\mathrm{d}^2 u_x}{\mathrm{d}y^2}$$

由于上式左边是 x 的函数,右边是 y 的函数,若等式成立,则需 $\dfrac{\mathrm{d}p}{\mathrm{d}x}=$ 常数,积分:

$$\frac{\mathrm{d}u}{\mathrm{d}y}=\frac{1}{\mu}\frac{\mathrm{d}p}{\mathrm{d}x}y+C_1$$

$$u=\frac{1}{2\mu}\frac{\mathrm{d}p}{\mathrm{d}x}y^2+C_1 y+C_2$$

定积分常数 C_1 和 C_2,按边界条件,当 $y=\pm R$ 时,$u=0$,因此有:

$$C_1=0; \quad C_2=-\frac{1}{2\mu}\frac{\mathrm{d}p}{\mathrm{d}x}R^2$$

代入上式,有:

$$u = -\frac{1}{2\mu}\frac{dp}{dx}(R^2 - y^2)$$

在该平面流场中,速度呈抛物线分布,其中,x 轴处(即 $y=0$)速度最大,其值为:

$$u_{max} = -\frac{1}{2\mu}\frac{dp}{dx}R^2$$

其他位置处流速为:

$$u = u_{max}\left(1 - \frac{y^2}{R^2}\right)$$

可知,黏性不可压缩流体在平面流场做层流运动时,速度呈抛物线分布特征。

3.5 能量守恒定律与伯努利能量方程

3.5.1 试验发现

1726 年,丹尼尔·伯努利(Daniel Bernoulli)通过无数次试验,发现了"边界层表面效应":流体速度加快时,物体与流体接触的界面上的压力会减小,反之压力会增加。这一发现被称为"伯努利效应",如图 3-13 所示。

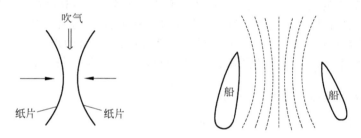

图 3-13 伯努利效应

伯努利效应与日常生活息息相关。例如,在两片垂放的纸张中间吹气,将会发现纸张相向运动。乒乓球运动员上旋发球,会使球体表面的空气形成一个环流,球体上部空气的流速变慢,而下部空气的流速快,这样就使球体得到一个向下的力,这个力又让球得到一个加速度。1911 年 9 月,"泰坦尼克号"的姊妹舰"奥林匹克号"大型游轮因航进时距离"豪克号"巡洋舰过近导致船吸现象发生,酿成海难事故。这次海面上的飞来横祸,也是伯努利效应所致。

伯努利效应是能量守恒定律在流体运动时的表现,适用于包括液体和气体在内的一切理想流体,是流体做稳定流动时的基本现象之一,反映出流体的压强与流速的关系:流体的流速越大,压强越小;流体的流速越小,压强越大。

3.5.2 概念解析

能量守恒定律为热力学第一定律,指在一个封闭系统中,能量既不会凭空产生,也不会凭空消失,它只会从一种形式转化为另一种形式,或者从一个物体转移到其他物体,而能量的总量保持不变。能量守恒包括的内容比较广泛,主要有机械能守恒、机械能与电势能总和守恒以及动能与电势能总和守恒等。

工程流体力学关注于机械能守恒,而机械能守恒的条件是"除重力之外,没有其他外力对物体做功"。所谓的"除重力之外,没有其他外力对物体做功",并不是指"只受到重力的作用"。实际中,物体也可以受到其他外力的作用,只要这些外力的代数和为零,就可以认为"只有重力在做功",就是满足机械能守恒的条件。对于机械能是否守恒,在大多数情况下,机械能守恒定律的研究都存在一定的系统之中,如果系统内只有一个物体时,我们依据是否只有重力在做功从而判断机械能是否守恒;如果有多个物体,我们要考虑摩擦和介质阻力因素从而判断机械能是否守恒。

伯努利能量方程(也称伯努利原理)是在流体连续介质理论方程建立之前,流体力学所采用的基本原理,其实质是流体的机械能守恒,即动能+重力势能+压力势能=常数。其最为著名的推论为:等高流动时,流速大,压力就小。

需要注意的是,由于伯努利方程是由机械能守恒推导出来的,所以它仅适用于黏度可以忽略、不可被压缩的理想流体。

3.5.3 理想流体的伯努利方程

连续性微分方程和 N-S 方程构成了流体动力学的微分方程组,共包括 4 个方程式,涉及的关键未知变量是压强 p 和速度 u 的 3 个分量。因此从理论上来看,只要联立求解 4 个方程并满足具体的初始条件和边界条件,就可求得未知变量,这为流体动力学问题的解决奠定了理论基础。然而数学研究的结果,目前还未能提供一种普遍有效的求精确解的方法。现有研究多集中于唯一性(和多解性)及稳定性;偏微分方程的初值问题、初边值问题的整体解(包括周期解和概周期解)的存在性及渐近性;平衡解的存在性,以及平衡解的稳定性等问题。由于数学研究尚无法直接获取运动微分方程的积分解,本节仅讨论在限制性条件下的积分形式。

1. 理想流体沿流线的伯努利积分

理想流体沿流线 s 运动,如图 3-14 所示。

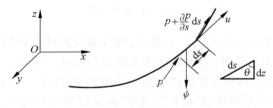

图 3-14 沿流线的运动

设定限制性积分条件:①流体不可压缩;②恒定流;③质量力有势。引入欧拉运动微分方程:

$$\begin{cases} X - \dfrac{1}{\rho}\dfrac{\partial p}{\partial x} = \dfrac{\mathrm{d}u_x}{\mathrm{d}t} \\ Y - \dfrac{1}{\rho}\dfrac{\partial p}{\partial y} = \dfrac{\mathrm{d}u_y}{\mathrm{d}t} \\ Z - \dfrac{1}{\rho}\dfrac{\partial p}{\partial z} = \dfrac{\mathrm{d}u_z}{\mathrm{d}t} \end{cases}$$

将上式中的各方程组对应乘以各自坐标变量 $\mathrm{d}x$、$\mathrm{d}y$、$\mathrm{d}z$,之后三式相加得:

$$X\mathrm{d}x + Y\mathrm{d}y + Z\mathrm{d}z - \frac{1}{\rho}\left(\frac{\partial p}{\partial x}\mathrm{d}x + \frac{\partial p}{\partial y}\mathrm{d}y + \frac{\partial p}{\partial z}\mathrm{d}z\right)$$
$$= \frac{\mathrm{d}u_x}{\mathrm{d}t}\mathrm{d}x + \frac{\mathrm{d}u_y}{\mathrm{d}t}\mathrm{d}y + \frac{\mathrm{d}u_z}{\mathrm{d}t}\mathrm{d}z \tag{3-39}$$

流体微元沿流线流动,在邻域内运动时的坐标变量 $\mathrm{d}x$、$\mathrm{d}y$、$\mathrm{d}z$ 即是相应流线 $\mathrm{d}s$ 的投影分量。因流动限制为恒定流,迹线与流线此时重合,流体微元的流速与邻域内位移的关系为:

$$u_x = \frac{\mathrm{d}x}{\mathrm{d}t};\quad u_y = \frac{\mathrm{d}y}{\mathrm{d}t};\quad u_z = \frac{\mathrm{d}z}{\mathrm{d}t}$$

将上式代入式(3-39)等式右侧,有:

$$\frac{\mathrm{d}u_x}{\mathrm{d}t}\mathrm{d}x + \frac{\mathrm{d}u_y}{\mathrm{d}t}\mathrm{d}y + \frac{\mathrm{d}u_z}{\mathrm{d}t}\mathrm{d}z = u_x \mathrm{d}u_x + u_y \mathrm{d}u_y + u_z \mathrm{d}u_z$$
$$= \mathrm{d}\left(\frac{u_x^2 + u_y^2 + u_z^2}{2}\right)$$
$$= \mathrm{d}\left(\frac{u^2}{2}\right)$$

质量力为有势力,故存在力势函数 $\psi = \psi(x,y,z)$,使得以下关系成立:

$$X = \frac{\partial \psi}{\partial x};\quad Y = \frac{\partial \psi}{\partial y};\quad Z = \frac{\partial \psi}{\partial z}$$

将上述关系代入式(3-39)等式左侧,有:

$$X\mathrm{d}x + Y\mathrm{d}y + Z\mathrm{d}z = \frac{\partial \psi}{\partial x}\mathrm{d}x + \frac{\partial \psi}{\partial y}\mathrm{d}y + \frac{\partial \psi}{\partial z}\mathrm{d}z = \mathrm{d}\psi$$

考虑到恒定流条件下,运动要素与时间 t 无关,所以 p 的全微分形式简化为:

$$\mathrm{d}p = \frac{\partial p}{\partial x}\mathrm{d}x + \frac{\partial p}{\partial y}\mathrm{d}y + \frac{\partial p}{\partial z}\mathrm{d}z$$

将以上各变形式逐一代入欧拉运动微分方程的变形式(3-39),则有:

$$\mathrm{d}\psi - \frac{1}{\rho}\mathrm{d}p = \mathrm{d}\left(\frac{u^2}{2}\right)$$

积分,得:

$$\psi - \frac{p}{\rho} - \frac{u^2}{2} = C' \tag{3-40}$$

式(3-40)即为理想流体沿流线的伯努利积分形式。

实际工程中常遇到质量力仅有重力以及重力和离心力共存两种情况,式(3-39)可在这两种条件下积分。

(1) 质量力仅有重力

一般取铅垂向上为 z 轴正向,则重力在 x 和 y 轴投影为零,仅在 z 轴有投影,因此有:

$$\mathrm{d}\psi = Z\mathrm{d}z = -g\mathrm{d}z$$

对其积分,得:

$$\psi = -gz + C''$$

代入式(3-40),得:

$$z + \frac{p}{\rho g} + \frac{u^2}{2g} = C \tag{3-41}$$

对于同一流线上任意两点,式(3-41)可写作:

$$z_1 + \frac{p_1}{\rho g} + \frac{u_1^2}{2g} = z_2 + \frac{p_2}{\rho g} + \frac{u_2^2}{2g} \tag{3-42}$$

式(3-41)或式(3-42)称为重力场中不可压缩理想流体的伯努利方程,它是工程流体力学中最重要的方程式之一,表征了理想流体中,沿同一流线上各点流速、动水压强和几何高度之间的关系。

(2) 重力与离心力叠加

流体做旋转相对运动时,重力与离心力共同存在。例如,转弯河道中的水流流动、水泵对水流加压提升、离心设备脱水过程等。

图 3-15 所示为水流经水泵叶轮旋转加压,叶轮以角速度 ω 均速转动,水流在两叶轮间的通道内流动,从半径 r_1 处进入流道,经旋转加压后在半径 r_2 处流出。任取流道内一水流流线 AB,在流线上任取一点,设该点的旋转半径为 r,则该点处所受离心力为 $\omega^2 r$,因水泵转轴与离心力垂直,故 $\omega^2 r$ 在铅垂方向无投影,在 x 和 y 方向投影分别为 $\omega^2 x$ 和 $\omega^2 y$。考虑质量力有势,将重力和离心力代入势函数分量表达式,则有:

$$X = \frac{\partial \psi}{\partial x} = \omega^2 x; \quad Y = \frac{\partial \psi}{\partial y} = \omega^2 y; \quad Z = \frac{\partial \psi}{\partial z} = -g$$

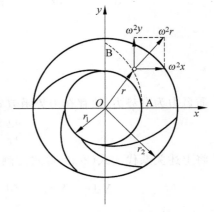

图 3-15 旋转相对运动

将上述关系代入式(3-39)等式左侧,有:

$$\omega^2 x \mathrm{d}x + \omega^2 y \mathrm{d}y - g \mathrm{d}z = \mathrm{d}\psi$$

积分上式可得:

$$\psi = \frac{\omega^2 r^2}{2} - gz + C$$

将上式代入式(3-40),将 u 改写为相对速度 w,则有:

$$z + \frac{p}{\rho g} + \frac{w^2}{2g} - \frac{u^2}{2g} = C \tag{3-43}$$

式中:w——相对于叶轮的速度;

u——随叶轮旋转的牵连速度。

式(3-43)就是做相对运动的不可压缩理想流体恒定流时的伯努利方程。需指出的是,固定在叶轮上的坐标系做旋转运动,根据理论力学,当牵连运动为转动时,还应该有哥氏加速度引起的惯性力。但哥氏加速度的方向总是垂直于质点的运动方向,因而其引起的惯性力所做的功总为零。而伯努利方程实质是能量守恒的反映,故在推导时,可不考虑因哥氏加速度引起的惯性力而不影响其结果。

2. 理想流体恒定无旋运动时的伯努利积分

流体做无旋运动时,速度分量之间满足如下偏导数关系:

$$\frac{\partial u_x}{\partial y}=\frac{\partial u_y}{\partial x}; \quad \frac{\partial u_y}{\partial z}=\frac{\partial u_z}{\partial y}; \quad \frac{\partial u_x}{\partial z}=\frac{\partial u_z}{\partial x}$$

将速度全微分按全导数形式展开,并引入恒定条件,有:

$$\frac{\mathrm{d}u_x}{\mathrm{d}t}\mathrm{d}x+\frac{\mathrm{d}u_y}{\mathrm{d}t}\mathrm{d}y+\frac{\mathrm{d}u_z}{\mathrm{d}t}\mathrm{d}z$$

$$=\left(u_x\frac{\partial u_x}{\partial x}+u_y\frac{\partial u_x}{\partial y}+u_z\frac{\partial u_x}{\partial z}\right)\mathrm{d}x+$$
$$\left(u_x\frac{\partial u_y}{\partial x}+u_y\frac{\partial u_y}{\partial y}+u_z\frac{\partial u_y}{\partial z}\right)\mathrm{d}y+\left(u_x\frac{\partial u_z}{\partial x}+u_y\frac{\partial u_z}{\partial y}+u_z\frac{\partial u_z}{\partial z}\right)\mathrm{d}z$$

$$=\left(u_x\frac{\partial u_x}{\partial x}+u_y\frac{\partial u_y}{\partial x}+u_z\frac{\partial u_z}{\partial x}\right)\mathrm{d}x+\left(u_x\frac{\partial u_x}{\partial y}+u_y\frac{\partial u_y}{\partial y}+u_z\frac{\partial u_z}{\partial y}\right)\mathrm{d}y+$$
$$\left(u_x\frac{\partial u_x}{\partial z}+u_y\frac{\partial u_y}{\partial z}+u_z\frac{\partial u_z}{\partial z}\right)\mathrm{d}z$$

$$=\frac{\partial}{\partial x}\left(\frac{u_x^2}{2}+\frac{u_y^2}{2}+\frac{u_z^2}{2}\right)\mathrm{d}x+\frac{\partial}{\partial y}\left(\frac{u_x^2}{2}+\frac{u_y^2}{2}+\frac{u_z^2}{2}\right)\mathrm{d}y+\frac{\partial}{\partial z}\left(\frac{u_x^2}{2}+\frac{u_y^2}{2}+\frac{u_z^2}{2}\right)\mathrm{d}z$$

$$=\frac{\partial}{\partial x}\left(\frac{u^2}{2}\right)\mathrm{d}x+\frac{\partial}{\partial y}\left(\frac{u^2}{2}\right)\mathrm{d}y+\frac{\partial}{\partial z}\left(\frac{u^2}{2}\right)\mathrm{d}z$$

$$=\mathrm{d}\left(\frac{u^2}{2}\right)$$

将欧拉运动微分方程式左侧改写为 $\mathrm{d}\left(W-\dfrac{p}{\rho}\right)$ 并将上式推导结果代入,则有:

$$\mathrm{d}\left(W-\frac{p}{\rho}\right)=\mathrm{d}\left(\frac{u^2}{2}\right)$$

对上式积分,有:

$$W-\frac{p}{\rho}-\frac{u^2}{2}=C \tag{3-44}$$

式(3-44)也称为欧拉积分。

若质量力仅有重力,则 $W=-gz$,代入式(3-44),有:

$$gz+\frac{p}{\rho}+\frac{u^2}{2}=C \quad \text{或} \quad z+\frac{p}{\rho g}+\frac{u^2}{2g}=C$$

同前述,对于任意两点,上式可写作:

$$z_1+\frac{p_1}{\rho g}+\frac{u_1^2}{2g}=z_2+\frac{p_2}{\rho g}+\frac{u_2^2}{2g} \tag{3-45}$$

上式表明,理想流体做恒定无旋运动(势流)时,也遵循伯努利方程。

3. 理想流体伯努利方程组成项的物理意义

由前述推导可知,几种情况下,伯努利方程的组成项形式相同,各项具有的物理意义表示如下:

如图 3-16 所示,z 表示位置高度,表示流体质点的几何位置,又称位置水头,亦称为单位重量流体的位置势能;$\dfrac{p}{\rho g}$ 表示测压管高度,即流体质点压强对应的水柱高度,又称压强水头,亦称为单位重量流体的压强势能;$\dfrac{u^2}{2g}$ 表示流速对应的水头高度,又称流速水头,亦称为单位重量流体的动能;$z+\dfrac{p}{\rho g}$ 表示测压管水头(常用 H_P 表示),亦表示单位重量流体的总势能;$z+\dfrac{p}{\rho g}+\dfrac{u^2}{2g}$ 表示总水头(常用 H 表示),亦表示单位重量流体的机械能。

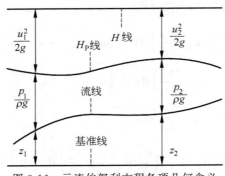

图 3-16　元流伯努利方程各项几何含义

【例题 3.10】　如图 3-17 所示,用一个带 90°转角接口的水银压差计(毕托管原理)测量管道流速,若 A 点位于管道轴线,B 点为管壁处点,A 与 B 点位于同一过流断面,测得压差计中水银液面差值为 $\Delta h=60\mathrm{mm}$,忽略水的黏性(理想流体),则①求管道中水流流速 v;②若管道中为油,其密度为水的 0.8 倍,若 $\Delta h=10\mathrm{mm}$,则求 A 点流速。

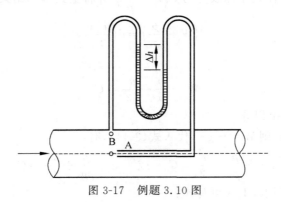

图 3-17　例题 3.10 图

解:(1) 分析。流动过程遵循理想流体伯努利方程,水流为均匀流 $u_A=u_B=u$,流动过程总水头 H 保持不变,即压差计内水银液面应处于同一平面,但 A 点后(A′)水流因阻滞作用速度变为 0,其流速水头全部转为压强水头,即压强增大使得压差计内右侧水银液面降低,左侧抬升,忽略 z_A 和 z_B 间的高差,故有:

$$\dfrac{p_B}{\rho g}+\dfrac{u^2}{2g}=\dfrac{p_A}{\rho g};\quad \dfrac{u^2}{2g}=\dfrac{p_A}{\rho g}-\dfrac{p_B}{\rho g}$$

$$p_A-p_B=\Delta h(\rho_{水银}-\rho)g$$

$$u=\sqrt{2g\Delta h\left(\dfrac{\rho_{水银}}{\rho}-1\right)g}=(\sqrt{2\times 9.8\times 0.06\times 12.6})\mathrm{m/s}=3.85\mathrm{m/s}$$

(2) 与(1)推导过程相同,有:

$$u = \sqrt{2g\Delta h\left(\frac{\rho_{水银}}{0.8\rho}-1\right)g} = \sqrt{2\times 9.8\times 0.01\times 16}\,\text{m/s} = 1.77\,\text{m/s}$$

3.5.4 黏性流体的伯努利方程

前述内容对不可压缩流体的伯努利方程进行了推导。为能更好地把理论应用到解决工程实际问题中去,必须把伯努利方程的适用范围从理想流体转换至黏性流体,从流线(流束)扩大到总流。

1. 黏性流体沿流线的伯努利方程

实际流体在运动过程中,由于黏性的作用而产生了流动阻力(也即摩擦阻力)。为克服这种流动阻力,需要消耗一部分机械能,机械能将在流动中逐渐减少。以 h_w 表示单位重量流体机械能在微小流束上从上游截面流到下游截面的损失量,质量力仅考虑重力,黏性流体在流线上的伯努利方程可表示为:

$$z_1 + \frac{p_1}{\rho g} + \frac{u_1^2}{2g} = z_2 + \frac{p_2}{\rho g} + \frac{u_2^2}{2g} + h_{w'} \tag{3-46}$$

式中,各项含义同前。

2. 沿流线法线方向的测压管水头变化

如图 3-18 所示,在弯曲流线上取一柱状不可压缩理想流体的微元体,设微元体长度为 $\mathrm{d}r$,端面面积为 $\mathrm{d}A$,所在流线曲率半径为 r,速度为 u,压强为 p。

依据达朗贝尔原理对微元体在 r 方向的作用力进行分析。

(1) 端面 1 压应力为:$\left[p+\frac{\partial p}{\partial r}\left(-\frac{\mathrm{d}r}{2}\right)\right]\mathrm{d}A$;端面 2 压应力为 $\left[p+\frac{\partial p}{\partial r}\left(\frac{\mathrm{d}r}{2}\right)\right]\mathrm{d}A$。

(2) 微元体沿曲线运动,所受离心力为 $\rho \mathrm{d}A\,\mathrm{d}r\,\dfrac{u^2}{r}$。

(3) 重力分力为:$-\mathrm{d}G\cos\theta = \rho g\,\mathrm{d}A\,\mathrm{d}r\,\dfrac{\partial z}{\partial r}$。

(4) 沿 r 方向,作用力为零,$\sum F_r = 0$。

将(1)、(2)和(3)代入(4),有:

$$\frac{u^2}{gr} = \frac{\partial}{\partial r}\left(z+\frac{p}{\rho g}\right) \tag{3-47}$$

在理想流体伯努利方程中,常数 C 对所有流线都是相等的,因此方程在任一方向求导时,其结果都等于 0,即有:

$$\frac{u^2}{gr} = \frac{\partial}{\partial r}\left(z+\frac{p}{\rho g}\right)$$

可得:

$$\frac{\partial}{\partial r}\left(z+\frac{p}{\rho g}\right) = -\frac{\partial}{\partial r}\left(\frac{u^2}{2g}\right) = -\frac{u}{g}\frac{\partial u}{\partial r}$$

将上式代入式(3-47),有:

$$\frac{\partial u}{\partial r} + \frac{u}{r} = 0$$

沿 r 方向积分,有:

$$u = \frac{C}{r} \tag{3-48}$$

式(3-48)表示速度在流线的法线方向的变化情形。如图 3-19 所示,可以看出,流线曲率越大、曲率半径越小,则速度越大。必须指出,上式中的 C 是在流线微元体处沿曲率半径 r 方向的积分常数。

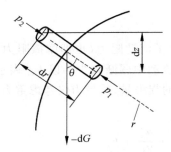

图 3-18　流线上的微元

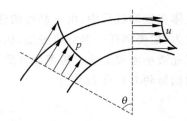

图 3-19　流线弯曲段的压应力和速度分布

当在水平面流动或重力小至可忽略时,$\frac{\partial z}{\partial r} = 0$,由式(3-47)和式(3-48),可得:

$$\frac{1}{\rho} \frac{\partial p}{\partial r} = \frac{u^2}{r} = \frac{C^2}{r^3}$$

沿 r 方向积分,有:

$$p = C_1 - \frac{\rho C^2}{2r^2} \tag{3-49}$$

式中:C_1——流体上某点沿 r 方向的积分常数。

由式(3-49)可知,流线曲率半径越大,压力也越大,如图 3-19 所示。

当流线趋于直线,即 $r \to \infty$,又由式(3-47)可得:

$$\frac{\partial}{\partial r}\left(z + \frac{p}{\rho g}\right) = 0$$

对上式沿 r 方向积分,则有:

$$\left(z + \frac{p}{\rho g}\right) = C \tag{3-50}$$

可见,当流线趋于直线时,沿法线方向的测压管水头与静止平衡时相同。

实际工程中,可根据流线曲率半径大小将流动区分为渐变流和急变流。若曲率半径大,流线近似于平行直线,则称为渐变流;反之,则称为急变流。二者间实际并无确切的区分界限,多根据工程实际情况进行近似判别。

3. 实际恒定总流的伯努利能量方程

实际总流是由无数微元流聚集而成,而每个微元流的伯努利方程可由式(3-46)确定。

若用微元流的重量 $\rho g \mathrm{d}Q$ 与式(3-46)中各项相乘,之后在过流断面上对其积分,则可得到实际总流的伯努利能量方程式,表述如下:

$$\int_Q \left(z_1 + \frac{p_1}{\rho g} + \frac{u_1^2}{2g}\right)\rho g \mathrm{d}Q = \int_Q \left(z_2 + \frac{p_2}{\rho g} + \frac{u_2^2}{2g} + h_{w'}\right)\rho g \mathrm{d}Q \quad (3\text{-}51)$$

因总流中的各流线互不相同,如各点流速、压强、位置等不尽相同,而工程应用时多采用运动参数的平均值。对上式左右两边同除以总流重量 $\rho g Q$,得到单位重量总流的伯努利能量方程:

$$\frac{1}{\rho g Q}\int_Q \left(z_1 + \frac{p_1}{\rho g} + \frac{u_1^2}{2g}\right)\rho g \mathrm{d}Q = \frac{1}{\rho g Q}\int_Q \left(z_2 + \frac{p_2}{\rho g} + \frac{u_2^2}{2g} + h_{w'}\right)\rho g \mathrm{d}Q \quad (3\text{-}52)$$

(1) 在渐变流条件下分析上式,因有 $z + \dfrac{p}{\rho g} = C$,以下两式成立:

$$\frac{1}{\rho g Q}\int_Q \left(z_1 + \frac{p_1}{\rho g}\right)\rho g \mathrm{d}Q = \frac{1}{\rho g Q}\left(z_1 + \frac{p_1}{\rho g}\right)\int_Q \rho g \mathrm{d}Q = z_1 + \frac{p_1}{\rho g}$$

$$\frac{1}{\rho g Q}\int_Q \left(z_2 + \frac{p_2}{\rho g}\right)\rho g \mathrm{d}Q = \frac{1}{\rho g Q}\left(z_2 + \frac{p_2}{\rho g}\right)\int_Q \rho g \mathrm{d}Q = z_2 + \frac{p_2}{\rho g}$$

(2) 令 $\alpha = \dfrac{\int_Q \dfrac{u^2}{2g}\mathrm{d}Q}{v^2 Q}$,则有:

$$\frac{1}{\rho g Q}\int_Q \frac{u_1^2}{2g}\rho g \mathrm{d}Q = \frac{1}{\rho g Q}\frac{\alpha_1 v_1^2}{2g}\rho g Q = \frac{\alpha_1 v_1^2}{2g}$$

$$\frac{1}{\rho g Q}\int_Q \frac{u_2^2}{2g}\rho g \mathrm{d}Q = \frac{1}{\rho g Q}\frac{\alpha_2 v_2^2}{2g}\rho g Q = \frac{\alpha_2 v_2^2}{2g}$$

式中:v——总流过流断面平均流速;

α——动能修正系数,它表示过流断面上以元流流速计量的实际单位重量流体的动能与以过流断面平均流速计量的单位重量流体动能之比。断面实际流速分布越均匀,则其值越接近于1。工程上,α 取值在 $1.05 \sim 1.10$。

(3) 以 h_w 表示过流断面之间的单位重量流体的平均机械能损失(总水头损失),即:

$$h_w = \frac{1}{\rho g Q}\int_Q h_{w'}\rho g \mathrm{d}Q$$

将以上各项分析结果代入式(3-49),得到实际总流的伯努利能量方程:

$$z_1 + \frac{p_1}{\rho g} + \frac{\alpha_1 v_1^2}{2g} = z_2 + \frac{p_2}{\rho g} + \frac{\alpha_2 v_2^2}{2g} + h_w \quad (3\text{-}53)$$

式(3-53)说明,实际恒定总流在流动过程中上游过流断面对应的单位重量流体机械能等于下游断面对应的单位重量流体机械能与流动过程中单位重量流体的机械能损失之和。

【例题 3.11】 如图 3-20 所示,一变直径的管段 AB,直径 $d_A = 0.2\mathrm{m}$,$d_B = 0.4\mathrm{m}$,高差 $\Delta h = 1.5\mathrm{m}$,今测得 $p_A = 30\mathrm{kN/m^2}$,$p_B = 40\mathrm{kN/m^2}$,B 处断面平均流速 $v_B = 1.5\mathrm{m/s}$。试判断水在管中的流动方向。

解:以过 A 的水平面为基准面,则 A、B 点所在断面单位重量流体的机械能为:

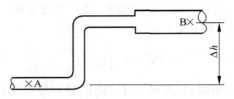

图 3-20 例题 3.11 图

$$H_A = z_A + \frac{p_A}{\rho g} + \frac{\alpha_A v_A^2}{2g} = \left[0 + \frac{30 \times 10^3}{1000 \times 9.8} + \frac{1.0 \times 1.5^2}{2 \times 9.8} \times \left(\frac{0.4}{0.2}\right)^4\right] \text{m} = 4.90 \text{m}$$

$$H_B = z_B + \frac{p_B}{\rho g} + \frac{\alpha_B v_B^2}{2g} = \left(1.5 + \frac{40 \times 10^3}{1000 \times 9.8} + \frac{1.0 \times 1.5^2}{2 \times 9.8}\right) \text{m} = 5.70 \text{m}$$

$H_B > H_A$，故水流从 B 点向 A 点流动。

【例题 3.12】 如图 3-21 所示，一垂直向上的喷嘴向空中喷射水流，设喷出水流断面为圆形。已知喷嘴直径 $d_A = 20$mm，喷嘴出口流速 $v_A = 10$m/s。问在高于喷嘴 $h = 4$m 处，水流的直径 d_B 为多少？不考虑能量损失。

解：根据总流伯努利方程，略去能量损失，有：

$$z_A + \frac{p_A}{\rho g} + \frac{\alpha_1 v_A^2}{2g} = z_B + \frac{p_B}{\rho g} + \frac{\alpha_2 v_B^2}{2g}$$

由已知条件，有 $z_A - z_B = h = 4$m。因在空气中喷射，$p_A = p_B = p_a = 0$（相对压强），取 $\alpha_1 = \alpha_2 = 1.0$，代入上式，得：

$$\frac{10^2}{2g} = 4 + \frac{v_B^2}{2g}$$

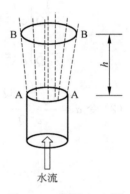

图 3-21 例题 3.12 图

解出 $v_B = 4.61$m/s。

又根据连续性方程

$$v_A \frac{\pi d_A^2}{4} = v_B \frac{\pi d_B^2}{4}$$

得出 $10 \times 0.02^2 = 4.61 \times d_B^2$。

解得 $d_B = 0.029$m$= 29$mm。

由此题可知，实际工程问题求解时，多需要伯努利方程与连续性方程联立求解，以减少未知量。

【例题 3.13】 图 3-22 所示为一文丘里流量计，水银差压计的读数为 $\Delta h = 360$mm，已知管道直径 $d_A = 300$mm，喉管直径 $d_B = 150$mm。渐变段长度 $l_{AB} = 750$mm。不计 A、B 两点间水头损失，试求管道中水的流量。

解：以 1-1 水平面为基准面，列 1-1、2-2 断面的伯努利能量方程：

$$\frac{p_A}{\rho g} + \frac{\alpha_1 v_A^2}{2g} = 0.75 + \frac{p_B}{\rho g} + \frac{\alpha_2 v_B^2}{2g}$$

$$\frac{p_A - p_B}{\rho g} = 0.75 + \frac{\alpha_2 v_B^2}{2g} - \frac{\alpha_1 v_A^2}{2g}$$

由连续性方程,有 $v_A A_A = v_B A_B$,得:

$$v_A = v_B \left(\frac{d_B}{d_A}\right)^2 = 0.25 v_B$$

考虑 N-N 面为等压面,有:

$$\frac{p_A}{\rho g} + z + 0.36 = 0.75 + \frac{p_B}{\rho g} + z + 0.36 \times 13.6$$

$$\frac{p_A - p_B}{\rho g} = 5.3 \mathrm{mH_2O}$$

将上式代入伯努利方程并取 $\alpha_1 = \alpha_2 = 1.0$,有:

$$5.3 = 0.75 + \frac{v_B^2 - v_A^2}{2g} = 0.75 + \frac{15}{16} \times \frac{v_B^2}{2g}$$

得 $v_B = 9.8 \mathrm{m/s}$,$v_A = 2.45 \mathrm{m/s}$。

故 $Q = \frac{\pi d_B^2}{4} v_B = \left(\frac{3.14 \times 0.15^2}{4} \times 9.8\right) \mathrm{m^3/s} = 0.173 \mathrm{m^3/s}$。

或 $Q = \frac{\pi d_A^2}{4} v_A = \left(\frac{3.14 \times 0.3^2}{4} \times 2.45\right) \mathrm{m^3/s} = 0.173 \mathrm{m^3/s}$。

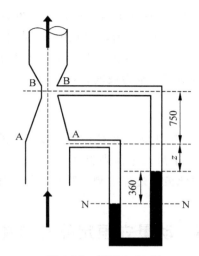

图 3-22　例题 3.13 图

4. 恒定总流伯努利能量方程的图示

因为能量方程式中的各项能量都是长度量纲,所以过流断面上单位重量流体的各项能量可用几何线段表示,见图 3-23。

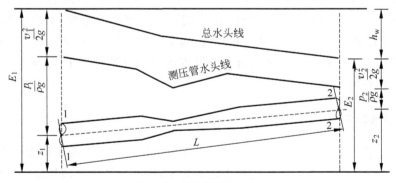

图 3-23　机械能沿程变化

具体画法如下:通过上游过水断面的形心点作垂线,形心点到基准面的垂直高度就是位置水头 z,再从形心向上量取相应于压强水头 $\frac{p}{\rho g}$ 和流速水头 $\frac{v^2}{2g}$ 的垂直高度,这 3 个垂直高度之和即总水头,也称作单位重量流体的总机械能 $E = z + \frac{p}{\rho g} + \frac{v^2}{2g}$。相同地,画出沿程下游各断面对应各项水头高度。上下游断面总水头的连线称作总水头线,上下游断面测压管(位置水头+压强水头)的连线称作测压管水头线。

能量方程的图示可清楚反映断面间的总水头线落差值,即为该两断面间的水头损失 h_w。实际流体在流动过程中,总是因为黏性的存在而导致能量损失,因此,若无外来能量输入,则总水头线必然沿程降低。若上下游断面总水头线的落差值为 h_w,断面间的流程长度为 L,则定义水力坡度为:

$$J = \frac{h_w}{L} \tag{3-54}$$

可以看出,J 表示单位流程长度对应的水头损失。

由于流动过程势能(位置水头+压强水头)与动能(流速水头)之间存在相互转化的可能,因此流动过程中测压管水头的变化存在增加或减小的双重可能。

3.6 动量守恒定律与流体的动量方程

3.6.1 试验发现

人们对动量守恒的现象感知自古有之,但系统性地观察与研究被认为开始于十六七世纪的欧洲。人们观察生活中运动着的物体大多数终归会静止,如此推断,则宇宙间的运动终将停止?但是,千百年来对天体运动的观测,并没有发现宇宙运动有减少的现象。于是,人们得出结论,宇宙间运动的总量是不会减少的,只要找到一个合适的物理量来量度运动,就会发现运动的总量是守恒的,那么,这个合适的物理量到底是什么呢?

法国的哲学家笛卡儿曾经提出,质量和速率的乘积是一个合适的物理量。两个相互作用的物体,最初是静止的,速率都是零,因而这个物理量的总和也等于零。在相互作用后,两个物体都获得了一定的速率,这个物理量的总和不等于零,比相互作用前增大了。

牛顿在笛卡儿的基础上进行了修改,即不用质量和速率的乘积,而用质量和速度的乘积,这样就得到量度运动的一个合适的物理量,这个矢量叫作"运动量",现在我们叫作动量,笛卡儿由于忽略了动量的矢量性而没有找到量度运动的合适物理量,但他的工作给后人继续探索打下了很好的基础。

3.6.2 概念解析

动量守恒定律和能量守恒定律以及角动量守恒定律一起成为现代物理学中的三大基本守恒定律。一个系统不受外力或所受外力之和为零,这个系统的总动量保持不变,这就是动量守恒定律。

动量守恒定律是自然界中最重要最普遍的守恒定律之一,是一个试验规律,可由牛顿第三定律推导而来。

动量定律具有矢量性、瞬时性、相对性和普适性等特征。

(1)动量是矢量,动量守恒定律的方程是一个矢量方程。通常规定正方向后,能确定方向的物理量一律将方向表示为"+"或"−"。

(2)动量是一个瞬时量,动量守恒定律指的是系统任一瞬间的动量和恒定。因此,动量方程中的速度都是作用前或后同一时刻的瞬时速度。只要系统满足动量守恒定律的条件,在相互作用过程的任何一个瞬间,系统的总动量都守恒。在具体问题中,可根据任意两个瞬间系统内各物体的动量,列出动量守恒表达式。

(3) 物体的动量与参考系的选择有关,作用前后的速度都必须为同一个参考系。

(4) 动量定律不仅适用于两个物体组成的系统,也适用于多个物体组成的系统;不仅适用于宏观物体组成的系统,也适用于微观粒子组成的系统。

动量定律的适用条件:

(1) 系统不受外力或者所受合外力为零;

(2) 系统所受合外力虽然不为零,但系统的内力远大于外力时,如碰撞、爆炸等现象中,系统的动量可看成近似守恒;

(3) 系统总的来看不符合以上条件的任意一条,则系统的总动量不守恒。但若系统在某一方向上符合以上条件的任意一条,则系统在该方向上动量守恒。

3.6.3 恒定总流动量方程和动量矩方程

连续性方程和伯努利能量方程在解决动力学问题中具有重要意义,但亦存在局限性,如在急变流条件下,能量方程中的水头损失不可忽略但又难以确定,此时若求解物理边界对流体的作用力,则需借助动量方程较为直接便捷。

1. 恒定总流动量方程

由理论力学可知,质点系运动的动量定律为:质点系的动量在某一方向的变化,等于作用于该质点系的所有外力的冲量(Ft)在该方向的投影代数和,矢量方程为:

$$K = Ft = m\boldsymbol{v}_2 - m\boldsymbol{v}_1 \tag{3-55}$$

如图 3-24 所示,现从恒定总流中取 1-2 流段,其上游断面为 1-1,下游断面为 2-2,经 dt 时间后,该流段流体由起始位置 1-2 运动至 $1'$-$2'$,其动量相应发生变化。因流动恒定,故流动前后重叠部分的动量未发生改变。现从总流中取微元段 M-N 研究,其中 1-$1'$、2-$2'$ 微元段面积分别设定为 dA_1、dA_2,相应流速设定为 u_1、u_2,则两微元段动量的矢量形式分别为 $\rho u_1 dt dA_1 \boldsymbol{u}_1$、$\rho u_2 dt dA_2 \boldsymbol{u}_2$,积分则有:

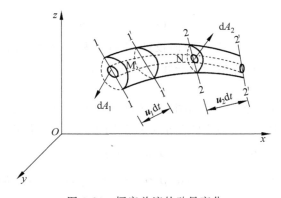

图 3-24 恒定总流的动量变化

$$\boldsymbol{K}_{1\text{-}1'} = \int_{A_1} \rho \boldsymbol{u}_1 \mathrm{d}t \mathrm{d}A_1 \boldsymbol{u}_1 = \rho \mathrm{d}t \int_{A_1} \boldsymbol{u}_1 \mathrm{d}A_1 \boldsymbol{u}_1$$

$$\boldsymbol{K}_{2\text{-}2'} = \int_{A_2} \rho \boldsymbol{u}_2 \mathrm{d}t \mathrm{d}A_2 \boldsymbol{u}_2 = \rho \mathrm{d}t \int_{A_2} \boldsymbol{u}_2 \mathrm{d}A_2 \boldsymbol{u}_2$$

考虑到总流断面上各点的流速不同,各点数值也难以确定,故需用断面平均流速 v 取代 u,由此产生的动量误差则可用修正系数 β 进行校正,有:

$$\mathrm{d}\boldsymbol{K} = \boldsymbol{K}_{2\text{-}2'} - \boldsymbol{K}_{1\text{-}1'} = \int_{A_2} \rho \boldsymbol{u}_2 \mathrm{d}t \mathrm{d}A_2 \boldsymbol{u}_2 - \int_{A_1} \rho \boldsymbol{u}_1 \mathrm{d}t \mathrm{d}A_1 \boldsymbol{u}_1$$

$$= \rho \mathrm{d}t \int_{A_2} \boldsymbol{u}_2 \mathrm{d}A_2 \boldsymbol{u}_2 - \rho \mathrm{d}t \int_{A_1} \boldsymbol{u}_1 \mathrm{d}A_1 \boldsymbol{u}_1$$

$$= (\rho \mathrm{d}t \beta_2 \boldsymbol{v}_2 - \rho \mathrm{d}t \beta_1 \boldsymbol{v}_1) Q$$

动量修正系数 β 定义为:

$$\beta = \frac{\int_A u^2 \mathrm{d}A}{vQ} \tag{3-56}$$

β 表示单位时间内通过断面的实际动量(实际元流动量之和)与单位时间内以相应的断面平均流速计量的动量的比值。若流动为层流时,β 值可达 1.3;若为渐变流(紊流),β 值为 1.03~1.05,工程应用中多按 $\beta = 1.0$ 考虑。

设 $\sum \boldsymbol{F} \mathrm{d}t$ 为 $\mathrm{d}t$ 时段内作用于恒定总流流段上所有外力冲量的矢量和,可得动量方程为:

$$\sum \boldsymbol{F} \mathrm{d}t = (\rho \mathrm{d}t \beta_2 \boldsymbol{v}_2 - \rho \mathrm{d}t \beta_1 \boldsymbol{v}_1) Q$$

$$\sum \boldsymbol{F} = \rho Q (\beta_2 \boldsymbol{v}_2 - \beta_1 \boldsymbol{v}_1) \tag{3-57}$$

式(3-57)左侧表示作用于总流流段上所有外力的合力,右侧表示总流上、下游断面流进、流出动量的矢量差。实际上,动量定律反映了作用于流体上的外力对时间的累积效应,是外力在时间上的积累。动力方程为矢量方程式,既有大小又有方向。

用动量的投影方程表示,则有:

$$\begin{cases} \sum F_x = \rho Q (\beta_2 \boldsymbol{v}_{2x} - \beta_1 \boldsymbol{v}_{1x}) \\ \sum F_y = \rho Q (\beta_2 \boldsymbol{v}_{2y} - \beta_1 \boldsymbol{v}_{1y}) \\ \sum F_z = \rho Q (\beta_2 \boldsymbol{v}_{2z} - \beta_1 \boldsymbol{v}_{1z}) \end{cases} \tag{3-58}$$

式中,各项下标 x、y、z 分别表示坐标方向投影,下标 1 和 2 表示上、下游断面。

需指出的是,上述推导过程虽是从一元流角度出发进行的,但其结论可拓展至恒定流场中任意封闭断面。

工程中常见的分流或汇流情形,如图 3-25(a)、(b)所示,亦可以上游至下游的所有断面组成的封闭体作为控制体,两图相应的动量方程分别为式(3-59)和式(3-60)。

$$\sum \boldsymbol{F} = (\rho Q_2 \beta_2 \boldsymbol{v}_2 + \rho Q_3 \beta_3 \boldsymbol{v}_3 - \rho Q_1 \beta_1 \boldsymbol{v}_1) \tag{3-59}$$

$$\sum \boldsymbol{F} = (\rho Q_3 \beta_3 \boldsymbol{v}_3 + \rho Q_4 \beta_4 \boldsymbol{v}_4) - (\rho Q_1 \beta_1 \boldsymbol{v}_1 + \rho Q_2 \beta_2 \boldsymbol{v}_2) \tag{3-60}$$

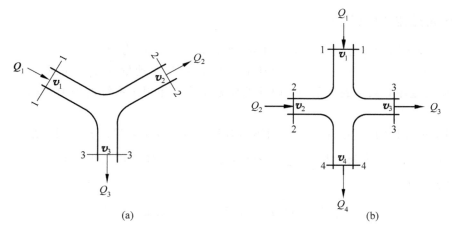

图 3-25 总流分流与汇流

【例题 3.14】 一水平放置的分叉流管道,如图 3-26 所示。干管管径 $d_1=0.5\text{m}$,分叉管管径 $d_2=0.4\text{m}, d_3=0.3\text{m}, Q_1=0.35\text{m}^3/\text{s}, Q_2=0.2\text{m}^3/\text{s}, Q_3=0.15\text{m}^3/\text{s}$,分叉角 $\alpha=45°, \beta=30°$,主干管在分叉处的表压强为 8kPa,若要固定此管路,所需外力为多少。

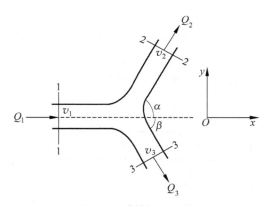

图 3-26 例题 3.14 图

解:因分叉管置于水平面,故仅需建立 xOy 坐标系,x 轴置于 1-1 断面轴线处。分别列出 x 和 y 方向动量方程:

$$F_x + p_1 A_1 - p_2 A_2 \cos\alpha - p_3 A_3 \cos\beta = \rho Q_2 v_2 \cos\alpha + \rho Q_3 v_3 \cos\beta - \rho Q_1 v_1$$

$$F_y - p_2 A_2 \sin\alpha + p_3 A_3 \sin\beta = \rho Q_2 v_2 \sin\alpha - \rho Q_3 v_3 \sin\beta$$

$$v_1 = \frac{Q_1}{A_1} = 1.78\text{m/s}; \quad v_2 = \frac{Q_2}{A_2} = 1.59\text{m/s}; \quad v_3 = \frac{Q_3}{A_3} = 2.12\text{m/s}$$

分别在 1-1 和 2-2 断面、1-1 和 3-3 断面间建立伯努利能量方程,有:

$$\frac{p_1}{\rho g} + \frac{v_1^2}{2g} = \frac{p_2}{\rho g} + \frac{v_2^2}{2g}; \quad \frac{p_1}{\rho g} + \frac{v_1^2}{2g} = \frac{p_3}{\rho g} + \frac{v_3^2}{2g}$$

代入 $p_1=8\text{kPa}$ 及 $v_1、v_2$ 和 v_3 数值,可解得 $p_2=8.3\text{kPa}, p_3=7.3\text{kPa}$,代入动量方程,可解得:$F_x=505\text{N}, F_y=546\text{N}$。

2. 恒定总流动量矩方程

动量定理多用计算运动的流体与固体壁面间的相互作用力，在工程中还经常需要考虑流体与固体壁面间的力矩问题，这涉及动量矩方程（或称角动量方程）。根据质点系动量定理，控制体内流体对某点的动量矩对时间的导数应等于作用于系统的外力对同一点的力矩的矢量和。

参照动量方程的推导过程，以控制体为对象列出动量矩方程。若作用于系统上的外力对取定的任一点力矩之矢量和用 $\sum M$ 表示，单位质量流体的动量矩用 $r \times u$ 表示，则动量矩方程可表示为：

$$\sum M = \frac{\partial}{\partial t} \int_V r \times u \rho dV + \int_V r \times u \rho u \cdot n dA \tag{3-61}$$

式中：r——流体至矩心的矢径。

式(3-61)等号右侧第一项是控制体的动量对时间的变化率，第二项是单位时间流出与流入控制体的动量矩之差。在恒定流条件下，运动与时间无关，故右侧第一项等于零，则式(3-61)简化为：

$$\sum M = \int_V r \times u \rho u \cdot n dA \tag{3-62}$$

【例题 3.15】 水流通过一水平放置的 180°转角 U 形管，经进口 1-1 断面流入，经出口 2-2 断面流入大气中，如图 3-27 所示，测得水流流量 Q 为 $0.02 \mathrm{m}^3/\mathrm{s}$，$d_1 = 0.1\mathrm{m}$，$d_2 = 0.05\mathrm{m}$。求水流对 U 形管的作用力并确定其作用位置。

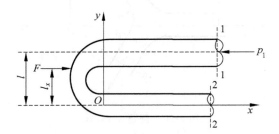

图 3-27 例题 3.15 图

解：取进、出口断面积及 U 形管壁面所围成的封闭空间为控制体，考虑到进水、出水方向相反，将坐标轴 x 轴置于出口 2-2 断面中心线，则动量变化在 y 轴方向分量为零，可简化问题。由于 U 形管水平放置，故重力对流动不产生影响。假定管壁对控制体的作用力为 F，其作用位置距 x 轴垂直距离为 l_x。

(1) 由连续性方程可得：

$$v_1 = \frac{Q}{A_1} = \left(\frac{0.02}{\frac{\pi \times 0.1^2}{4}} \right) \mathrm{m/s} = 2.55 \mathrm{m/s}$$

$$v_2 = \frac{Q}{A_2} = \left(\frac{0.02}{\frac{\pi \times 0.05^2}{4}}\right) \text{m/s} = 10.19 \text{m/s}$$

（2）建立控制体的伯努利能量方程：

$$z_1 + \frac{p_1}{\rho g} + \frac{\alpha_1 v_1^2}{2g} = z_2 + \frac{p_2}{\rho g} + \frac{\alpha_2 v_2^2}{2g}$$

将 v_1、v_2 数值代入上式，因 $z_A = z_B$，$p_2 = 0$，有：

$$\frac{p_1}{\rho g} = \frac{v_2^2}{2g} - \frac{v_1^2}{2g}$$

解得：$p_1 = 48.67 \text{kPa}$。

（3）建立控制体的动量方程

$$\sum \boldsymbol{F} = \rho Q(\beta_2 \boldsymbol{v}_2 - \beta_1 \boldsymbol{v}_1)$$

$$F - \frac{\pi d_1^2}{4} \times p_1 - \frac{\pi d_2^2}{4} \times 0 = 1000 \times 0.02 \times (10.19 + 2.55)$$

解得：$F = 636.8 \text{N}$。

F 为管壁对控制体内水流的作用力，则水流对管壁的作用力为其反作用力，大小相等，方向相反。

（4）以坐标原点为矩心，列动量矩方程：

$$F \times l_x - p_1 A_1 \times l = 0 - (-\rho Q v_1 l)$$

$$l_x = \frac{(\rho Q v_1 + p_1 A_1) l}{F} = \frac{\left(1000 \times 0.02 \times 2.55 + 48.67 \times 10^3 \times \frac{3.14}{4} \times 0.1^2\right)}{636.8} l = 0.68 l$$

可知，F 作用于距 x 轴 $0.68l$ 处。

3.7 动力学方程在工程中的应用

连续性方程、伯努利能量方程以及动量方程是流体动力学的基础性理论方程，实际工程问题的解决也大多与它们相关。在具体应用时，要特别注意各方程成立的限制性条件与工程参数条件的一致性或相似性，从而使得理论推导与计算过程具有合理性。

3.7.1 应用条件

1. 连续性方程

连续性方程的本质是质量守恒定律的一种转化形式，这里的守恒指的是质量守恒。只有当流体不可压缩或压缩性可忽略时，方可采用体积量取代质量，否则，应使用质量流量进行相应的守恒计算。

连续性方程强调流体在流场内流动过程的连续性，即不应出现断续现象。若在流动过程存在流进或流出导致的质量变化，则需将其考虑在内。例如，长距离输水管道系统，由于管道"跑、冒、滴、漏"现象的存在而使得水量损失；河水在河道内流动过程中，常常存在蒸发、渗流、取水或排入等现象，都将引起流体质量的变化。此时，应将改变量纳入连续性方程，若为输入性量，则体系总质量增加，若为输出性量，则体系总质量减少。

由于推导过程中涉及的过水断面是任意选择的，故连续性方程可以用于一切过水断面。连续性方程表述的是运动要素在运动学上的关系，而作用于流体上的力并不包括在方程式中，所以连续性方程用于理想流体或实际流体都是正确的。

2. 伯努利能量方程

1）伯努利能量方程需满足的条件

（1）恒定流

恒定流条件下，u、p、ρ 等运动要素均与时间无关，这是伯努利方程推导过程中的重要假定条件，若为非恒定流，则运动要素的时间效应不可忽略，方程不能直接应用。

（2）渐变流过流断面

伯努利能量方程中的各运动要素对应于渐变流条件，即选择渐变流断面作为上、下游控制性断面，以使得 $z+\dfrac{p}{\rho g}=C$ 这一前提条件成立。至于在两过流断面之间，可以是渐变流，亦可以是急变流。

（3）两个过流断面之间无流量增加或减少

对于有流量流入或减少的情形，应增加控制断面的数量，即流体进、出断面均应纳入一个控制体统一考虑。

2）伯努利能量方程需注意的方面

（1）基准面的选择是任意的，但在计算不同断面的位置高度值时，必须选取同一基准面。

（2）能量方程中的压强可以是相对压强，也可以是绝对压强，但对不同断面必须采用同一标准。

（3）计算测压管水头 $z+\dfrac{p}{\rho g}$ 时，可以选取过水断面上任意点来计算，具体选择哪一点，以计算简便或未知量少为宜。例如，一般选在自由液面以使得该处点相对压强为零。

（4）最后列能量方程式时，应在图中"三标明"，即标明基准面、渐变流断面及其势能计算点。

3）伯努利能量方程的补充

（1）两段面间有分流或汇流的伯努利能量方程

对于两断面间有分流的流动，即上游断面来流至下游断面时分流成两股或多股水流，可在上游断面与下游各分流断面间分别建立伯努利能量方程，即：

$$z_1+\frac{p_1}{\rho g}+\frac{\alpha_1 v_1^2}{2g}=z_2+\frac{p_2}{\rho g}+\frac{\alpha_2 v_2^2}{2g}+h_{w1\text{-}2}$$

$$z_1+\frac{p_1}{\rho g}+\frac{\alpha_1 v_1^2}{2g}=z_3+\frac{p_3}{\rho g}+\frac{\alpha_3 v_3^2}{2g}+h_{w1\text{-}3}$$

式中：各项下标中"1"——上游来流断面；

"2"和"3"——下游出流断面。

对于两过流断面间有汇流的情况,则上式中下标"1"表示下游汇流断面,"2"和"3"表示上游来流断面。

(2) 两段面间有能量输入或输出的伯努利能量方程

若在上、下游断面间存在能量的输入(如水泵、风机对流体能量的增加)或能量的输出(如流体流经水轮机时发电或驱动叶轮旋转做功)时,则只需将输入或输出的能量 H_M(指单位重量流体对应的能量值)纳入伯努利方程中:

$$z_1 + \frac{p_1}{\rho g} + \frac{\alpha_1 v_1^2}{2g} \pm H_M = z_2 + \frac{p_2}{\rho g} + \frac{\alpha_2 v_2^2}{2g} + h_{w1-2}$$

4) 非恒定流伯努利能量方程

不可压缩理想流体沿流线做非恒定流动时,除了动能、位置势能和压强势能外,还应包括由于非恒定流动产生的惯性力所做的功。因此只要在恒定流条件下的伯努利方程中加上非恒定项,就可得到非恒定流的伯努利方程的推广形式。

沿流线的非恒定流伯努利方程:

$$z_1 + \frac{p_1}{\rho g} + \frac{u_1^2}{2g} = z_2 + \frac{p_2}{\rho g} + \frac{u_2^2}{2g} + \frac{1}{g}\int_1^2 \frac{\partial u}{\partial t}dr$$

式中:$\frac{1}{g}\int_1^2 \frac{\partial u}{\partial t}dr$——单位重量流体所受到的非恒定惯性力沿流线 1→2 所做的功。

沿总流的非恒定流伯努利方程:

$$z_1 + \frac{p_1}{\rho g} + \frac{\alpha_1 v_1^2}{2g} = z_2 + \frac{p_2}{\rho g} + \frac{\alpha_2 v_2^2}{2g} + \frac{1}{g}\int_1^2 \frac{\partial v}{\partial t}dl$$

式中:$\frac{1}{g}\int_1^2 \frac{\partial v}{\partial t}dl$——单位重量流体的当地加速度引起的水头变化沿总流的积分,该项积分一般很难计算,通常仅在某些特定条件下方可求得。

3. 动量方程

总流的动量方程的应用条件与伯努利能量方程具有相似性,即都要求流动恒定、控制体的上、下游断面为渐变流断面。当总流存在分流或汇流时,需要将上游至下游的所有断面组成的封闭体作为控制体,之后建立各坐标方向的投影方程。

为了正确地应用动量方程,必须分析清楚作用于流体上的所有表面力和质量力。

1) 表面力

(1) 过流断面上的动水压力,即上、下游断面相邻流体对该控制体产生的压力。如取渐变流断面,则动水压力可按 $P = \rho g h_C A$ 计算,其方向垂直于过水断面,上下游断面的动水压力方向相反。

(2) 控制体的物理边界对流体的作用力,分布于控制体侧表面上,包括与表面相切的摩擦力和垂直于表面的压力。

2) 质量力

质量力包括重力和惯性力。流体运动中,重力的作用一般是要考虑的。对于低速运动的流体,惯性力较小,重力是影响流体运动的主要因素,尤其是在海洋或大气运动中,更是如此。此外,在有自由面及因密度分布不均而引起的流体运动中,重力也起主要作用。但是,在高速气流运动中,由于惯性力比重力大得多,重力常常被忽略。

3.7.2 解题思路

流体的动力学问题主要集中于运动过程中的运动要素间的相互关系,根据流体运动的连续性、伯努利能量方程以及动量方程,利用数学分析的手段,研究流体运动要素的数值大小、作用方向,解释运动状态及现象以及预测可能发生的结果。具体问题的求解步骤大致如下。

1. 建立力学模型

一般做法是:针对实际流体动力学问题,分析其中的各种矛盾并抓住主要方面,对问题进行简化,建立反映问题本质的"力学模型"。最常用的基本模型:连续介质、牛顿流体、不可压缩流体、理想流体(黏性流体)、平面流动等。

2. 建立控制方程

针对流体运动的特点,用数学方程将质量守恒、动量守恒、能量守恒等定律表达出来,从而得到连续性方程、动量方程和能量方程的具体表达。

特殊情况下,需要考虑联系流动参量的关系式(如状态方程),或者其他方程。这些方程合在一起称为流体力学基本方程组。流体运动在空间和时间上常有一定的限制,因此,应给出边界条件和初始条件。整个流动问题的数学模式就是建立起封闭的、流动参量必须满足的方程组,并给出恰当的边界条件和初始条件。

3. 求解方程组

在给定的边界条件和初始条件下,利用数学方法,求方程组的解。由于方程组是非线性的偏微分方程组,难以求得解析解,必须加以简化,这就是前面所说的建立力学模型的原因之一。

4. 对解进行分析解释

求出方程组的解后,结合具体流动,解释这些解的物理含义和流动机理。有时还要将计算结果同给定数据的范围或试验结果进行比较,以确定所得解的准确程度和力学模型的适用范围。

3.7.3 典型算例

【例题 3.16】 如图 3-28 所示,在输油管道中安装一个变截面管段,该管段管径从 $d_1=260\text{mm}$ 缩小至 $d_2=180\text{mm}$,油的密度为 850kg/m^3。若管道在变截面位置处分别通过 1 根测压细管连接至一活塞装置,活塞直径 $D=300\text{mm}$,测得活塞上施加的作用力为 75N 时,活塞若可保持不动,输油管道中的流量为多少?

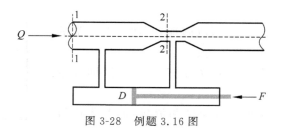

图 3-28 例题 3.16 图

解：首先分析

（1）在已知管径条件下，求解流量，则需确定流速；

（2）通过连续性方程，可建立两断面流速的关系，但不能直接求解；

（3）测压管在图中的出现显然体现出与伯努利方程的关联性；

（4）活塞上施加的力 F 使得活塞不运动，说明活塞左右两侧受到同等大小的力，左侧的力为管道传递过来的压力以及管轴线至活塞段油柱高度产生的压力，右侧的力则为管道收缩段传递的压力与 F 的合力。

由此，分析清楚题中条件的相关性。

因无能量损失相关的背景介绍，水头损失可直接省略，在 1-1 和 2-2 断面间建立伯努利能量方程，又 1-1 和 2-2 断面的中心均位于同一管轴线上，$z_1 = z_2$，可有：

$$\frac{p_1}{\rho g} + \frac{v_1^2}{2g} = \frac{p_2}{\rho g} + \frac{v_2^2}{2g}$$

又根据连续性方程，有：

$$v_1 \frac{\pi d_1^2}{4} = v_2 \frac{\pi d_2^2}{4}$$

简化得：

$$v_1 = \frac{d_2^2}{d_1^2} v_2$$

由以上两式，可得：

$$p_1 - p_2 = \frac{\rho v_2^2}{2} \left[1 - \left(\frac{d_2^2}{d_1^2} \right) \right]$$

设管段轴线至活塞轴线高度为 h，则

$$(p_1 + \rho g h) \frac{\pi D^2}{4} = (p_2 + \rho g h) \frac{\pi D^2}{4} + F$$

化简可得：

$$p_1 - p_2 = \frac{4F}{\pi D^2} = 1.06 \text{kPa}$$

将上述值代入前式，解得 $v_2 = 1.8 \text{m/s}$，$Q = 0.046 \text{m}^3/\text{s}$。

【例题 3.17】 如图 3-29 所示，水从一密闭水管中经喷嘴射流，喷嘴与管道用法兰螺栓连接，已知罐内液面相对压强 p_0 为 $2.0 \times 10^5 \text{Pa}$，$h = 3.0 \text{m}$，管道直径 $d_1 = 0.05 \text{m}$，喷嘴直径 $d_2 = 0.02 \text{m}$。求螺栓受到的拉力 T。

解：分析

（1）螺栓受到的拉力 T（由水流施加）与法兰对水流的作用力 F 为一对作用力与反作用力；

（2）水在流动过程中的作用力求解一般需借助动量方程；

（3）动量方程中的未知量有速度和流量，需要先进行确定；

（4）法兰处的速度与喷嘴处的速度可用连续性方程建立关系，即两个速度未知量实际只有一个；

（5）在罐内液面压强已知且液面距管道轴线高度已知的情况下，可计算出管道轴线处的压强，即 p_1 可知，而 $p_2=0$（射流至大气），利用伯努利方程可建立两断面流速之间的关系，再与连续性方程联立，即可解得两断面流速。

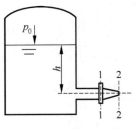

图 3-29 例题 3.17 图

在罐内液面和出口断面间建立伯努利能量方程，有：

$$\frac{p_0}{\rho g}+h=0+\frac{v_2^2}{2g}$$

$$v_2=21.4 \text{m/s}$$

由连续性方程，有：

$$v_1\frac{\pi d_1^2}{4}=v_2\frac{\pi d_2^2}{4}$$

$$v_1=\frac{d_2^2}{d_1^2}v_2=3.42\text{m/s}$$

建立 1-1 和 2-2 断面间的伯努利能量方程：

$$\frac{p_1}{\rho g}+\frac{v_1^2}{2g}=\frac{p_2}{\rho g}+\frac{v_2^2}{2g}$$

$$\frac{p_1}{\rho g}+\frac{3.42^2}{2g}=0+\frac{21.4^2}{2g}$$

$$p_1=2.23\times 10^5 \text{Pa}$$

建立 1-1 和 2-2 断面的动量方程：

$$\sum \boldsymbol{F}=\rho Q(\beta_2\boldsymbol{v}_2-\beta_1\boldsymbol{v}_1)$$

$$p_1A_1-0\times A_2-F=\rho Q(v_2-v_1)$$

解得：$F=317.2\text{N}$。

【例题 3.18】 如图 3-30 所示一平板闸门，开启时上游水位 2.0m，下游水位 0.8m，若闸门开启时保持不动，求单宽闸门所需的水平力 F。

解：题意是求开启固定闸门所需的力，可判断为流动条件下的受力问题，应考虑以动量方程求解。

如图选取 1-1、2-2 断面之间的流体作为控制体。1-1 断面应在闸门上游足够远处，以保证该断面的渐变流特征，即流线的曲率半径足够大，该断面上的点服从静压强分布规律。闸门下游 2-2 断面应选在最小过流截面断面上。由于这 2 个断面都处在渐变流中，总压力可按平板静水压力计算。1-1 断面上的总压力 $\frac{1}{2}\rho g h_1 \times 1 \times h_1$，它是 1-1 断面相邻的上游水体产生的；同理，2-2 断面上的总压力 $\frac{1}{2}\rho g h_2 \times 1 \times h_2$，它是 2-2 断面相邻的下游水体产生的。分析控制体的外力时，可看到闸门对控制体作用力的大小即 F 的反作用力，方向由右向左。

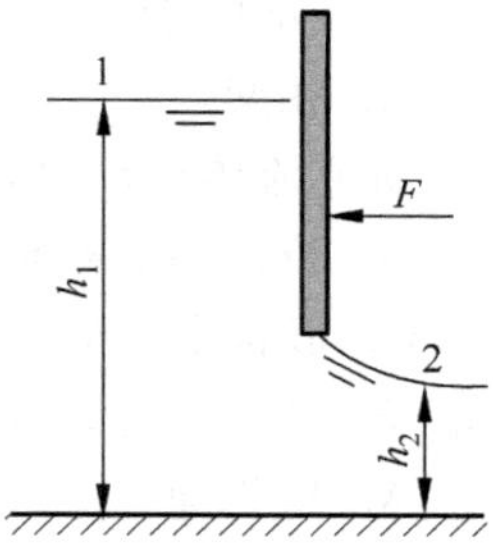

列动量方程：

$$-F + \frac{1}{2}\rho g h_1^2 - \frac{1}{2}\rho g h_2^2 = \rho Q (v_2 - v_1)$$

图 3-30　例题 3.18 图

流速和流量可根据连续性方程和伯努利方程求出，即：

$$v_1 h_1 \times 1 = v_2 h_2 \times 1$$

$$h_1 + \frac{p_a}{\rho g} + \frac{v_1^2}{2g} = h_2 + \frac{p_a}{\rho g} + \frac{v_2^2}{2g}$$

由以上两式得：

$$v_2 = \left(\frac{2g(h_1 - h_2)}{1 - (h_2/h_1)^2}\right)^{1/2} = 5.3 \text{m/s}$$

$$v_1 = \frac{v_2 h_2}{h_1} = 2.1 \text{m/s}$$

将速度数值代入动量方程，得：

$$F = \frac{1}{2}\rho g (h_1^2 - h_2^2) \times 1 - \rho v_1 h_1 \times 1 \times (v_2 - v_1) = 3.23 \text{kN}$$

习　题

一、选择题

1. 恒定流的基本特征是（　　）等于零。
   A. 当地加速度　　B. 迁移加速度　　C. 向心加速度　　D. 合加速度

2. 下面符合均匀流特征的是（　　）。
   A. $p = C$　　B. $z + \frac{p}{\rho g} = C$　　C. $\frac{p}{\rho g} + \frac{u^2}{2g} = C$　　D. $z + \frac{p}{\rho g} + \frac{u^2}{2g} = C$

3. 流线一定与（　　）正交。
   A. 等压面　　B. 流线正交　　C. 水平面　　D. 过流断面

4. 已知不可压缩流体的流速场为 $u_x = f(y^2, z)$，$u_y = f(x, y)$，$u_z = f(z)$，则该流动为（　　）。
   A. 一元流　　B. 二元流　　C. 三元流　　D. 均匀流

5. 下面哪一项是欧拉加速度的正确表达式（　　）。
   A. $\frac{d^2 r}{d t^2}$　　B. $\frac{\partial u}{\partial t}$　　C. $(u \cdot \nabla) u$　　D. $\frac{\partial u}{\partial t} + (u \cdot \nabla) u$

6. 流线不同于迹线,但是恒定流动时,流线则与迹线在几何上( )。
   A. 相交　　　　B. 正交　　　　C. 平行　　　　D. 重合
7. 研究流体运动时,控制体是指( )。
   A. 流体质点构成的集团　　　　　　B. 流体通过固定不变的某一空间
   C. 形状变化的某一流体空间　　　　D. 位置变化的某一流体空间
8. 渐变流时,流线近似于平行线,而过流断面可看作( )。
   A. 抛物面　　　B. 平面　　　　C. 对数曲面　　D. 双曲面
9. 变水头收缩管出流( )。
   A. 有当地加速度和迁移加速度　　　B. 有当地加速度无迁移加速度
   C. 有迁移加速度无当地加速度　　　D. 无加速度
10. 以下描述正确的是( )。
    A. 恒定流必为均匀流　　　　　　　B. 三元流动不可能是均匀流
    C. 恒定流的流线与迹线不一定重合　D. 恒定流必为一元流
11. 欧拉运动微分方程在每点的数学描述是( )。
    A. 流入和流出的质量流量相等　　　B. 单位质量力等于加速度
    C. 能量不随时间而改变　　　　　　D. 服从牛顿第二定律
12. 下列说法正确的是( )。
    A. 流体从高处向低处流　　　　　　B. 流体从高压区流向低压区
    C. 流体从高流速区流向低流速区　　D. 流体从机械能高区流向机械能低区
13. 不计黏性时,管道中的水流经过突然缩小断面时,其测压管水头线( )。
    A. 只可能上升　　　　　　　　　　B. 只可能下降
    C. 只可能水平　　　　　　　　　　D. 以上三种情况均有可能
14. 理想管流中,若密度视作常数,管轴线上两点 A 和 B,测得流速 $u_A > u_B$,则( )。
    A. $z_A + \dfrac{p_A}{\rho g} > z_B + \dfrac{p_B}{\rho g}$ 　　　　B. $z_A + \dfrac{p_A}{\rho g} < z_B + \dfrac{p_B}{\rho g}$
    C. $\dfrac{p_A}{\rho g} > \dfrac{p_B}{\rho g}$ 　　　　　　　　　D. $\dfrac{p_A}{\rho g} < \dfrac{p_B}{\rho g}$
15. 若要建立流体的动量方程,下列描述正确的是( )。
    A. 只需考虑流速 v 的方向　　　　　B. 只需考虑作用力 F 的方向
    C. 方程不需要考虑 v 和 F 的方向　 D. 方程需要考虑 v 和 F 的方向
16. 动能修正系数是反映过流断面上( )分布不均匀性的系数。
    A. 压强　　　　B. 流速　　　　C. 能量　　　　D. 水头
17. 恒定总流动量方程中流体所受外力不包括( )。
    A. 重力　　　　B. 压力　　　　C. 阻力　　　　D. 惯性力
18. 有关黏性流体的法向应力说法正确的是( )。
    A. 大小与作用面方位有关　　　　　B. 大小与作用面方位无关
    C. 大小与作用面方位的关系不确定　D. 大小与面积有关
19. 若管流过流断面上的点流速公式为 $u = u_{轴}(1-(r/r_0)^2)$,则断面平均流速与管轴流速之比为( )。

A. 1/4　　　　　B. 1/3　　　　　C. 1/2　　　　　D. 1/1

20. 图 3-31 所示为一轴流式通风机,若在其进风管处安装一插入水中的细管,测得细管液面较水面上升高度为 Δh,则通风机风量 Q 为(　　)。

A. $\dfrac{\pi}{4}d^2\sqrt{2gh}$　　　　B. $\dfrac{\pi}{4}d^2\sqrt{2\rho_{气}gh}$

C. $\dfrac{\pi}{4}d^2\sqrt{2\rho_{水}gh}$　　　　D. $\dfrac{\pi}{4}d^2\sqrt{2\dfrac{\rho_{水}}{\rho_{气}}gh}$

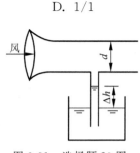

图 3-31　选择题 20 图

二、计算题

1. 某一流场的流速分布为 $u_x=(4y-6x)t$,$u_y=(-9x+6y)t$,判断该流动是否是二元流?流动是否随时间变化?流动属于均匀流吗?流场中一点 (2,4) 处的加速度为多少?

2. 某一流场中速度分布为 $u_x=kx$,$u_y=-ky$,请写出该流场的流线和迹线方程表达式?该流动是恒定流吗?

3. 某一流场中的速度分布为 $u_x=f(y,z)$,$u_y=f(x,z)$,$u_z=f(y,z)$,则该流动是否存在及原因?若存在,是几元流?是否是恒定流?

4. 已知某平面流动,$u_x=x+k_1x^2-y^2$,$u_y=-(x+k_2)y$,若流体密度视为常数,则 k_1、k_2 的值为多少?

5. 如图 3-32 所示为平面流动,若改直角坐标系为极坐标系,试给出在 $\rho=$ 常数值和 $\rho\neq$ 常数值时的连续性方程表达式。

6. 如图 3-33 所示,已知某圆管流断面上各点流速的表达式为 $u=u_{管轴}(1-(r/r_0))^{1/7}$,则管流的流量 Q 和平均流速 v 分别是多少?断面何处对应的流速等于平均流速?

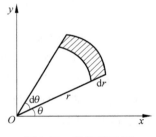

图 3-32　计算题 5 图

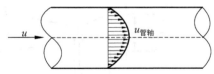

图 3-33　计算题 6 图

7. 图 3-34 所示为一测速用毕托管装置,设管道直径 $d=0.2\mathrm{m}$,$\Delta h=0.06\mathrm{m}$,若管轴线速度是管道断面平均流速的 1.19 倍,则通过的水量是多少?

8. 如图 3-35 所示,利用文丘里流量计抽吸池中溶液以便溶液与水在管道内充分混合,现测得 $d_1=0.05\mathrm{m}$,$d_2=0.025\mathrm{m}$,若管道内水流量 $Q=2.5\times10^{-3}\mathrm{m}^3/\mathrm{s}$,缩小管前的压力表读数为 $9.8\times10^3\mathrm{Pa}$,不考虑能量损失,则吸管液面至水池液面的 Δh 为多少(溶液密度按水的密度)?

9. 一水箱通过 1 根带有测压表和阀门的短管出流,如图 3-36 所示,短管直径为 $0.05\mathrm{m}$。若不考虑水箱水位变化,无出流时,压力表读数为 $2.1\times10^4\mathrm{Pa}$,出流时压力表的读数为 $5.5\times10^3\mathrm{Pa}$,则水箱水位及通过的流量为多少(不考虑能量损失)?

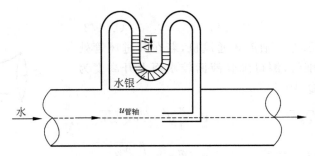

图 3-34　计算题 7 图

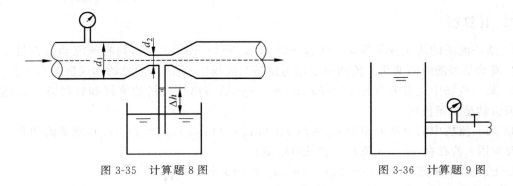

图 3-35　计算题 8 图　　　　　　　图 3-36　计算题 9 图

10. 水在变直径竖管中流动,如图 3-37 所示。已知 $d_1=0.235\mathrm{m}$,该处流速 $v_1=9.74\mathrm{m/s}$,若 $p_1=p_2,h=3.0\mathrm{m}$,则 d_2 应为多少?

11. 如图 3-38 所示,应用文丘里流量计测量管道中橡胶液的流量,已知橡胶液的相对密度为 0.85,流量计的管径 d_1、d_2 分别为 0.2m、0.1m,现测得水银压差计读数 h_p 为 0.15m,求橡胶液的流量?

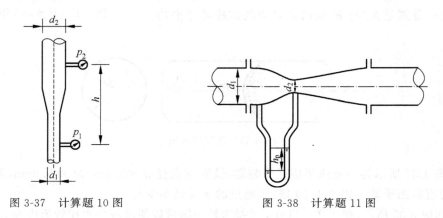

图 3-37　计算题 10 图　　　　　　　图 3-38　计算题 11 图

12. 恒水位水箱出流,如图 3-39 所示。若水深 $H=1.27\mathrm{m}$,d_1 和 d_2 分别为 0.1m 和 0.15m,则 d_1 处的压强为多少(不考虑能量损失)?

13. 轴流式风机进风管处连接一插入水箱的细管,如图 3-40 所示。已知进风管直径 $d=0.2\mathrm{m}$,空气密度为 $1.29\mathrm{kg/m^3}$,若测得该风机进风量为 $1.5\mathrm{m^3/s}$,则细管中液面高度 H 为多少?

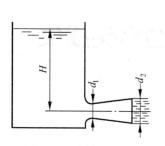
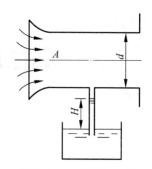

图 3-39 计算题 12 图　　　　　　　　图 3-40 计算题 13 图

14. 如图 3-41 所示,土方工程现场用高压水枪冲击不良地质土层,若喷射方式为水平射流,枪口直径为 0.03m,测得水流对不良土层的冲击力为 $2.06×10^3$N,则枪口处水流流速为多少?

15. 如图 3-42 所示,一输水渠道,底坡为零。若其断面为矩形,水深 H 为 2m,渠道宽度 $b=2.7$m,渠底在下游某处有一底坎,其高度 $h_2=0.5$m,底坎处的水面降低 $h_1=0.15$m,则该渠道通过的流量 Q 是多少?底坎对水流的作用力 F 是多少(忽略流动过程中摩擦效应)?

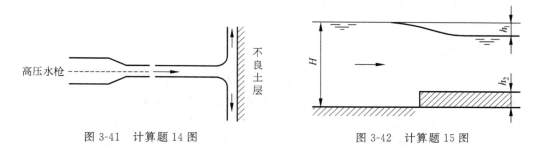

图 3-41 计算题 14 图　　　　　　　　图 3-42 计算题 15 图

16. 如图 3-43 所示,一柱塞泵油缸的活塞直径 $d_1=0.08$m,油缸出口直径 $d_2=0.02$m,若施加于活塞上的作用力 $T=3×10^3$N,试求油缸出口处油产生的作用力 F(油的相对密度为 0.8)?

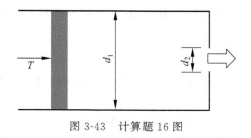

图 3-43 计算题 16 图

第 3 章答案

第4章 黏性流体的水头损失

流体动力学解决了作用力和流体运动之间的关系,阐述了流体运动时遵循的质量守恒、能量守恒以及动量守恒原理。对于实际工程问题而言,黏性流体运动时存在的阻力分布及其引起的水头损失问题还需进一步弄清楚。不解决这些问题,伯努利能量方程的实际应用就难以进行。由于流动时的阻力分布及水头损失的机理较为复杂,迄今尚无完整的理论解析和数学模型,目前工程问题的解决主要是借助理论分析和试验研究相结合的方法。

4.1 层流和紊流

人们在大量的试验研究中发现,流体运动时的阻力及水头损失实际上决定于流体质点本身所处的运动形态。尽管相关研究在近些年才更加多见,但实际早在1880年,俄国学者门德列耶夫在其著作《论流体阻力及航空》里就提出了流体存在着不同的运动形态,而不同运动形态的特点是摩擦力和运动速度间有不同的依从关系。1883年,英国学者雷诺揭示了重要的流动形态机理,即根据流速的大小,流体有两种不同的形态。当流体流速较小时,流体质点只沿流动方向做一维运动,与其周围的流体间无宏观的混合,即分层流动,这种流动形态称为层流。流体流速增大到某个值后,流体质点除流动方向上的流动外,还向其他方向做随机运动,即存在流体质点的不规则脉动,这种运动形态称为紊流。

4.1.1 层流和紊流现象

1883年,雷诺做了一系列经典试验,以验证前人关于流体运动形态的论述,并力求发现不同流动形态之间的转化条件。

雷诺试验装置如图4-1所示。从恒水位水箱引出一根直径为d的长玻璃管道。水箱内设有补充水管和溢流装置以保持恒定出流。管道出口设有阀门以控制出水流速v。水箱顶部设置一小型容器,内装带颜色水,用细管将颜色水引入玻璃管道入口轴线处,以阀门控制颜色水的注入量。

试验时先将玻璃管道阀门B微微开启,使水流以较小的流速在管中流动。若同时打开细管的阀门A,使颜色水出流,这时可以看到颜色水几乎成直线流动,而不与周围的水流相混,如图4-2(a)所示。表明此时流体质点保持其原有运动形态而不产生相互影响,此时的流动形态称为层流。

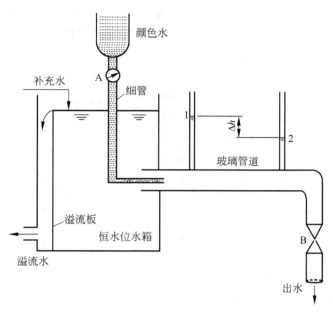

图 4-1 雷诺试验装置

阀门 B 的开启度逐步放大,管道内的水流量增加,流速相应增大,可观察到颜色水的流动形态逐渐从直线过渡至曲线,即质点轨迹开始变得弯曲、动荡,但仍能保持线状,如图 4-2(b)所示,表明此时流体质点之间开始出现相互的影响,但程度较弱,意味着流动形态已到达某种界限。

继续开启阀门 B 以增大管道内水流量,流速亦继续增大,当增大到一定数值后,颜色水不再保持线状,而是与管内水相互剧烈掺混并最终分散到整个过流断面,玻璃管全管着色,如图 4-2(c)所示。说明流体质点的运动轨迹已极为混乱,此时运动形态称为紊流。

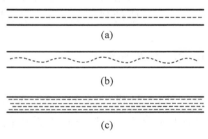

图 4-2 雷诺试验现象

4.1.2 能量损失与流速的关系

层流和紊流两种状态下,流体质点的运动状况不同,能量损失应该也不相同。借助雷诺试验装置可进一步研究不同流态下的能量损失规律。

如图 4-1 所示,在玻璃管上取 1-1 和 2-2 两个断面安装测压管,维持恒定出流,则管内将产生均匀流,建立两断面间的伯努利能量方程:

$$h_w = \left(z_1 + \frac{p_1}{\rho g} + \frac{\alpha_1 v_1^2}{2g}\right) - \left(z_2 + \frac{p_2}{\rho g} + \frac{\alpha_2 v_2^2}{2g}\right) \tag{4-1}$$

因 $v_1 = v_2$,两断面流速水头相同,由式(4-1)可知,h_w 即两断面测压管的水头差 Δh,可直接量测。又管道沿程无材质与几何特征变化,此时的水体损失沿程均匀分布(此时的 h_w 仅有沿程水头损失,可用 h_f 表示)。

在玻璃管径已知条件时,若测定一定时间内的出水体积,则可得到相应的流量并计算出相应的水流流速,当流速变化时,测压管水头差 Δh(即 h_w)随即改变,据此,可得到 v 和 h_w 的一组数据,用于分析 h_w 与 v 的关系。以 $\lg h_w$ 为纵坐标,$\lg v$ 为横坐标,绘制曲线,如图 4-3 所示。

流速由小逐渐增大时的数据点位于 ABCDE 上。C 点是层流转变为紊流的临界点,此时的流速称为上临界流速,以 v_k' 表示。流速由大逐渐减小时的数据位于 EDBA 上。B 点是紊流转变为层流的临界点,此时的流速称为下临界流速,以 v_k 表示。试验表明,上临界流速大于下临界流速,即 $v_k' > v_k$。因此,当 $v < v_k$ 时为层流(AB 段),$v > v_k'$ 时为紊流(DE 段),而 $v_k < v < v_k'$ 时(BD 段)可能是层流也可能是紊流,要看试验进行的方向。这一段称为层流与紊流的过渡段。该段的试验数据比较散乱,没有明确的规律,而对应于层流 AB 段和紊流 DE 段均可用下列方程表示:

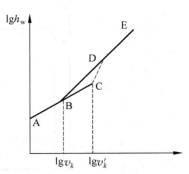

图 4-3 能量损失与流速的关系

$$\lg h_w = \lg k + m \lg v \tag{4-2}$$

式中:$\lg k$——线段 AB(或 DE)的截距;

m——线段 AB(或 DE)的斜率。其中截距 $\lg k$ 与所取的管径、管长、管壁的粗糙程度等因素有关。而斜率 m 的变化规律有着重要的意义,其规律如下:①线段 AB 对应的斜率 $m=1$。②线段 DE 对应的斜率 m 随 v 的增大而增加,$m=1.75 \sim 2.0$。

由式(4-2)推导可得:

$$h_w = k v^m \tag{4-3}$$

比较式(4-2)和式(4-3)可知,式(4-2)中的 m 是 $\lg h_w$ 与 $\lg v$ 关系图中线段的斜率,而式(4-3)中 m 是 $\lg h_w$ 与 $\lg v$ 关系中的指数,二者是相等的。因此 $\lg h_w$ 与 v^m 的关系是:①层流,$m=1$,h_w 与 v 的一次方成比例,即 $h_w \sim v^1$。②紊流,$m=1.75 \sim 2.0$,h_w 与 v 的 $1.75 \sim 2.0$ 次方成比例,即 $h_w \sim v^{1.75 \sim 2.0}$。

研究 $h_w \sim v^m$ 关系时,之所以用 $\lg h_w$ 和 $\lg v$ 为坐标,是因为如果用 h_w 和 v 为坐标,由于两者呈指数关系因而难以求出 m 值。

4.1.3 雷诺数

流体能量损失的规律与其运动时的流态有关,如何判别流态很关键。能不能用流速和临界流速比较来区分层流和紊流呢?试验研究证明:如果管径 d、流体的种类和温度(黏性系数 ν)不同,则临界流速也不同。因此用临界流速判别流态并不可行。通过对试验数据的汇总与分析,研究者发现可以用 v_k 或 v_k' 和 d 及 ν 组合成一个无量纲的数,即 Re_k 和 Re_k',这个无量纲的数接近于一个不变的常数,将其称为临界雷诺数:

下临界雷诺数 $\quad Re_k = \dfrac{v_k d}{\nu}$

上临界雷诺数 $Re'_k = \dfrac{v'_k d}{\nu}$

对于任意流速 v，相应的雷诺数是：

$$Re = \dfrac{vd}{\nu} \tag{4-4}$$

这样就可以用 Re 与 Re_k 和 Re'_k 比较并判别流态。经反复试验，下临界雷诺数 Re_k 比较稳定，其值为 $Re_k \approx 2300$。

上临界雷诺数 Re'_k 的数值受试验条件影响明显。如试验时能维持高度安静的条件，Re'_k 可以提高，反之则较低。工程中采用下临界雷诺数而不用上临界雷诺数作为层流、紊流的判别标准较为稳妥，并把下临界雷诺数 Re_k 简称为临界雷诺数 Re。

对于圆管 $Re = \dfrac{vd}{\nu} < 2300$ 时为层流，$Re = \dfrac{vd}{\nu} > 2300$ 时为紊流。

雷诺试验是在圆管中进行的。雷诺数是断面平均流速 v、管径 d 和运动黏性系数 ν 组成的无量纲数。沟渠、河道等具有非圆形过流断面，而其水流也有层流和紊流，若用雷诺数判别，显然前述公式不能直接应用。为此，引入湿周和水力半径的概念。过水断面上水流与固体边界接触的长度称为湿周，以 χ 表示；过水断面面积 A 与湿周 χ 的比值称为水力半径，以 R 表示：

$$R = \dfrac{A}{\chi} \tag{4-5}$$

如图 4-4 所示的梯形断面和满流时的圆形断面湿周和水力半径分别为：

$$\chi_{梯形} = b + l_c + l_d ; \quad R_{梯形} = \dfrac{A}{\chi} = \dfrac{1/2(B+b)h}{b + l_c + l_d}$$

$$\chi_{圆形} = \pi d ; \quad R_{圆形} = \dfrac{A}{\chi} = \dfrac{\pi d^2/4}{\pi d} = \dfrac{d}{4}$$

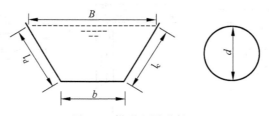

图 4-4 梯形和圆形断面

因任意形状的断面均有其对应的水力半径，可用水力半径取代直径，雷诺数的应用因此可拓展至任意形状的过流断面，即有：

$$Re = \dfrac{vR}{\nu} \tag{4-6}$$

因圆管水力半径是其直径的 $1/4$，以水力半径计量的下临界雷诺数也相应从 2300 变为 575。

雷诺数的物理意义可理解为水流的惯性力和黏滞力之比。这一点可以通过对各物理量的量纲分析加以说明。

惯性力 $ma = \rho V \dfrac{\mathrm{d}v}{\mathrm{d}t}$，其量纲为 $[\rho][L]^3 \dfrac{[v]}{[T]}$；

黏滞力 $T = \mu A \dfrac{\mathrm{d}u}{\mathrm{d}y}$，其量纲为 $[\mu][L]^2 \dfrac{[v]}{[L]} = [\mu][L][v]$。

惯性力和黏滞力的比可表示为：

$$\frac{惯性力}{黏滞力} = \frac{[v][L]}{[\nu]}$$

与雷诺数的量纲组成相同。式中 v 称为特征流速，L 称为特征长度，ν 为黏性系数。因此，广义来说，雷诺数可定义为特征流速、特征长度和黏性系数组成的无量纲数。习惯上，特征流速取断面平均流速，特征长度在圆管流时取直径，在非圆管流时取水力半径。雷诺数大，说明惯性作用对运动的影响程度较大；雷诺数小，说明黏性作用对运动的影响程度较大。流动一旦受到扰动，惯性作用将使紊动加剧，而黏性作用将使紊动趋于减弱。

4.1.4　水头损失的分类

黏性流体的伯努利能量方程已指出流体运动过程中存在能量损失。黏性的存在使得各流层之间产生阻力，流体克服阻力做功，机械能因此损失。单位重量流体的能量损失就是水头损失 h_w。

流体是在一定的固体边界条件下流动的。固体边界沿程变化的缓急程度不同，水流现象往往会有明显区别，水头损失的规律也就不同。当固体边界的几何形状和尺寸沿程不变时，主流不会脱离边壁。反之，当边界的形状和尺寸急剧变化时，主流往往与壁面脱离并在脱离处产生漩涡。图 4-5 所示分别为过流断面突然扩大、转弯和水流流经阀板时的流态变化。漩涡的存在意味着质点间摩擦和碰撞的加剧，并引起较大的能量损失。因此必须根据边界沿程变化情况对水头损失进行分类。

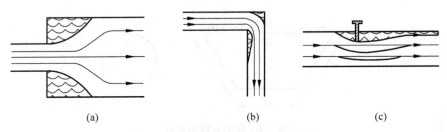

图 4-5　过流断面突然变化时的流态

边界形状和尺寸沿程不变或缓慢变化时的水头损失称为沿程水头损失，以 h_f 表示。如前述 4.1.2 节中测压管水头差 Δh 反映的 h_w 实质上就是 h_f。

边界形状和尺寸沿程急剧变化时的水头损失称为局部水头损失，以 h_j 表示。

沿程水头损失可理解为均匀流或渐变流情况下的水头损失，而局部水头损失可理解为急变流情况下的水头损失。

虽然在边界形状和尺寸急剧变化的地方，质点之间的摩擦和碰撞加剧，但就内因来说仍然是内摩擦力做功。摩擦和碰撞并没有明确的界限。摩擦是缓慢的碰撞，碰撞是激烈的摩擦。

此外，也不要把内摩擦力看成流体和固体边界之间的摩擦力。由于流体的黏附作用，紧贴在边壁表面上的流体流速为零，远离壁面处流速逐渐加大，从而存在流速梯度。内摩擦力始终是流体质点之间或者说流层之间存在相对运动时流体内部产生的阻力。虽然，这种阻力是成对出现的，但是由于流体是变形体，阻力的功并不为零。水头损失 h_w 是总流程内各段沿程水头损失 h_f 和各个局部水头损失 h_j 之和。即：

$$h_w = \sum h_f + \sum h_j \tag{4-7}$$

如图 4-6 所示，从水箱到管末端的全部水头损失 h_w 包括 3 个直段的沿程水头损失和进口、收缩及阀门处的局部水头损失。

$$h_w = \sum h_f + \sum h_j = h_{f1} + h_{f2} + h_{f3} + h_{j1} + h_{j2} + h_{j3}$$

式中：h_{f1}、h_{f2}、h_{f3}——图 4-6 中 l_1、l_2、l_3 直管段上的沿程水头损失；

h_{j1}、h_{j2}、h_{j3}——进口、突然收缩及阀门引起的局部损失。

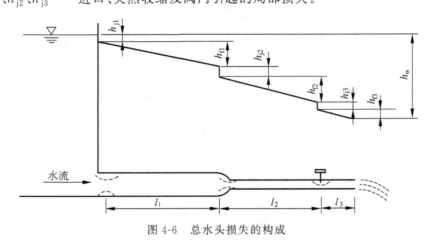

图 4-6　总水头损失的构成

4.2　水头损失的力学机理

产生水头损失的原因有内因和外因两种，外界对水流的阻力是产生水头损失的主要外因，流体的黏滞性是产生水头损失的主要内因，也是根本原因。在揭示作用力分布特征的基础上，建立水头损失和作用力之间的数学关系，则可以解决水头损失的计算问题。

4.2.1　均匀流基本方程

沿程水头损失是流体中内摩擦力做功所消耗的能量，而单位面积上的内摩擦力就是剪切应力，二者之间存在关联性。为此，首先推导相对简单的均匀流基本方程，即在恒定均匀流情况下剪切应力 τ 与沿程损失 h_f 之间的关系。

推导的依据是能量方程和动量方程。动量方程 $\sum F = \rho Q (v_2 - v_1)$，因均匀流时 $v_1 = v_2$，故动量方程简化为 $\sum F = 0$。

在均匀流中取一段流束，分析作用在它上面所有的外力，并使 $\sum F = 0$；再列管段两端断面的能量方程,化简整理后即为基本方程。

如图 4-7 所示,取断面 1-1、2-2 之间的流体段进行分析,长度为 l。对称于管轴取一流束为脱离体。断面 1-1 和断面 2-2 的形心到 0-0 基准面的铅垂距离为 z_1 和 z_2。形心上的动水压强为 p_1 和 p_2。流束表面的剪切应力为 τ。

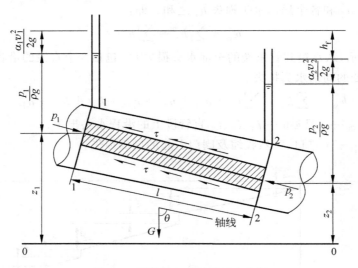

图 4-7 圆管均匀流时的受力分析

作用于该流束的外力有:
(1) 两端断面上的动水压力 $p_1 A$ 和 $p_2 A$;
(2) 侧面上的动水压力,垂直于流管;
(3) 侧面上的剪切应力 $T = \tau \chi l$,式中 χl 为侧表面面积;
(4) 重力 $G = \rho g A l$。

由动量方程,作用在该段流束上的外力在流动方向上的投影之和等于零,即:
$$p_1 A - p_2 A + \rho g A l \cos\theta - \tau \chi l = 0$$

式中,$\cos\theta = \dfrac{z_1 - z_2}{l}$。

以 $\rho g A l$ 除上式各项,整理后得
$$\dfrac{\left(\dfrac{p_1}{\rho g} + z_1\right) - \left(\dfrac{p_2}{\rho g} + z_2\right)}{l} - \dfrac{\tau \chi}{\rho g A} = 0$$

均匀流时,有 $\left(\dfrac{p_1}{\rho g} + z_1\right) - \left(\dfrac{p_2}{\rho g} + z_2\right) = h_f$,代入上式,有:

$$J = \dfrac{h_f}{l} = \dfrac{\tau}{\rho g R} \quad \text{或} \quad \tau = \rho g R J \tag{4-8}$$

对于均匀流总流而言,过流断面周界是固体壁面,剪切应力用 τ_0 表示,水力半径用 R_0 表示,断面压强分布同静压分布,水力坡度 J 则与流束相等。则有:

$$\tau_0 = \rho g R_0 J \tag{4-9}$$

式(4-8)和式(4-9)即均匀流基本方程,反映了水力坡度(即单位长度的沿程水头损失

与剪切应力的关系。

由于均匀流基本方程是根据作用在恒定均匀流段上的外力相平衡得到的平衡关系式，公式推导过程未涉及流体质点的运动状况，因此该式对层流和紊流状态都适用。但层流和紊流剪切应力的产生和变化并不相同，最终决定两种流态水头损失的规律也不一样。

因为 ρg 和 J 为常数，式(4-9)同时表明 τ 与 r 成线性关系。在管轴处为 0，在管壁处为 $\frac{1}{2}\rho g r_0 J$。圆管过流断面剪切应力分布如图 4-8 所示。

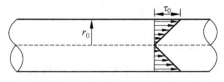

图 4-8　圆管过流断面剪切应力分布

均匀流基本方程给出了流动边界上剪切应力与沿程损失的关系。由于各流层的流速不同，内部剪切应力总是存在的。就能量损失的原因而言，它是内部剪切应力包括边界处剪切应力共同做功产生的。因此，均匀流基本方程建立了边界上剪切应力与沿程损失的关系，但不能认为只有固体边壁的摩擦应力才造成能量损失。

4.2.2　沿程水头损失计算公式

由均匀流基本方程(4-9)可推导出沿程水头损失 h_f 的表达式：

$$h_\mathrm{f} = \frac{\tau_0 l}{\rho g R} \tag{4-10}$$

如果能找出 τ_0 的表达式，代入式(4-10)则可得 h_f 的一般表达式。无论层流或紊流的 τ_0 都是未知量，通过试验和量纲分析，可将 τ_0 表示为：

$$\tau_0 = c\rho \frac{v^2}{2} \tag{4-11}$$

式中：$\rho \dfrac{v^2}{2}$——单位体积的动能；

c——无量纲系数，但它不是一个常数且随不同的情况而异。

将式(4-11)代入式(4-10)，有：

$$h_\mathrm{f} = \frac{\tau_0 l}{\rho g R} = \frac{1}{2} \frac{c\rho v^2 l}{\rho g R} = 4c \frac{l}{4R} \frac{v^2}{2g}$$

令 $\lambda = 4c$ 则：

$$h_\mathrm{f} = \lambda \frac{l}{4R} \frac{v^2}{2g} \tag{4-12}$$

对于圆管流，水力半径 $R = \dfrac{d}{4}$，式(4-12)亦可写为：

$$h_\mathrm{f} = \lambda \frac{l}{d} \frac{v^2}{2g} \tag{4-13}$$

式中：λ——沿程阻力系数。

式(4-12)和式(4-13)为沿程损失的一般表达式，称为达西-魏斯巴赫公式，适用于层流和紊流。非圆管流可用式(4-12)，圆管流可用式(4-13)。沿程阻力系数 λ 是一个无量纲系数，但不是一个常数,其值与流态、固体边壁状况、过流断面特性等因素有关。目前仅层流时的 λ 可由理论分析得到,紊流时的 λ 仍需借助试验确定。

4.2.3 圆管均匀层流

哈根和泊肃叶分别于 1839 年和 1841 年提出圆管层流的理论分析,现归纳如下。

1. 流速分布

层流时剪切应力服从牛顿内摩擦定律。对于以管轴为中心、半径为 r 的任意大小的流管,其表面剪切应力为:

$$\tau = -\mu \frac{du}{dr}$$

式中:$\frac{du}{dr}$——半径 r 处的流速梯度。

如图 4-9 所示,当 $r=r_0$ 时,由于水流黏附于管壁,$u=0$,而管轴处 $r=0$,$u=u_{max}$。u 随 r 的增大而减小,$\frac{du}{dr}$ 为负。因剪切应力的大小以正值表示,故上式右端取负号。

均匀流基本方程:

$$\tau = \rho g R J = \rho g \frac{r}{2} J$$

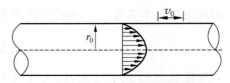

图 4-9 圆管层流过流断面流速分布

由上两式可得:

$$du = -\frac{\rho g J}{2\mu} r \, dr$$

积分上式得:

$$u = -\frac{\rho g J}{4\mu} r^2 + C$$

当 $r=r_0$ 时,$u=0$,代入上式得:

$$C = \frac{\rho g J}{4\mu} r_0^2$$

于是有:

$$u = \frac{\rho g J}{4\mu}(r_0^2 - r^2) \tag{4-14}$$

式(4-14)表明,圆管均匀层流时,流速分布沿管轴呈抛物线型。

又由于 $r=0$ 时 $u=u_{max}$,代入得管轴心处最大流速为:

$$u_{max} = \frac{\rho g J}{4\mu} r_0^2$$

式(4-14)亦可写成:

$$u = u_{max} - \frac{\rho g J}{4\mu} r^2$$

2. 流量

式(4-14)表明流速 u 是 r 的函数,可以求流量 Q。取微分面积为环形面积,$dA=$

$2\pi r\,dr$,则通过 dA 的流量 dQ 为：

$$dQ = u\,dA = \frac{\rho g J}{4\mu}(r_0^2 - r^2)2\pi r\,dr$$

积分上式可得流量为：

$$Q = \int_0^{r_0} \frac{\rho g J}{4\mu}(r_0^2 - r^2)2\pi r\,dr = \frac{\pi \rho g J}{8\mu}r_0^4 \tag{4-15}$$

3. 断面平均流速 v

$$v = \frac{Q}{A}$$

将式(4-15)及 $A = \pi r^2$ 代入上式得：

$$v = \frac{\rho g J}{8\mu}r_0^2 \tag{4-16}$$

比较 $u_{\max}$ 和 v，可知：

$$v = \frac{1}{2}u_{\max}$$

4. 沿程水头损失 h_f 及沿程阻力系数 λ

由式(4-16)可得水力坡度 J 表达式：

$$J = \frac{8\mu v}{\rho g r_0^2}$$

因为 $J = \dfrac{h_f}{l}$，故有：

$$h_f = \frac{8\mu v}{\rho g r_0^2}l = \frac{32\mu v}{\rho g d^2}l = \frac{32 v l \nu}{g d^2} \tag{4-17}$$

式中：ν——运动黏性系数。

式(4-17)也称为泊肃叶方程，它表明层流时沿程损失 h_f 与平均流速 v 的一次方成比例，这与 4.1.2 节中的试验结果一致。

对式(4-17)变形，可有：

$$h_f = \frac{32 v l \nu}{g d^2} = \frac{64}{\dfrac{v d}{\nu}}\frac{l}{d}\frac{v^2}{2g} = \frac{64}{Re}\frac{l}{d}\frac{v^2}{2g}$$

令：

$$\lambda = \frac{64}{Re} \tag{4-18}$$

λ 称为沿程阻力系数，则前式可写成：

$$h_f = \lambda \frac{l}{d}\frac{v^2}{2g}$$

可知，上式与式(4-17)实际具有相同的形式。式中沿程阻力系数 λ 与雷诺数成反比。

4.3 紊流概述

实际工程中的流动多为紊流,因此紊流时的水头损失及沿程阻力系数更有实际意义。首先对紊流的基本概念和特征进行了解。

4.3.1 脉动现象与时均化

通过雷诺试验可以发现,紊流时流体质点的轨迹是极为紊乱的。质点相互混杂和碰撞。如果研究固定空间点上运动要素的变化将会发现,运动要素的大小随时间做激烈而不规则的上下跳动,这种现象称为脉动现象。以流速为例,如果用仪器把某点沿主流 x 方向的流速随时间的变化记录下来,就有如图 4-10 所示的形状,显示出流速 u 的脉动现象。同样,压强也有类似脉动现象。

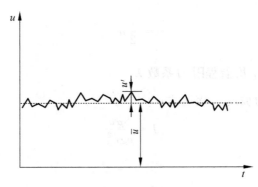

图 4-10 紊流流速

一方面由于存在脉动现象,使得研究运动要素的瞬时变化变得很困难;另一方面在许多情况下更需要知道运动要素在某一时段内的平均情况。这就需要引入时间平均值的概念,下面仍以流速 u 为例来说明。

瞬时流速 u 对时间的平均值称为时均流速,用符号 $\bar{u}$ 表示。按定义,$\bar{u}$ 等于下列积分:

$$\bar{u} = \frac{1}{T} \int_0^T u \, dt \tag{4-19}$$

式中:T——时均化所取时均周期。

T 不能取得过短,否则 $\bar{u}$ 受脉动值影响甚巨;亦不能取得过长,因为非恒定流时,过长的 T 会削平波峰和波谷。时段 T 的选取主要考虑消除脉动影响以较好地反映 $\bar{u}$ 值的变化为度。

脉动流速用符号 u' 表示,与瞬时流速 u 和时均流速 $\bar{u}$ 的关系为:

$$u = \bar{u} + u' \tag{4-20}$$

u 与 $\bar{u}$ 相比可大可小,因此 u' 可正可负。按照 $\bar{u}$ 和 u' 的定义可知脉动流速 u' 的时均值 $\bar{u}'$ 为零。推演如下:

$$\bar{u}' = \frac{1}{T} \int_0^T u' \, dt = \frac{1}{T} \int_0^T (u - \bar{u}) \, dt = \frac{1}{T} \int_0^T u \, dt - \frac{1}{T} \int_0^T \bar{u} \, dt = \bar{u} - \bar{u} = 0$$

紊流的瞬时动水压强也可表示为时均压强与脉动压强之和，即：
$$p = \bar{p} + p' \tag{4-21}$$

式中：p——瞬时压强；

$\bar{p}$——时均压强；

p'——脉动压强。

对于同一个时均流速，脉动的幅度可大可小，所以时均流速不能反映脉动的强弱，而脉动值的时均又为零，也不能反映脉动的强弱。而对 u'_x、u'_y、u'_z 分别取时间的均方根是不等于零的。所以用下列 $\sqrt{\overline{u'^2_x}}$、$\sqrt{\overline{u'^2_y}}$、$\sqrt{\overline{u'^2_z}}$ 分别表示流速 u 沿 x、y、z 方向的脉动强弱，称为紊动强度或脉动强度，它们均具有速度的量纲。

紊动强度也可以用相对比值表示：

$$\frac{\sqrt{\overline{u'^2_x}}}{\bar{u}} ; \quad \frac{\sqrt{\overline{u'^2_y}}}{\bar{u}} ; \quad \frac{\sqrt{\overline{u'^2_z}}}{\bar{u}}$$

或

$$\frac{\sqrt{\overline{u'^2_x}}}{u^*} ; \quad \frac{\sqrt{\overline{u'^2_y}}}{u^*} ; \quad \frac{\sqrt{\overline{u'^2_z}}}{u^*}$$

相对紊动强度也称相对脉动强度其所含 $\bar{u}$ 为流速沿主流方向时的均值，而 u^* 为动力流速，具有速度的量纲，显然相对紊动强度是无量纲量。

紊动强度对于研究泥砂运动、水工建筑物的振动以及污染物扩散迁移等都是一个很重要的参数。紊流的瞬时运动要素 u、p 等随时间变化，就此而言，紊流是非恒定流。但是紊流中恒定、非恒定是对时均值而言的。如果运动要素的时均值不随时间变化，则为恒定流；反之为非恒定流。有关恒定、非恒定、流线、流管、均匀流、非均匀流等定义对紊流仍然适用。

4.3.2 紊流的附加剪切应力

牛顿内摩擦定律 $\tau = \mu \dfrac{\mathrm{d}u}{\mathrm{d}y}$ 表明了剪切应力与流速梯度的关系。层流运动时，流体质点互不干扰，故层流时的剪切应力只有黏性切应力。

在紊流中，黏性引起的剪切应力仍然存在，以 τ' 表示。此外，把质点相互混杂和碰撞引起的剪切应力称为附加剪切应力，以 τ'' 表示。故紊流的剪切应力 τ 为两者之和，即

$$\tau = \tau' + \tau''$$

有关附加剪切应力的研究众多，应用较广泛的是普朗特的半经验理论，它假定脉动引起动量传递，故也称为普朗特的动量传递理论。

4.3.3 紊流核心与黏性底层

当雷诺数 Re 大于临界雷诺数 Re_k 时，水流为紊流。在紊流中，越靠近壁面黏性所起的作用越大；远离壁面，黏性的作用逐渐减小。如图 4-11 所示，把黏性起主要作用的区域称为黏性底层，其厚度以 δ_0 表示。而黏性底层以外的区域又称为紊流核心区。

Re 越大黏性底层越薄，但其对流动阻力的影响不可忽视。在黏性底层中，流速可以近

似地认为呈直线分布。以 u_δ 表示黏性底层靠近紊流核心区的流速,而紧贴壁面处流速为零,故流速梯度可表示为:

$$\frac{\mathrm{d}u}{\mathrm{d}y} = \frac{u_\delta}{\delta_0} \qquad (4\text{-}22)$$

根据牛顿内摩擦定律,黏性底层靠近壁面处的剪切应力 τ_0 为:

$$\tau_0 = \mu \frac{\mathrm{d}u}{\mathrm{d}y} = \mu \frac{u_\delta}{\delta_0} \qquad (4\text{-}23)$$

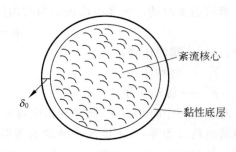

图 4-11 紊流核心与黏性底层

上式两侧同除以密度 ρ,得

$$\frac{\tau_0}{\rho} = \frac{\mu}{\rho} \frac{u_\delta}{\delta_0} = \nu \frac{u_\delta}{\delta_0} \qquad (4\text{-}24)$$

式中:ν——运动黏性系数;令:

$$\sqrt{\frac{\tau_0}{\rho}} = u^* \qquad (4\text{-}25)$$

式中:u^*——动力流速。由均匀流基本方程 $\tau_0 = \rho g R J$,代入上式得:

$$u^* = \sqrt{\frac{\tau_0}{\rho}} = \sqrt{\frac{\rho g R J}{\rho}} = \sqrt{gRJ} \qquad (4\text{-}26)$$

将式(4-26)代入式(4-24)得:

$$u^{*2} = \nu \frac{u_\delta}{\delta_0}$$

根据尼古拉兹的研究,有:

$$\delta_0 = \frac{11.6\nu}{u^*} \qquad (4\text{-}27)$$

或

$$\delta_0 = \frac{11.6\nu}{\sqrt{gRJ}}$$

对于管流,$R = \frac{d}{4}$,$J = \frac{h_\mathrm{f}}{l}$,代入上式,有:

$$\delta_0 = \frac{11.6\nu}{\sqrt{g\frac{d}{4} \cdot \lambda \frac{1}{d} \frac{v^2}{2g}}} = \frac{11.6\nu}{\sqrt{\frac{\lambda}{8}v^2}} = \frac{32.8\nu d}{\sqrt{\lambda}\,vd} = \frac{32.8d}{\sqrt{\lambda}\,\frac{vd}{\nu}}$$

即:

$$\delta_0 = \frac{32.8d}{\sqrt{\lambda}\,Re} \qquad (4\text{-}28)$$

上式表明,黏性底层的厚度 δ_0 与沿程阻力系数 λ 有关,并且 Re 越大黏性厚度越小。

4.3.4 紊流时壁面状况

紊流时壁面处仍存在黏性底层,其厚度决定了壁面的水力学特征。对于固体壁面而言,其表面总是存在粗糙颗粒,绝对光滑或平整是不存在的。将固体壁面凸起的颗粒高度称作绝对粗糙度,以 Δ 表示。根据黏性底层的厚度 δ_0 与绝对粗糙度 Δ 的比值大小,可将紊流时的壁面状况分为三类:

(1) 当 δ_0 远大于 Δ 时,黏性底层将覆盖住壁面处的凸起颗粒,此时的流动如同在光滑的壁面上运动,称为水力光滑区。

(2) 当 δ_0 远小于 Δ 时,凸起颗粒将穿过黏性底层并直接伸入紊流核心区,流动在粗糙的壁面上进行,称为水力粗糙区。

(3) 当 δ_0 和 Δ 相当时,流动介于光滑面和粗糙面之间进行,称为水力过渡区。

尽管流动时的固体壁面不变,绝对粗糙度是定值,但黏性底层的厚度却是随流动状态的不同而发生变化。对同一个壁面,当 Re 变化时,黏性底层也随之改变,而固体壁面可能是水力光滑区,也可能是水力粗糙区或水力过渡区。

4.4 紊流时的沿程水头损失

4.4.1 尼古拉兹试验

德国学者尼古拉兹在1933年通过试验研究了人工粗糙管道中的沿程水头损失及沿程水头损失系数的变化规律。

1. 沿程水头损失系数的影响因素

壁面粗糙一般涉及粗糙凸起的高度、形状以及疏密和排列等许多因素。为便于分析粗糙的影响,尼古拉兹将经过筛选的均匀砂粒,紧密地贴在管壁表面,做成人工粗糙。对于这种简化的粗糙形式,可用糙粒的凸起高度 Δ(砂粒粒径)一个因素来表示壁面的粗糙,Δ 即绝对粗糙度。Δ 与直径 d 之比 Δ/d 称为相对粗糙,它是不同直径管道粗糙度的归一化指标,用于流动阻力分析时更为合理。

由以上分析得出,雷诺数和相对粗糙是沿程摩阻系数的两个影响因素,即:

$$\lambda = f(Re, \Delta/d)$$

2. 沿程水头损失系数的数据解析

尼古拉兹采用类似于雷诺试验的装置进行 h_f 的测定和 λ 的计算,管道相对粗糙 Δ/d 的变化范围在 $\frac{1}{1014} \sim \frac{1}{30}$,对 Δ/d 不同的每根管道测定不同流量下的断面平均流速 v 和沿程水头损失 h_f。再由 $Re = \frac{vd}{\nu}$ 和 $\lambda = \frac{d}{l} \frac{2g}{v^2} h_f$ 计算出 Re 和 λ 数值,将数据点绘制于图,其点绘在对数坐标纸上,分析 λ 和 Re 及 Δ/d 的关系,从而得到曲线 $\lambda = f(Re, \Delta/d)$,即尼古拉兹试验曲线图,如图 4-12 所示。

图 4-12 中的试验数据说明如下:

1) $Re < 2300$ 时

此时流动处于层流区。在该区域内,不同 $\frac{\Delta}{d}$ 值的数据点都落在近似直线 I 上。说明 λ

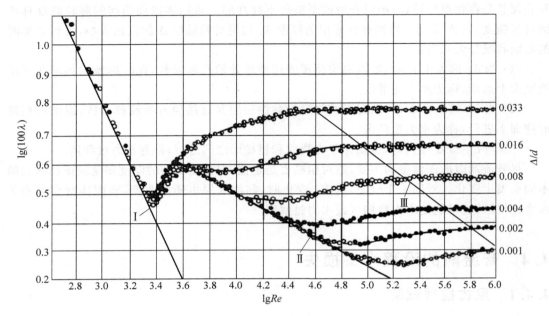

图 4-12 尼古拉兹试验曲线

与 $\frac{\Delta}{d}$ 无关,而仅与 Re 有关,即有 $\lambda = f(Re)$,数据结果符合 $\lambda = \frac{64}{Re}$,与式(4-18)一致。

2) $2300 < Re < 4000$

此时流态处于层流到紊流过渡区,数据点分布较为混乱,反映出质点运动的无规律性。

3) $Re > 4000$

此时流态处于紊流区。在 Re 较小时,不同 $\frac{\Delta}{d}$ 值的数据点几乎都落在直线 Ⅱ 上。随着 Re 增大,按 $\frac{\Delta}{d}$ 值由大到小,不同的 Re 对应的数据点先后与直线 Ⅱ 分离成单独的曲线。而每一条曲线对应一个 $\frac{\Delta}{d}$ 值,且在 Re 达到一定数值后均近似为水平线。若将每条曲线开始成为水平线的点联成直线 Ⅲ,则在 Ⅱ 和 Ⅲ 间,每一种 $\frac{\Delta}{d}$ 的点都成一条曲线。而在线 Ⅲ 的右侧,不同 $\frac{\Delta}{d}$ 的线均近似为水平线。由上述分析可知,紊流可大致分为 3 个区域。

(1) 紊流光滑区

不同 $\frac{\Delta}{d}$ 的数据点都落在直线 Ⅱ 上,说明 λ 与 $\frac{\Delta}{d}$ 无关,而与层流时类似,可表示为 $\lambda = f(Re)$。直线 Ⅱ 向右下方倾斜,斜率约为 -0.25,即 λ 与 $Re^{-1/4}$ 成比例,可表示为 $\lambda \sim Re^{-1/4}$。此时为紊流状态,而 λ 却与 $\frac{\Delta}{d}$ 无关,这反映此时的黏性底层厚度 δ_0 相对较大并能覆盖粗糙颗粒,因此 Δ 对沿程损失不起作用,而 λ 仅是 Re 的函数。流动近似于在光滑壁面上发生,称之为紊流光滑区。在图 4-13 还可以发现,不同的 $\frac{\Delta}{d}$,光滑区的范围不同。$\frac{\Delta}{d}$ 越大光滑区的范围越小$\left(\text{如} \dfrac{\Delta}{d}=0.033 \text{时几乎没有光滑区}\right)$；$\dfrac{\Delta}{d}$越小，光滑区的范围则越大。

(2) 紊流粗糙区

在直线Ⅲ的右侧，$\dfrac{\Delta}{d}$值相同的数据点落在同一水平线上，这说明 Re 变化时 λ 不变，即 λ 与 Re 无关。但不同 $\dfrac{\Delta}{d}$ 值的数据点有不同的水平线，即 λ 仅与 $\dfrac{\Delta}{d}$ 有关，可表示为 $\lambda = f\left(\dfrac{\Delta}{d}\right)$。这可解释为此时的黏性底层厚度已远小于粗糙颗粒的高度，因此后者对沿程水头损失起主导作用，而 λ 表现为与 Re 无关，仅与 $\dfrac{\Delta}{d}$ 有关。此时的流动相当于在粗糙壁面上发生，称之为紊流粗糙区。

(3) 过渡粗糙区

在直线Ⅱ与直线Ⅲ之间的数据系列曲线，每一条曲线对应一种 $\dfrac{\Delta}{d}$，而对于每一个 $\dfrac{\Delta}{d}$，λ 又随 Re 的变化而改变，说明 λ 不仅与 $\dfrac{\Delta}{d}$ 有关，也与 Re 有关，可表示为 $\lambda = f\left(Re, \dfrac{\Delta}{d}\right)$，这时的流动是紊流光滑区和粗糙区之间发生的，称之为过渡粗糙区。

综上所述，尼古拉兹试验结果反映了人工粗糙管道中层流和紊流沿程阻力系数 λ 的变化规律。在层流时，λ 仅是 Re 的函数，其值与 Re 的倒数成正比；在紊流光滑区，λ 也仅是 Re 的函数，其值与 $Re^{-1/4}$ 成比例；在紊流过渡粗糙区，λ 是 Re 和 $\dfrac{\Delta}{d}$ 的函数；在紊流粗糙区，λ 与 Re 无关，仅是 $\dfrac{\Delta}{d}$ 的函数。

尼古拉兹试验得到层流时 λ 与 Re 的关系与圆管层流时的理论分析结果相同。而紊流时的试验结果与雷诺试验和沿程水头损失计算公式一致。因 $Re = \dfrac{vd}{\nu}$，即 $Re \sim v$，将 λ 与 v 的关系代入 $h_\mathrm{f} = \lambda \dfrac{l}{d} \dfrac{v^2}{2g}$，可得 h_f 与 v 的关系：

① 层流：$h_\mathrm{f} \sim v$；

② 紊流：紊流光滑区 $h_\mathrm{f} \sim v^{1.75}$；过渡粗糙区 $h_\mathrm{f} \sim v^{1.75 \sim 2.0}$；紊流粗糙区 $h_\mathrm{f} \sim v^{2.0}$（即切应力 $\tau \sim v^{2.0}$，因 $\tau = \rho g R \dfrac{h_\mathrm{f}}{l}$，故紊流粗糙区又称阻力平方区。

上述分析说明理论公式 $h_\mathrm{f} = \lambda \dfrac{l}{d} \dfrac{v^2}{2g}$ 从形式上看，h_f 与 v^2 成比例，但实际不同。

4.4.2 当量粗糙度

实际管道的绝对粗糙度是无法直接量测的，只能将实际管道与人工粗糙管道进行对比，把具有同一 λ 值的人工粗糙管的 Δ 值作为实际管道的 Δ 值，称为实际管道的当量粗糙度。常用管道的当量粗糙度如表 4-1 所示（可查阅相关设计手册）。

表 4-1 常用管道的当量粗糙度

壁面类型	当量粗糙度 Δ/mm
新的无缝钢管	0.04~0.17
一般状况的钢管	0.19
新的铸铁管	0.2~0.3
旧的铸铁管	0.5~1.6
磨光的水泥管	0.33
玻璃管	0.0015~0.01
木管	0.45~0.60
混凝土管及钢筋混凝土管	1.8~3.5

4.4.3 沿程水头损失系数的经验公式

布拉休斯、柯列布鲁克、怀特、尼古拉兹等研究者针对沿程水头损失系数进行了大量试验研究，得到了实际管道水流在紊流区域内的经验公式。

1. 光滑壁面

（1）布拉休斯公式

$$\lambda = \frac{0.3164}{Re^{1/4}} \tag{4-29}$$

适用范围：$4000 < Re < 1.0 \times 10^5$。

（2）尼古拉兹公式

$$\frac{1}{\sqrt{\lambda}} = -2\lg\left(\frac{2.51}{\sqrt{\lambda}Re}\right) \tag{4-30}$$

适用范围：$Re < 1.0 \times 10^5$。

2. 过渡粗糙面

柯列布鲁克-怀特公式

$$\frac{1}{\sqrt{\lambda}} = -2\lg\left(\frac{2.61}{\sqrt{\lambda}Re} + \frac{\Delta}{3.7d}\right) \tag{4-31}$$

适用范围：$4000 < Re < 1.0 \times 10^6$。

3. 粗糙面

尼古拉兹公式

$$\frac{1}{\sqrt{\lambda}} = -2\lg\frac{\Delta}{3.7d} \tag{4-32}$$

适用范围：$Re > \frac{382}{\sqrt{\lambda}}\left(\frac{d}{2\Delta}\right)$。

需要说明的是，沿程水头损失系数 λ 的确定可根据式(4-28)计算出层流时黏性底层厚

度 δ_0,再将其与 Δ 比较以确定紊流水力区域,对照该区的经验公式计算 λ。考虑到 δ_0 与 λ 和 Re 均有关,而 λ 未知,因此需先假设 λ 再逐次逼近计算,如此较为烦琐,实际工作多直接查穆迪图(图 4-13)以获得相应 λ 值。

【例题 4.1】 一城市给水厂设计从水源地引水,设计水流为 $0.05\text{m}^3/\text{s}$,设计管道为长度 100m、管径 0.25m 的铸铁管,若水源地水温为 20℃,引水管的沿程水头损失及水力坡度为多少?

解:① 经验公式法

由题意可知,引水管流速为:

$$v = \frac{4Q}{\pi d^2} = \left[\frac{4 \times 0.05}{3.14 \times 0.25^2}\right] \text{m/s} = 1.019 \text{m/s}$$

查表 1-8 可知,该水温下水的运动黏性系数 $\nu = 0.0101 \text{cm}^2/\text{s}$,故有:

$$Re = \frac{vd}{\nu} = \frac{1.019 \times 0.25}{1.01 \times 10^{-6}} = 2.52 \times 10^5 > 2300$$

可知,管道内水流为紊流。

因 δ_0 与 λ 有关,而 λ 未知,根据经验,初步推断 λ 值的范围在 $0.02 \sim 0.03$。假定 $\lambda = 0.02$,代入式(4-28)计算黏性底层厚度。

$$\delta_0 = \frac{32.8d}{\sqrt{\lambda} Re} = \frac{32.8 \times 250}{\sqrt{0.020} \times 2.5 \times 10^5} \approx 0.23 \text{mm}$$

根据当量粗糙度表 4-1,可得新铸铁管当量粗糙度 $\Delta = 0.3$mm,则:

$$\frac{\Delta}{\delta_0} = \frac{0.3}{0.23} \approx 1.30$$

可判断流动在过渡粗糙区。经验公式选择柯列布鲁克-怀特公式:

$$\frac{1}{\sqrt{\lambda}} = -2\lg\left(\frac{2.61}{\sqrt{\lambda} Re} + \frac{\Delta}{3.7d}\right) = -2\lg\left[\frac{2.51}{\sqrt{0.020} \times 2.52 \times 10^5} + \frac{0.3}{3.7 \times 250}\right] = 6.807$$

得 $\lambda = 0.0216$,假定值 $\lambda = 0.020$,二者存在较大差异,故需再次计算。将 $\lambda = 0.0216$ 作为二次假定值,进行如上的再次计算,得 $\lambda = 0.0215$。这与前次结果已基本相同,可取此值作为引水管的沿程水头损失系数值。

② 依据穆迪图确定 λ 值

引水管的当量粗糙度 $\Delta = 0.3$mm,管径为 0.25m,故有:

$$\frac{\Delta}{d} = \frac{0.3}{250} = 0.0012$$

根据 $\frac{\Delta}{d}$ 及 Re 值,查穆迪图,对应 $\lambda = 0.0215$,可知该数值与前述方法所得一致。引水管沿程水头损失 h_f 计算:

$$h_f = \lambda \frac{l}{d} \cdot \frac{v^2}{2g} = \left[0.0215 \times \frac{100}{0.25} \times \frac{1.019^2}{2 \times 9.8}\right] \text{m} = 0.438 \text{m}$$

水力坡度 J 计算:

$$J = \frac{h_f}{l} = \frac{0.438}{100} = 0.00438$$

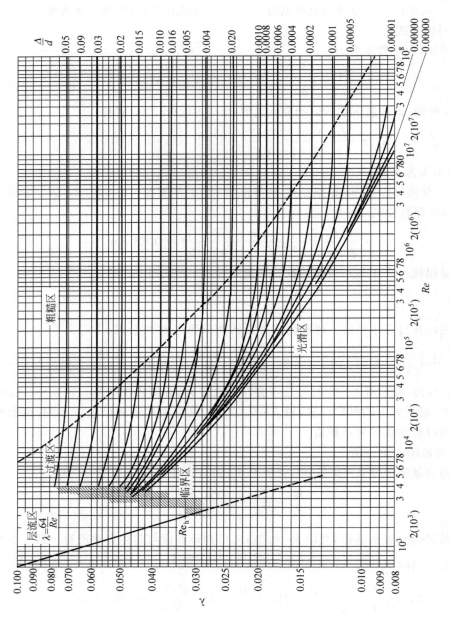

图 4-13 穆迪图

4.4.4 谢才公式

前述有关水头损失的计算主要针对圆管水流,对于非圆管水流则未特别指出。法国工程师谢才对明渠均匀流的水头损失问题进行研究,并在 1769 年提出了沿程水头损失的经验公式,即谢才公式。

$$v = C\sqrt{RJ} \tag{4-33}$$

式中：R——水力半径；

J——水力坡度；

C——谢才系数。

比较公式两侧物理量纲,可知 C 与 $g^{1/2}$ 的量纲相同。

因为 $J = \dfrac{h_f}{l}$,由谢才公式可得：

$$h_f = \frac{v^2}{C^2 R} l \tag{4-34}$$

对比达西-魏斯巴赫公式,可知：

$$C = \sqrt{\frac{8g}{\lambda}} \tag{4-35}$$

式(4-35)反映了 λ 和谢才系数 C 的关系。C 实质上为阻力系数的变形。已知 λ 与 $\dfrac{\Delta}{R}\left(\text{或} \dfrac{\Delta}{d}\right)$ 及 Re 有关。实际工程中,流动多处于紊流粗糙区,即阻力平方区,此时 λ 与 Re 无关,说明谢才系数 C 与 Re 无关而是 $\dfrac{\Delta}{d}$ 的函数。用于计算谢才系数 C 的经验公式适用于明渠或管流的阻力平方区。在谢才系数 C 的经验公式中没有用粗糙度,而是采用综合反映壁面粗糙情况的系数,称为粗糙系数(简称糙率),以 n 表示。

关于谢才系数 C 的经验公式常用的有以下 2 种。

1. 曼宁公式

$$C = \frac{1}{n} R^{1/6} \tag{4-36}$$

式中：R——水力半径,m;

n——糙率,无单位。

n 值以实测为准,但也可由谢才公式及曼宁公式推导：

$$v = C\sqrt{RJ} = \frac{1}{n} R^{1/6} \cdot R^{1/2} \cdot \frac{h_f^{1/2}}{l^{1/2}} = \frac{R^{2/3} h_f^{1/3}}{n l^{1/2}}$$

$$n = \frac{R^{2/3} J^{1/2}}{v} = \frac{R^{2/3} h_f^{1/2}}{v l^{1/2}} \tag{4-37}$$

n 的取值可参照表 4-2。

表 4-2 管道糙率 n 值

管道类别	n
混凝土和钢筋混凝土	0.013～0.014
钢管	0.012
未加衬砌的隧洞	0.025～0.033
部分衬砌的隧洞	0.022～0.030

2. 巴甫洛夫斯基公式

$$C = \frac{1}{n} R^y \tag{4-38}$$

式中,指数 y 按下式确定:

$$y = 2.5\sqrt{n} - 0.13 - 0.75(\sqrt{n} - 0.10)\sqrt{R} \tag{4-39}$$

也可近似取 $y = 1.5n^{1/2}$($R \leqslant 1.0\text{m}$ 时);$y = 1.3n^{1/2}$(当 $R > 1.0\text{m}$ 时)。

巴甫洛夫斯基公式的适用范围是:

$$0.1\text{m} \leqslant R \leqslant 3.0\text{m}, \quad 0.011 \leqslant n \leqslant 0.04$$

谢才公式和曼宁公式可合并为:

$$v = \frac{1}{n} R^{2/3} J^{1/2} \quad \text{或} \quad h_f = \frac{v^2 n^2}{R^{2/3}} l \tag{4-40}$$

4.5 紊流时的流速分布

由前述内容可知,应用普朗特混合长度理论可有紊流剪切应力 τ 为:

$$\tau = \tau' + \tau'' = \mu \frac{du}{dy} + \rho l^2 \left(\frac{du}{dy}\right)^2$$

流动处于紊流粗糙区(即阻力平方区)时,紊流核心区的 τ'' 比 τ' 大得多,忽略 τ' 仍然可以保证足够的精度,紊流的切应力简化式为:

$$\tau = \rho l^2 \left(\frac{du}{dy}\right)^2 \tag{4-41}$$

对式(4-41)变形微分式后再积分,即可得到紊流流速的表达式。由于在紊流粗糙区,黏性底层的厚度小于 1mm,故此时得到的流速分布可代表整个过水断面上的流速分布。

改写式(4-41)为:

$$du = \sqrt{\frac{\tau}{\rho}} \frac{1}{l} dy \tag{4-42}$$

式中:τ、l——变量,故无法求上式一般解。

普朗特等假定剪切应力 τ 是常数,且 $\tau = \tau_0$。通过试验可以确定某点的混合长度 l 与该点到壁面的距离 y 成正比,即有:

$$l = ky \tag{4-43}$$

式中：k——比例系数，亦称卡门常数。管流和二元明渠均匀流的实测结果表明，可取 $k=0.4$，又因为 $\sqrt{\dfrac{\tau_0}{\rho}}=u^*$，此处 $u^*=\sqrt{gRJ}$ 为动力流速，于是式(4-42)改写为：

$$\mathrm{d}u=\frac{u^*}{k}\frac{1}{y}\mathrm{d}y \tag{4-44}$$

积分上式可得

$$u=\frac{u^*}{k}\ln y+C \tag{4-45}$$

式(4-45)表明紊流的流速呈对数型分布。它比层流的抛物线分布更为均匀，而 C 可由边界条件确定。

如图 4-14(a)所示，管流半径为 r_0，当 $y=r_0$ 时，$u=u_{\max}$，可得积分常数：

$$C=u_{\max}-\frac{u^*}{k}\ln r_0$$

将 C 代入式(4-45)，有：

$$u=u_{\max}+\frac{u^*}{k}\ln\frac{y}{r_0} \tag{4-46}$$

将 $k=0.4$ 代入，将自然对数换成常用对数，有：

$$u=u_{\max}+\frac{u^*}{k}2.3\lg\frac{y}{r_0} \tag{4-47}$$

或

$$u=u_{\max}+5.75u^*\lg\frac{y}{r_0}$$

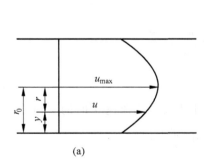 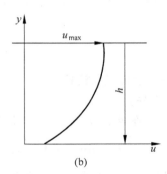

图 4-14 管流和二元明渠流

如图 4-14 所示，二元明渠均匀流水深为 h，在气流及障碍物影响下，$u_{\max}$ 多为水面处流速，故有积分常数：

$$C=u_{\max}-\frac{u^*}{k}\ln h$$

将 C 代入式(4-45)，有：

$$u=u_{\max}+\frac{u^*}{k}\ln\frac{y}{h} \tag{4-48}$$

同前述，上式可写作：

$$u = u_{\max} + 5.75 u^* \lg \frac{y}{h} \tag{4-49}$$

上述公式是在紊流粗糙区条件下推求出来的。尼古拉兹根据人工粗糙管的试验结果，推求管流和矩形明渠的光滑区和粗糙区的流速分布公式如下：

光滑区

$$u = u^* \left[5.75 \lg \frac{u^* y}{v} + 5.5 \right] \tag{4-50}$$

粗糙区

$$u = u^* \left[5.75 \lg \frac{y}{\Delta} + 8.5 \right] \tag{4-51}$$

式(4-51)反映出绝对粗糙度 Δ 对流速分布的影响。

布拉休斯则提出了适用于明渠水流和管流的指数型流速分布公式：

$$u = u_{\max} \eta^m \tag{4-52}$$

式中：m——指数；

η——相对水深，对于明渠水流：$\eta = \frac{y}{H}$；管流：$\eta = \frac{y}{r_0}$。

当 $Re \leqslant 1.0 \times 10^5$ 时，$m = \frac{1}{7}$，此时式(4-52)又称为七分之一指数定律。

当 $Re > 1.0 \times 10^5$ 时，m 可采用 $\frac{1}{8}$、$\frac{1}{9}$ 或 $\frac{1}{10}$。m 随 Re 的增加而减小。

在获取流速分布规律的基础上，对于管流可推求流量 Q 和断面平均流速 v。对于二元明渠则可以推求共垂线平均流速 $\bar{u}$。

【例题 4.2】 图 4-14(b)所示为二元明渠流的流速分布图。若已知流速分布对数型表达式为：

$$u = u_{\max} + \frac{u^*}{k} \ln \frac{y}{h}$$

式中：$u_{\max}$——表面最大流速；

h——水深。

试推求：①垂线平均流速 $\bar{u}$；②流速 u 等于垂线平均流速 $\bar{u}$ 时的 y 值。

解：(1) $\bar{u} = \frac{1}{h} \int_{\delta_0}^{h} u \, dy = \frac{1}{h} \int_{\delta_0}^{h} \left(u_{\max} + \frac{u^*}{k} \ln \frac{y}{h} \right) dy$

式中，积分下限为黏性底层厚度 δ_0，有：

$$\bar{u} = \frac{1}{h} \int_{\delta_0}^{h} (h - \delta_0) + \frac{u^*}{hk} \left(\ln \frac{y}{h} \cdot y \Big|_{\delta_0}^{h} - \int_{\delta_0}^{h} y \frac{h}{y} \frac{1}{h} dy \right)$$

$$= \frac{u_{\max}}{h} (h - \delta_0) + \frac{u^*}{hk} \left[\left(\ln \frac{h}{h} \cdot h - \ln \frac{\delta_0}{h} \cdot \delta_0 \right) - (h - \delta_0) \right]$$

由于 $\delta_0 \ll h$，$h - \delta_0 \approx h$，故上式可写为：

$$\bar{u} = u_{\max} - \frac{u^*}{hk} \left(\ln \frac{\delta_0}{h} \cdot \delta_0 + h \right)$$

对于式中项 $\ln \frac{\delta_0}{h} \cdot \delta_0$：当 $\delta_0 \to 0$ 时为不定式 $-\infty \cdot 0$，根据洛必达法则，有：

$$\lim_{\delta_0 \to 0} \ln\frac{\delta_0}{h} \cdot \delta_0 = \lim_{\delta_0 \to 0} \frac{\ln\dfrac{\delta_0}{h}}{\dfrac{1}{\delta_0}} = \lim_{\delta_0 \to 0} \frac{\dfrac{h}{\delta_0}\dfrac{1}{h}}{-\dfrac{1}{\delta_0^2}} = -\lim_{\delta_0 \to 0} \delta_0 \to 0$$

将上式代回原式,有:

$$\bar{u} = u_{\max} - \frac{u^*}{k}$$

题中求解 $\bar{u}$ 时,积分下限用 δ_0,而不直接用零,主要是运用洛必达法则的需要。对于其他类型流速分布,如例题 4.3 中指数型流速分布,积分下限取值可为零。

(2) 求流速为 $\bar{u}$ 的流层位置,由明渠流流速分布公式:

$$u_{\max} + \frac{u^*}{k}\ln\frac{y}{h} = u_{\max} - \frac{u^*}{k}$$

即 $\ln\dfrac{y}{h} = -1$ 同 $\ln\dfrac{h}{y} = 1$。

因为 $\ln e = 1$,上式可写为:

$$\ln\frac{h}{y} = \ln e$$

故有:

$$y = \frac{h}{e} = \frac{h}{2.718} = 0.37h$$

可知,距离液面 $0.63h$ 处的流速 $u = \bar{u}$。

【例题 4.3】 同例题 4.2,若流速呈指数型分布,表达式为:

$$u = u_{\max}\eta^m$$

已知 $m = \dfrac{1}{8}$,$\eta = \dfrac{y}{h}$,问①垂线平均流速 $\bar{u}$;②何处的流速 $u = \bar{u}$。

解:(1) $\bar{u} = \dfrac{1}{h}\displaystyle\int_{\delta_0}^{h} u\,\mathrm{d}y = \dfrac{1}{h}\displaystyle\int_{\delta_0}^{h} u_{\max}\left(\dfrac{y}{h}\right)^m \mathrm{d}y = \dfrac{u_{\max}}{(m+1)h^{m+1}}y^{m+1}\bigg|_0^h = \dfrac{u_{\max}}{m+1} = 0.89u_{\max}$

(2) 求 $u = \bar{u}$ 时的 y。

由 $u_{\max}\left(\dfrac{y}{h}\right)^m = \dfrac{u_{\max}}{m+1}$,有:

$$y^m = \frac{h^m}{m+1}$$

代入 m 值,得:

$$y = \sqrt[m]{1/(m+1)}\,h = \sqrt[1/8]{1/(1+1/8)}\,h = 0.39h$$

即距离水面为 $0.61h$ 处的流速 u 等于垂线平均流速 $\bar{u}$。

工程规范中规定:河渠中流速测定是取测点位于 $0.6h$ 处,可知与例题结果一致。

4.6 边界层理论

4.6.1 边界层基本概念

边界层的概念由普朗特于 1904 年首先提出,他将黏性的流层称为边界层。以均匀流流经薄板的情形来简述边界层的概念。

如图 4-15 所示,一流场内各处流速均为 u_0,若将一平板置于水流方向,则流体黏性作用将使得平板表面上的流层速度为零。与此同时,黏性也将导致平板附近流层的流速产生不同程度的降低。距离平板越远,黏性效应越小,流速相对越大。如图设置坐标系,理论上,黏性作用沿着 y 方向可拓展至无穷远处。将流速为零的流层至流速为 $0.99u_0$ 的流层之间的距离确定为边界层的厚度,以 δ 表示。边界层内的流速梯度为 $\frac{\partial u}{\partial y} > 0$,边界层厚度随着 x 的增加而增加。普朗特认为,边界层之外可以忽略流体黏性的影响,即可看作理想液体;而边界层之内的流体必须考虑黏性效应。

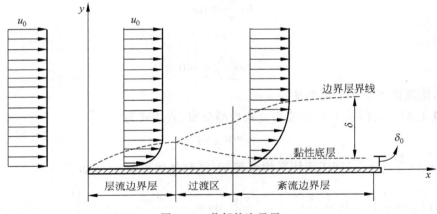

图 4-15 普朗特边界层

边界层的流态也有层流和紊流之分。沿着 x 方向,当 x 很小时,边界层厚度 δ 很小,流速梯度很大,黏性力起主要作用,此时的流态为层流,称为层流边界层。如果均匀来流为紊流,那么随着 x 的增加,经过层流和紊流的过渡段,流态转变为紊流,称为紊流边界层。紊流边界层在靠近壁面处也存在黏性底层 δ_0。

按照雷诺数的定义,特征长度取为坐标 x,特征流速取为均匀来流速度 u_0,有:

$$Re_x = \frac{u_0 x}{\nu} \tag{4-53}$$

由试验可得到边界层厚度 δ 的计算式:
层流边界层

$$\delta = \frac{5x}{Re_x^{1/2}} \tag{4-54}$$

紊流边界层

$$\delta = \frac{0.377x}{Re_x^{1/2}} \tag{4-55}$$

此外，由层流边界层转变为紊流边界层的临界雷诺数 Re_x 约为 3.5×10^5。

用边界层概念可以说明管流与明渠水流进口段流速分布沿程变化情况。与普通边界层类似，圆管流或河流时固体壁面也会形成边界层。若进入管道或河流之前的流速分布均匀，则在进入管道或河流之后，在固体边壁处形成边界层。从入流处开始，边界层厚度沿流动方向不断增加，即边界层沿流向发展。对于管流而言，经过一定管长后，边界层厚度将从管壁发展至轴线。对于河流而言，边界层厚度将从河床发展到水面。边界层厚度发展到管道轴线或河流水面的区间称为过渡段，之后的水流则均为边界层内的水流。

在过渡段内，任一过水断面上，边界层以外的水流按入流前的流速分布，而边界层内则有较大的流速梯度。因为边界层沿流动方向发展，因此过水断面上的流速分布在过渡段内沿流向不断变化。若为棱柱形管道或渠道，只有当过渡段之后的水流全部处于边界层内时，过水断面上的流速才能达到均匀流的流速分布。若为层流边界层，则流速为抛物线型分布；若为紊流边界层，则流速为对数曲线分布。对于管流而言，层流时的过渡段长度 $l \approx 60d$；紊流时的过渡段长度 $l \approx (40 \sim 50)d$。

4.6.2 边界层分离

边界层与固体壁面的分离称为边界层分离现象。如图 4-16 所示，以流体绕二元圆柱体（柱轴垂直于纸面，且该截面为水平面）流动进行分析。

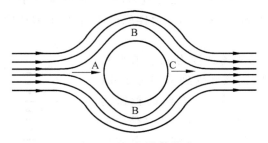

图 4-16 理想流体绕流

假若为理想流体绕圆柱体流动，因黏性为零，没有黏性力的作用，故不存在边界层分离现象。当流体运动至圆柱体时，A 点因柱体阻止而流速为零，称为前停滞点。从 A 点至 B 点区间，流速增大而压强减小，到达 B 点时流速最大而压强最小。从 B 点到 C 点的情况与前相反，此区间流体流速减小而压强增大。由于理想液体没有能量损失，C 点的压强将恢复到与 A 点的压强相同而流速为零，C 点称为后停滞点。

实际流体具有黏性，而黏性使得流体在固体壁面产生边界层。如图 4-17 所示，流体从 A 点运动至 B 点时，处于速度增加而压强降低过程；从 B 点运动至 C 点则处于速度减小而压强增大过程。由于流动过程存在水头损失，部分能量损耗，因此从 B 点到 C 点时，动能不可能完全转换为压能，所以在到达 C 点之前，如在 D 点处动能已消耗完毕，流速为零，这使得在该点处边界层开始与固体表面分离，该点称为边界层分离点。在分离点之前，边界层内在靠近固体壁面处的流速梯度为正,即 $y=0$ 处 $\dfrac{\partial u_x}{\partial y}>0$($x$ 轴沿着固体壁面,y 轴取固体壁面外法线方向)。分离点之后,在边界层下方与固体壁面之间形成漩涡,流体出现倒流现象,此时固体壁面处,即 $y=0$ 处,$\dfrac{\partial u_x}{\partial y}<0$。在漩涡区,流体质点的摩擦和碰撞加剧,同时维持漩涡运动需要消耗一部分机械能,这使得漩涡里的压强小于边界层未分离前的压强,由此产生了分离前后的压差阻力。

分离点具体位置的确定较为复杂,取决于固体边壁的形状、方位、粗糙程度以及雷诺数等众多因素。

图 4-17 黏性流体边界层分离

4.6.3 摩擦阻力和压差阻力

如图 4-18 所示,当流体绕固体流动或者固体在流体中运动时,圆形体所受到的平行于来流方向(即图中 u_0 方向)的力称为绕流阻力,所受到的垂直于来流方向的力称为升力。绕流阻力和升力都包括了固体(又称为绕流体或潜体)表面上剪切应力和压强的作用。现在试推导绕流阻力的表达式。

设流体绕圆柱体流动,来流速度为 u_0。在圆柱体表面取任意微面积 dA,则该面受到剪切力 $\tau_0 dA$ 和压力 $p dA$,剪切力和压力在 u_0 方向的投影为 $\tau_0 dA \cos(\tau_0, u_0)$ 和 $p dA \cos(p, u_0)$,二者对整个面积 A 积分即为绕流阻力,用 F_s 表示,则其数学表达式为:

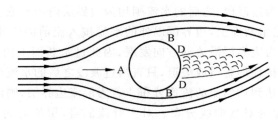

图 4-18 绕流阻力

$$F_s = \int_A \tau_0 \cos(\tau_0, u_0) dA + \int_A p \cos(p, u_0) dA \quad (4-56)$$

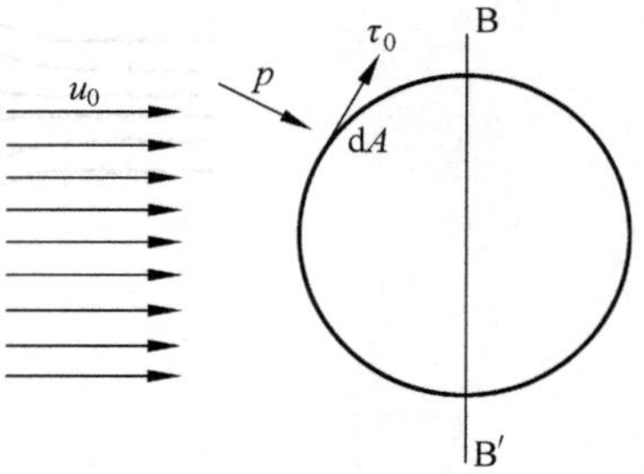

式(4-56)右侧第一项是由剪切力形成的阻力,称为摩擦阻力;第二项是压力形成的阻力,称为压差阻力。

由于实际流体在固体壁面的外法线方向存在流速梯度,因此摩擦阻力总是存在。压差阻力则取决于固体的形状,故压差阻力又称形状阻力。

理想流体没有能量损失,图 4-19 所示圆柱体截面为水平面,因此只有压能和动能的转换。B-B 轴两侧的压强对称分布,根据压差阻力的计算式,它应该等于零。实际流体有能量损失,并导致边界层分离。即使绕流体是对称的,但对称轴两侧的压强却不会对称分布,由此产生的前后压差形成了压差阻力。

4.7 局部水头损失的计算

局部水头损失是指由局部边界急剧改变导致运动流体的结构改变、流速分布改变并产生漩涡区而引起的水头损失。产生局部水头损失的主要原因是流体经局部阻碍时,因惯性作用,主流与壁面脱离,其间形成漩涡区,漩涡区流体质点强烈紊动,消耗大量能量;此时漩涡区质点不断被主流带向下游,加剧下游一定范围内主流的紊动,从而加大能量损失;在局部阻碍附近,流速分布不断调整,也将造成能量损失。

目前,除了过流断面突然扩大或缩小时的局部水头损失系数在一定假设条件下可推导出数学计算式外,大多情况下需要借助实测来确定。

局部水头损失 h_j 虽无法从理论上推导,但同沿程水头损失类似,可表示为局部水头损失系数 ξ 与流速水头 $\dfrac{v^2}{2g}$ 的乘积:

$$h_j = \xi \frac{v^2}{2g} \qquad (4-57)$$

4.7.1 断面突然放大的局部水头损失系数

现讨论圆管流断面突然扩大时的局部水头损失 h_j 的计算,如图 4-19 所示。

设水流由 1-1 断面流入 2-2 断面,取过水断面 1-1 在两管交界处,断面 2-2 在漩涡区末端。两断面距离很短,可忽略沿程水头损失,已知 1-1 断面管径为 d_1,2-2 断面管径为 d_2,则可列出两断面间的伯努利能量方程,如下:

$$h_j = \left(z_1 + \frac{p_1}{\rho g} + \frac{\alpha_1 v_1^2}{2g}\right) - \left(z_2 + \frac{p_2}{\rho g} + \frac{\alpha_2 v_2^2}{2g}\right)$$

式中:p_1、z_1、p_2、z_2——1-1 断面和 2-2 断面管轴处的压强和相对高度。

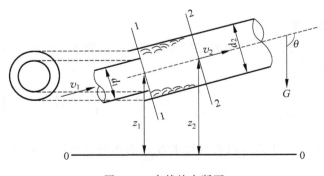

图 4-19 突然放大断面

由 1-1、2-2 断面和管壁所包围隔离体的动量方程可解出两断面间测压管水头 $\left(z_1 + \dfrac{p_1}{\rho g}\right) - \left(z_2 + \dfrac{p_2}{\rho g}\right)$ 与流速水头 $\dfrac{\alpha v^2}{2g}$ 的关系。

沿管轴方向的动量方程如下：
$$\sum F = \rho Q(\beta_2 v_2 - \beta_1 v_1)$$

外力 $\sum F$ 组成如下：

① 作用于 1-1 断面上的动水压力 $p_1 A_1$，方向沿水流方向；

② 作用于 2-2 断面上的动水压力 $p_2 A_2$，方向与水流方向相反；

③ 1-1 和 2-2 断面之间的环形面 $A_2 - A_1$ 上所受的作用力。在图 4-19 图中，环形面 $A_1 - A_2$ 与漩涡区接触，假设环形面的动水压强按静水压强分布，则其压力等于环形面积形心处的压强 p_1 与环形面积的乘积，即 $p_1(A_2 - A_1)$，这一假设通过试验验证是合理的；

④ 重力 G 在管轴线方向的投影为 $\rho g A_2 l \cos\theta$，θ 为管轴与铅垂线之间的夹角，而 $\cos\theta = \dfrac{z_1 - z_2}{l}$，故重力 G 在管轴方向的投影为 $\rho g A_2 (z_1 - z_2)$；

⑤ 壁面对水流的阻力不计。

将以上关系代入动量方程式，有：
$$p_1 A_1 + p_1(A_2 - A_1) - p_2 A_2 + \rho g A_2 (z_1 - z_2) = \rho Q(\beta_2 v_2 - \beta_1 v_1)$$

取 $\beta_1 = 1.0, \beta_2 = 1.0$，上式除以 $\rho g A_2$ 得：
$$\left(z_1 + \frac{p_1}{\rho g}\right) - \left(z_2 + \frac{p_2}{\rho g}\right) = \frac{v_2}{2g}(v_2 - v_1)$$

将上式代入伯努利能量方程式，取 $\alpha_1 = 1.0, \alpha_2 = 1.0$，有：
$$h_j = \frac{v_2(v_2 - v_1)}{g} + \frac{v_1^2}{2g} - \frac{v_2^2}{2g}$$

即有：
$$h_j = \frac{(v_2 - v_1)^2}{2g} \tag{4-58}$$

式中：h_j ——局部水头损失。

式(4-58)也称作波达公式，证明突然扩大局部水头损失等于流速差的速度水头。

式(4-58)可变形为：
$$h_j = \left(1 - \frac{A_1}{A_2}\right)^2 \frac{v_1^2}{2g} = \xi_1 \frac{v_1^2}{2g} \quad \text{或} \quad h_j = \left(\frac{A_2}{A_1} - 1\right)^2 \frac{v_2^2}{2g} = \xi_2 \frac{v_2^2}{2g} \tag{4-59}$$

式中：$\xi_1 = \left(1 - \dfrac{A_1}{A_2}\right)^2$ ——用扩大前的流速水头 $\dfrac{v_1^2}{2g}$ 表示的突然扩大局部阻力系数；

$\xi_2 = \left(\dfrac{A_2}{A_1} - 1\right)^2$ ——用扩大后的流速水头 $\dfrac{v_2^2}{2g}$ 表示的突然扩大局部阻力系数。

突然扩大的局部损失公式虽然是以管道为例推导的，对管道流入明渠或明渠流入明渠等形式的突然扩大也可近似应用。式中 A_1、v_1；A_2、v_2 一般可理解为扩大前和扩大后的过水断面面积和流速。

4.7.2 其他局部水头损失系数

1. 管流断面突然缩小时的局部水头损失系数

管流过流断面突然缩小时的水头损失,主要发生在缩小断面内收缩断面 c-c 附近的漩涡区,如图 4-20 所示。

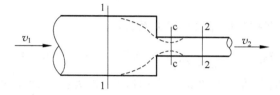

图 4-20 突然缩小断面

突然缩小的局部水头损失系数决定于收缩面积比 A_2/A_1,其值按经验公式计算,可参见表 4-3,表中 ξ 值对应于以收缩断面流速水头计量时的局部水头损失系数,即此时的 h_j 以下式计算:

$$h_j = \xi \frac{v_2^2}{2g}$$

当流体由很大的断面,如从水池、水箱等流入管道时,$A_2 \ll A_1$,$\xi \approx 0.5$,称为管道入口局部水头损失系数。

表 4-3 管流断面突然缩小时的 ξ 值

d_2/d_1	0	0.1	0.2	0.3	0.4	0.5	0.6	0.7	0.8	0.9	1.0
ξ	0.5	0.5	0.49	0.49	0.46	0.43	0.38	0.29	0.18	0.07	0

2. 渐变管断面处的局部水头损失系数

锥形渐扩管和渐缩管是常见的管道接口形式,水流在经过锥形渐变断面时,亦存在局部边界变化所导致的水头损失。

如图 4-21(a)所示,锥形渐扩管的几何特征量包括扩大面积比、扩张角,其局部水头损失主要由摩擦损失 h_1 和断面扩大损失 h_2 构成。摩擦损失可由下式计算:

$$h_1 = \frac{\lambda}{8\sin(\alpha/2)}(1-n^{-2})\frac{v_1^2}{2g}$$

式中:λ——渐扩前管道的沿程水头损失系数;

  n——糙率;

  α——渐扩角。

断面扩大损失主要由漩涡和流速分布改变引起的损失,沿用突然扩大水头损失公式乘以与扩张角有关的系数 K 计算。当 $\alpha \leqslant 20°$时,取 $K = \sin\alpha$。公式如下:

$$h_2 = K(1-n^{-1})\frac{v_1^2}{2g}$$

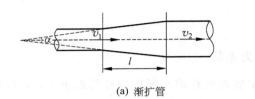 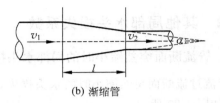

(a) 渐扩管　　　　　　　　　　(b) 渐缩管

图 4-21　渐变管流

由上两式综合可得渐扩管局部水头损失系数：

$$\xi_{渐扩} = \frac{\lambda}{8\sin(\alpha/2)}(1-n^{-2}) + K(1-n^{-1})^2 \tag{4-60}$$

当 n 一定时，摩擦损失随渐扩角 α 增大而减少，扩大损失则相对增加。$\alpha = 5°\sim 8°$时，$\xi_{渐扩}$最小；$\alpha > 50°$时，$\xi_{渐扩}$接近于突然放大断面的损失系数。

锥形渐缩管如图 4-21(b) 所示，其几何特征量包括收缩面积比 (A_2/A_1) 和收缩角 α，局部水头损失系数 $\xi_{渐缩}$ 可根据其几何特征量由图 4-22 查得。

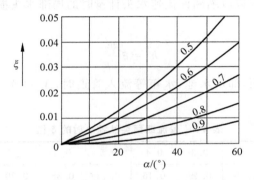

图 4-22　锥形渐缩管的 $\xi_{渐缩}$ 值（图中曲线对应 A_2/A_1）

3. 弯管的局部水头损失系数

弯管是一种较为典型的管道连接方式，在管径不变情况下，弯管只改变水流方向而不改变流速的大小。

如图 4-23 所示，流体流经弯管段时，会在内、外侧分别产生漩涡区，同时产生二次流现象。这是由于水流流经弯管时，将受到向心力作用，外侧的动水压增加，内侧的动水压减小，两侧管壁附近的压强基本不变。压强差的存在，使得外侧流体沿管壁流向内侧。与此同时，由于连续性，内侧流体会向外侧回流，由此形成一对旋转流，即二次流。二次流与主流叠加，使流过弯管的流体质点做螺旋流动，从而加大了水头损失。二次流需要经过一段流程之后才能消失，其最大影响范围可达 $50d$。弯管的局部水头损失由漩涡损失和二次流损失构成。局部水头损失系数则决定于弯管的转角和曲率半径与管径之比，如表 4-4 所示。

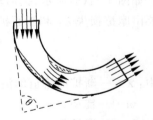

图 4-23　弯管时的水流

表 4-4　弯管的局部水头损失系数

断面形状	R/d 或 R/b	30°	45°	60°	90°
圆形	0.5	0.120	0.270	0.480	1.00
	1.0	0.058	0.100	0.150	0.246
	2.0	0.066	0.089	0.112	0.159
方形 $h/b=1.0$	0.5	0.120	0.270	0.480	1.060
	1.0	0.054	0.079	0.130	0.241
	2.0	0.051	0.078	0.102	0.142
矩形 $h/b=0.5$	0.5	0.120	0.270	0.480	1.00
	1.0	0.058	0.087	0.135	0.22
	2.0	0.062	0.088	0.112	0.155
矩形 $h/b=2.0$	0.5	0.120	0.280	0.480	1.080
	1.0	0.042	0.081	0.140	0.227
	2.0	0.042	0.063	0.083	0.113

注：表中 h、b 分别表示正方形和矩形的高度和宽度；d 表示圆形直径；R 表示水力半径。

【例题 4.4】 如图 4-24 所示，一高位水池通过一根长度为 500m 的输水管向外送水，已知输水管径 $d=0.25$m，水池至管道入口处为尖锐连接，局部损失系数 $\xi_\text{进}=0.5$，沿程有 90°转角，局部损失系数 $\xi_\text{弯}=1.0$，管道设出口闸阀，$\xi_\text{闸}=3.5$，管道的沿程阻力系数 $\lambda=0.020$。若水池有补充水可维持恒定出流量为 $0.2\text{m}^3/\text{s}$，不计水池中的流速水头，求水池液面至管道出口断面的高度 H。

解：取水池液面为 1-1 断面，管道出口断面为 2-2 断面，列两断面间的伯努利能量方程：

$$z_1+\frac{p_1}{\rho g}+\frac{v_1^2}{2g}=z_2+\frac{p_2}{\rho g}+\frac{v_2^2}{2g}+h_{w1\text{-}2}$$

z_1-z_2 即 H，两断面均与大气连通，故相对压强均为 0，忽略水池断面流速水头，则有：

$$H=\frac{v_2^2}{2g}+\sum h_\text{f}+\sum h_\text{j}$$

$$H=\sum h_\text{f}+\sum h_\text{j}$$

$$=\left(1+\lambda\frac{l}{d}+\xi_\text{进}+\xi_\text{弯}+\xi_\text{闸}\right)\frac{v^2}{2g}$$

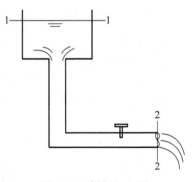

图 4-24　例题 4.4 图

式中：

$$v_2=\frac{Q}{A}=\frac{4Q}{\pi d^2}=\left(\frac{4\times 0.2}{3.14\times 0.25^2}\right)\text{m/s}=4.08\text{m/s}$$

$$\lambda\frac{l}{d}=0.02\times\frac{500}{0.25}=40$$

局部损失系数之和为 5.0，将以上数值代入式中，可得：

$$H=(1+40+5)\frac{v^2}{2g}=\left(46\times\frac{4.08^2}{2\times 9.8}\right)\text{m}=39.07\text{m}$$

【例题 4.5】 某管路直径 $d=0.2$m，流量 $Q=0.1\text{m}^3/\text{s}$，水力坡度 $J=0.05$，试求该管路

的沿程阻力系数 λ。

解：$v = \dfrac{4Q}{\pi d^2} = \left(\dfrac{4 \times 0.1}{3.14 \times 0.2^2}\right) \text{m/s} = 3.18 \text{m/s}$

因为 $h_f = \lambda \dfrac{l}{d} \dfrac{v^2}{2g}, J = \dfrac{h_f}{l}$，所以有：

$$J = \dfrac{\lambda}{d} \dfrac{v^2}{2g} = 0.05$$

$$\lambda = \dfrac{2gd}{v^2} \times 0.05 = \dfrac{2 \times 9.8 \times 0.2}{3.18^2} \times 0.05 = 0.0193$$

习 题

一、选择题

1. 满管流动时，过流断面直径 d 与水力半径 R 之比为（ ）。
   A. 1   B. 2   C. 3   D. 4

2. 一渠道为矩形过流断面，渠宽度为 1.0m，水深为 0.5m，则水力半径 R 为（ ）。
   A. 0.25m   B. 1.0m   C. 1.5m   D. 2.0m

3. 管流在变径前后的雷诺数之比为 $Re_1 : Re_2 = 2 : 1$，则变径前后的直径比为（ ）。
   A. 1/4   B. 1/2   C. 1   D. 2

4. 若圆管内水流满足 $\dfrac{Q}{\pi d \nu} = 425$，则该管流属于（ ）。
   A. 紊流   B. 层流   C. 边界流   D. 无法确定

5. 若已知某管段中的沿程水头损失与断面平均流速的二次方成正比，则该管流为（ ）。
   A. 层流   B. 紊流   C. 边界流   D. 无法确定

6. 若圆管层流中的断面平均流速为 0.5m/s，则断面上最大流速为（ ）m/s。
   A. 4.0   B. 3.0   C. 1.0   D. 2.0

7. 对于紊流而言，其运动要素的主要特征是在（ ）具有脉动性。
   A. 时间   B. 空间   C. 时间或空间 D. 时间和空间

8. 下列说法中，（ ）总体上代表了紊流的本质特征。
   A. 均匀流   B. 非均匀流   C. 渐变流   D. 非恒定流

9. 等直径管道，分别通入不同种类的液体进行能量损失测定，若保持流速不变，则在（ ）时的各种液体的沿程水头损失相等。
   A. 紊流粗糙区 B. 紊流过渡区 C. 紊流光滑区 D. 层流区

10. 已知管流处于层流状态，测得该管道的沿程水头损失系数为 0.032，则此时的雷诺数是（ ）。
    A. 1000   B. 1500   C. 2000   D. 3000

11. 已知管道半径为 r_0，管流处于层流状态，若将毕托管测速仪进口置于距管轴线（ ）时，测得的流速就是断面平均流速（不考虑水头损失）。
    A. $0.5r_0$ B. $0.67r_0$ C. $0.867r_0$ D. $0.707r_0$

12. 一等直径立管（垂直于地面）自下向上输水，相距为 s 的两断面间的水头损失等于

( )。

  A. 0.5s B. s C. 2s D. 3s

13. 用于计算管径突然变大时的局部水头损失公式是( )。

  A. $h_j = \dfrac{v_1 - v_2}{2g}$ B. $h_j = \dfrac{v_1^2 - v_2^2}{2g}$ C. $h_j = \dfrac{v_1^2 + v_2^2}{2g}$ D. $h_j = \dfrac{(v_1 - v_2)^2}{2g}$

14. 一输水立管（垂直于地面）自上向下输水，若上部管径小，下部管径大，上部流速为 v_1，下部流速为 v_2，则在管径突然变化前后的两断面间（相距为 s）的测压管液面高差为( )。

  A. $\dfrac{v_1^2 - v_2^2}{2g}$ B. $\dfrac{v_1^2 - 2v_1 v_2 + v_2^2}{2g}$

  C. $\dfrac{v_1^2 - v_1 v_2}{2g}$ D. $\dfrac{v_1 v_2 - v_2^2}{2g}$

15. 若一输水管道直径 d 为 2.0m，糙率 $n=0.014$，若管道中的流速 $v=1.42$m/s，则该管道水力坡度 J 为( )。

  A. 1‰ B. 2‰ C. 3‰ D. 4‰

16. 某化工厂原料液输送管道长度为 8000m，管道直径为 0.25m，若测得该原料液相对密度为 0.85，运动黏度为 0.2cm²/s，管轴线处速度为 2.04cm/s，则原料液流量 Q 为( )m³/s。

  A. 2.5×10^{-4} B. 5.0×10^{-4} C. 1.0×10^{-3} D. 2.0×10^{-3}

17. 紊流粗糙区的沿程水头损失系数 λ 取决于( )。

  A. Re B. $\dfrac{\Delta}{d}$ C. Fr D. Re 和 $\dfrac{\Delta}{d}$

18. 如果管流时处于紊流光滑区，则可推断出其沿程水头损失和流速的( )次方成正比。

  A. 1 B. 1.15 C. 1.5 D. 1.75

19. 随着雷诺数的增加，黏性底层的厚度趋于( )。

  A. 不变 B. 变小 C. 变大 D. 不确定

20. 绕流阻力等于( )之和。

  A. 压差阻力和摩擦阻力   B. 压差阻力和局部阻力

  C. 局部阻力和沿程阻力   D. 层流阻力和紊流阻力

二、计算题

1. 如图 4-25 所示为一雷诺试验装置，管道直径 $d = 4 \times 10^{-3}$m，两测压管间距为 $s = 0.5$m，若管中液体的运动黏度 $\nu = 1.85 \times 10^{-5}$ m²/s。当管中通过的液体流量 $Q = 1.0 \times 10^{-3}$L/s，测压管中的液面高差 Δh 为多少？

2. 一倾斜安装的化工管道如图 4-26 所示。输送黏度 $\mu = 4.5 \times 10^{-2}$ Pa·s，相对密度为 0.9 的浆液，已知倾斜段管道长度 $l = 6.0$m，该段管道直径 $d = 0.02$m，管段上端和下端高度差 $\Delta h = 2.0$m，若测得管段上端的压强为 1.0×10^5Pa，管段中浆液流量为 0.47L/s，则管段下端的压强是多少？

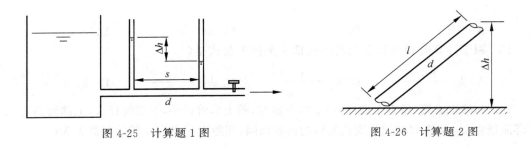

图 4-25　计算题 1 图　　　　　　图 4-26　计算题 2 图

3. 已知管道中输送的流体运动黏度 $\nu=0.0516\text{cm}^2/\text{s}$，管道直径 $d=0.05\text{m}$，请确定当管道内的流态从层流转变为紊流时的界限流量 Q。

4. 采用雷诺试验装置(图 4-25)测得管道流量为 $2.744\times10^{-3}\text{m}^3/\text{s}$ 时，两测压管液面高差 $\Delta h=0.8\text{m}$，若已知管道沿程水头损失系数 $\lambda=0.04$，管道直径 $d=0.05\text{m}$，则两测压管之间的距离 s 为多少？

5. 已知 1km 长的等直径输油管道，其直径 $d=0.2\text{m}$，糙率 $n=0.012$，若测得管道始端至终端的沿程水头损失 $h_\text{f}=13\text{m}$，则管道的流量为多少？

6. 有一长度 $l=200\text{m}$、直径 $d=7\text{m}$ 的圆形断面输水隧洞，采用混凝土浇筑方式，壁面做光滑抹面处理，糙率 $n=0.014$，若设计要求控制水头损失不超过 6.15m，则通过的最大流量为多少？

7. 一管式黏度仪如图 4-27 所示，已知管径 $d=8\times10^{-3}\text{m}$，压差计测点间距 $s_{1-2}=2.0\text{m}$，若测得管内流量为 $7\times10^{-5}\text{m}^3/\text{s}$，已知该管内流体的相对密度为 0.9，运动黏度为 $2.98\times10^{-5}\text{m}^2/\text{s}$，则图中水银压差计的高差 h 为多少？

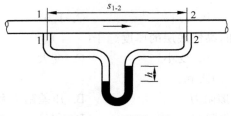

图 4-27　计算题 7 图

8. 已知某自来水厂引水管渠的水力半径 $R=0.075\text{m}$，水力坡度 $J=1.5‰$，通过的流量为 $Q=58.2\text{L/s}$，试求该管渠的沿程水头损失系数。

9. 图 4-28 所示为一等直径的弯管水流，已知 1 和 2 两点的高差 $h=0.4\text{m}$，连接两点的水银压差计的读值 $\Delta h=0.3\text{m}$，管中水流速度 $v=1.5\text{m/s}$，$\rho_{水银}=13.6\times10^3\text{kg/m}^3$，则 1 和 2 两点间的测压管水头差和两点间的水头损失 h_w 各为多少？

10. 如图 4-29 所示，文丘里流量计喉管 A 处直径 $d_\text{A}=0.15\text{m}$，进口段 B 处直径 $d_\text{B}=0.3\text{m}$，管内油的密度为 $\rho=900\text{kg/m}^3$，若 A 和 B 之间的高差为 $H=0.3\text{m}$，水银压差计读数 $\Delta h=0.25\text{m}$，则 A 和 B 所在断面的压强差水头等于多少？管内油的流量是多少？

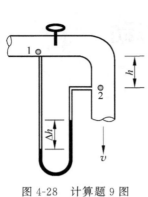 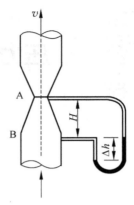

图 4-28　计算题 9 图　　　　　图 4-29　计算题 10 图

11. 已知圆管层流时的沿程水头损失系数 $\lambda=\dfrac{64}{Re}$，圆管紊流光滑区的沿程水头损失系数 $\lambda=0.3164Re^{-0.25}$ 以及紊流粗糙区的沿程水头损失系数 $\lambda=0.11(\Delta/d)^{0.25}$，试推导三种流动状态下沿程水头损失和流速的关系。

12. 一矩形断面渠道，渠底宽度和水深均为 a，另有一边长为 a 的正方形断面渠道，若两渠道单位长度对应的水头损失相同且糙率相同，则两渠道的水力半径之比为多少？两渠道边壁处的剪切应力之比为多少？两渠道所通过的流量之比为多少？

第 4 章答案

第5章 压力管道流动

压力流是指流动过程中流体(主要指液体)被固体边界约束、没有自由表面流动。常见的压力流是压力管道管流,即液体充满管道的流动。液体未充满管道的流动遵循无压重力流的规律。压力管道流动常应用于土木、水利、市政、化工等领域。

管流按液体速度的恒定性可分为速度随时间变化的非恒定管流和速度不随时间变化的恒定管流;按管道局部损失能否忽略分为沿程损失占绝对优势、局部损失可以忽略不计的长管和局部损失占相当数量不能忽略不计的短管;按管道布置分为管径及管道类型均不变化又无分支的简单管道,以及由两根以上管道组合成的复杂管道,如串联、并联管道、枝状或环状管网。压力管道流动的水力计算,一般均以恒定流为基础。

5.1 孔口与管嘴出流

5.1.1 孔口出流

1. 孔口类型与出流特征

孔口出流是指挡水壁上开孔,水经孔口流出的流体力学现象。孔口常用于取水与泄水构筑物或设施上,如自来水厂取水口、水库泄水闸孔等。孔口出流时,因流经的固体边界长度较小而一般不计沿程水头损失,仅考虑局部水头部损失。

如图 5-1 所示,当孔口高度 e 与作用水头 H(上游液面至孔口中心的高度)之比,即 $e/H \leqslant 0.1$ 时,称作小孔口,此时认为孔口断面上各点至液面的淹没水深(即作用水头)相同;$e/H > 0.1$ 时,孔口断面上各点的作用水头不能视作相同,孔口称作大孔口。当孔口所在池壁厚度不影响孔口出流时,水流与孔壁的接触只是一条周线,称为薄壁孔口;反之为厚壁孔口。

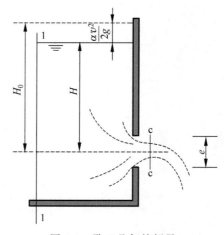

图 5-1 孔口几何特征量

孔口出流有恒定流和非恒定流条件下的自由出流、淹没出流等多种形式。

孔口出流时,水流自池内四周向孔口汇集,由于惯性作用的存在,水流流线不能突然改变方向而需保持连续变形状态,下部来流流线向上,上部来流流线向下,导致水流断面收缩,如图 5-1 所示。若池壁对流束的收缩没有影响(如薄壁小孔口出流时),则发生完善收缩,至 c-c 断面处收缩完毕;若池壁对流束的收缩产生影响,如厚壁大孔口出流时,流束的收缩会因受到池壁影响而减弱,称为不完善收缩。流束在全部周界上都发生收缩的出流称为全部收缩;流束周界只是部分发生收缩,沿侧壁的部分周界不发生收缩,称为非全部收缩。

若孔口断面面积为 A,收缩断面面积为 A_c,则定义收缩系数为:

$$\varepsilon = \frac{A_c}{A} \tag{5-1}$$

2. 薄壁小孔口出流

1)自由出流

自由出流是指下游水位或出口处水位不影响水流运动的出流状态。孔口及管道的水流直接流入空气中的出流、宽顶堰流收缩断面处水深小于临界水深时的出流状态等均属于自由出流。

如图 5-1 所示,设孔口为薄壁小孔口,取池内过流断面 1-1 和孔口处收缩断面 c-c 间的水流作为控制体,建立伯努利能量方程:

$$z_1 + \frac{p_1}{\rho g} + \frac{\alpha_1 v_1^2}{2g} = z_c + \frac{p_c}{\rho g} + \frac{\alpha_c v_c^2}{2g} + h_w$$

取 $\alpha_1 = \alpha_c = 1.0$,两断面上的点均取自液面处,则有 $p_1 = p_c = 0$,忽略沿程水头损失,则 $h_w = h_j$,令 $H_0 = H + \frac{\alpha_1 v_1^2}{2g}$(一般情况下,由于池内断面平均流速远小于孔口流速,可忽略其流速水头),则上式简化为:

$$H_0 = \frac{v_c^2}{2g} + \xi_c \frac{v_c^2}{2g} = (1 + \xi_c) \frac{v_c^2}{2g}$$

式中:ξ_c——小孔口处局部水头损失系数。

可得到收缩断面处水流流速 v_c 计算公式如下:

$$v_c = \frac{1}{\sqrt{1 + \xi_c}} \sqrt{2gH_0} = \varphi_c \sqrt{2gH_0} \tag{5-2}$$

式中:φ_c——自由出流流速系数,$\varphi_c = \frac{1}{\sqrt{1 + \xi_c}}$。

相应的小孔口流量表达式为:

$$Q_c = v_c A_c = \varepsilon \cdot A \cdot v_c = \varepsilon \varphi_c \sqrt{2gH_0} = \mu_c \sqrt{2gH_0} \tag{5-3}$$

式中:μ_c——流量系数,$\mu_c = \varepsilon \varphi_c$。

2)淹没出流

淹没出流与自由出流对应,是指下游(或出口处)水位对水流流动有影响的出流状态。孔口或管道出口位于下游水位之下的出流状态、宽顶堰流收缩断面处水深大于临界水深时的出流状态均属于淹没出流。

由于惯性与出流方式无关,因此淹没出流时仍存在流束收缩现象,如图 5-2 所示。对于薄壁小孔口而言,出流收缩可达完全,至收缩断面 c-c 之后,水流逐渐扩大至整个下游水池断面。

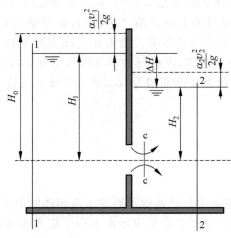

图 5-2 孔口淹没出流

以孔口形心的水平面为基准面,在上、下游水池过流断面 1-1 和 2-2 之间建立伯努利能量方程,则有:

$$z_1 + \frac{p_1}{\rho g} + \frac{\alpha_1 v_1^2}{2g} = z_2 + \frac{p_2}{\rho g} + \frac{\alpha_2 v_2^2}{2g} + h_w$$

取 $\alpha_1 = \alpha_2 = 1.0$,两断面上的点均取自液面处,则有 $p_1 = p_2 = 0$,忽略沿程水头损失和池内流速水头,则上式简化为:

$$\Delta H = H_1 - H_2 = \sum h_j = (\xi_c + \xi_e) \frac{v_c^2}{2g}$$

式中,ξ_e——水流经 c-c 断面扩大至 2-2 断面时的局部水头系数,因 2-2 断面面积远大于 c-c 断面,由 4.7 节可知,$\xi_e = 1.0$。

由上式可得到收缩断面处水流流速 v_c 计算公式如下:

$$v_c = \frac{1}{\sqrt{\xi_c + \xi_e}} \sqrt{2g \Delta H} = \frac{1}{\sqrt{\xi_c + 1}} \sqrt{2g \Delta H} = \varphi \sqrt{2g \Delta H} \quad (5-4)$$

式中:φ——淹没出流流速系数,$\varphi = \frac{1}{\sqrt{1+\xi_c}}$。

相应的淹没出流流量表达式为:

$$Q = v_c A_c = \varepsilon \cdot A \cdot v_c = \varepsilon \varphi \sqrt{2g \Delta H} = \mu \sqrt{2g \Delta H} \quad (5-5)$$

式中:μ——淹没出流流量系数,$\mu = \varepsilon \varphi$。

对比式(5-2)~式(5-5)可知,自由出流和淹没出流时的流速及流量计算公式的形式相同,但不同点在于淹没出流时的有效作用水头是两水池液面差,这意味着淹没出流时孔口断面各点的作用水头相同。

大孔口出流的计算公式与小孔口形式相同,区别在于流速系数和流量系数不同。

3）流速系数和流量系数

流速系数和流量系数与孔口处局部水头损失系数以及收缩系数有关。如图 5-3 所示，小孔口距离周边壁面较远时，来自各方向的流束均可运动至收缩断面，即完善收缩，实测的系数值如表 5-1 所示。大孔口在不同收缩时的流量系数如表 5-2 所示。

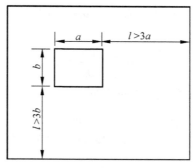

图 5-3　收缩完善孔口

表 5-1　完善收缩时的薄壁小孔口系数值

收缩系数 ε	损失系数 ξ	流速系数 φ	流量系数 μ
0.64	0.06	0.97	0.62

表 5-2　不同收缩时的大孔口流量系数

收缩情况	流量系数 μ
全都不完善收缩	0.70
底部无收缩，侧向有适度收缩	0.66～0.70
底部无收缩，侧向很小收缩	0.70～0.75
底部无收缩，侧向极小收缩	0.80～0.90

3. 孔口非恒定出流

非恒定流在工程实践中较为多见，如蓄水池进水和放水、洒水车喷洒、油罐车卸油等过程中，出流或入流时的有效作用水头均随时间发生变化。显然，非恒定流时的液面处于动态变化过程，不能直接应用恒定流时的计算公式。考虑到水池等容器断面一般远大于入流或出流时的孔口断面，液面处于相对缓慢地变化，若将出流过程按时间划分为多个微小过程，则每一微小时段内，液面可视作不变，即作用水头在微小时段内不变。如此，恒定流条件下的计算公式可用于每一个微小时段，非恒定流即可作为恒定流问题加以解决。

如图 5-4 所示，有一圆柱形水箱，壁面处开一薄壁孔口，水箱内原液面至孔口形心处水深为 H_0，在无补充水条件下自由出流，假定水箱断面面积为 Ω，小孔口面积为

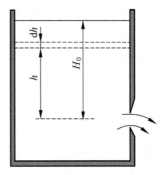

图 5-4　孔口非恒定出流

A，某出流时刻的液面至孔口形心水深为 h，在 dt 时间内，流出体积为 dV，则由小孔口出流公式得，出流体积为：

$$dV = Q dt = \mu A \sqrt{2gh}\, dt$$

考虑出流体积即水箱内减少的水体积，故有：

$$dV = -\Omega dh = \mu A \sqrt{2gh}\, dt$$

分离变量，上式转化为：

$$\frac{-\Omega}{\mu A \sqrt{2g}} \frac{dh}{\sqrt{h}} = dt$$

积分上式，可得水箱内水全部流出时的时间：

$$t = \int_{H_0}^{0} -\frac{\Omega}{\mu A \sqrt{2g}} \frac{dh}{\sqrt{h}} = \frac{2\Omega}{\mu A} \sqrt{\frac{H_0}{2g}} \tag{5-6}$$

上式可变形为：

$$t = \frac{2\Omega H_0}{\mu A} \frac{1}{\sqrt{2gH_0}} = \frac{2V}{Q_0}$$

式中：V——水箱内全部水体积；

Q_0——液面不变时恒定自由出流时的流量。

可知，在无补充水条件下，水箱内的水全部流出的时间是初始作用水头下恒定自由出流所需时间的两倍。

【例题 5.1】 如图 5-5 所示，油槽车的油槽长度为 l，直径为 d，油槽底部设有卸油孔，孔口面积为 A，流量系数为 μ，试求该车充满油后所需卸空时间。

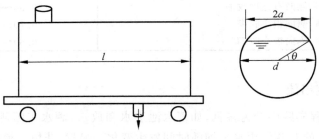

图 5-5　例题 5.1 图

解： 设当油箱中的油深为 h 时，瞬时泄油量为 $Q dt$，有：

$$dV = A_0 dh = -Q dt = -\mu A \sqrt{2gh}\, dt$$

其中：

$$A_0 = 2al$$

$$a^2 + \left(h - \frac{d}{2}\right)^2 = \left(\frac{d}{2}\right)^2$$

因 $\dfrac{a}{\dfrac{d}{2}} = \sin\theta$，有

$$a = \frac{d}{2}\sin\theta$$

当 $h \geqslant d/2$ 时，$\cos\theta = \left(h - \frac{d}{2}\right)\bigg/(d/2)$，故有：

$$-\sin\theta \mathrm{d}\theta = \frac{2}{d}\mathrm{d}h$$

$$\mathrm{d}h = -\frac{d}{2}\sin\theta \mathrm{d}\theta$$

当 $h < d/2$ 时，有：

$$\cos\theta = \left(\frac{d}{2} - h\right)\bigg/(d/2)$$

$$\mathrm{d}h = \frac{d}{2}\sin\theta \mathrm{d}\theta$$

所以有：

$$\mathrm{d}t = \frac{-A_0}{\mu A \sqrt{2gh}}\mathrm{d}h = \frac{-2l}{\mu A \sqrt{2g}}\frac{\frac{d}{2}\sin\theta}{\sqrt{h}}\mathrm{d}h$$

$$t = -\int_0^{\frac{\pi}{2}} \frac{ld}{\mu A \sqrt{2g}} \cdot \frac{\sin\theta}{\sqrt{h}}\mathrm{d}h - \int_{\frac{\pi}{2}}^{\pi} \frac{ld}{\mu A \sqrt{2g}} \cdot \frac{\sin\theta}{\sqrt{h}}\mathrm{d}h$$

$$= -\frac{ld}{\mu A \sqrt{2g}}\left[\int_0^{\frac{\pi}{2}} \frac{\sin\theta}{\sqrt{h}} \cdot \frac{-d}{2}\sin\theta \mathrm{d}\theta + \int_{\frac{\pi}{2}}^{\pi} \frac{d\sin\theta}{2\sqrt{h}}\sin\theta \mathrm{d}\theta\right]$$

$$= -\frac{ld^2}{2\mu A \sqrt{2g}}\left[-\int_0^{\frac{\pi}{2}} \frac{\sin^2\theta}{\sqrt{h}}\mathrm{d}\theta + \int_{\frac{\pi}{2}}^{\pi} \frac{\sin^2\theta}{\sqrt{h}}\mathrm{d}\theta\right]$$

其中，

$$\int_0^{\frac{\pi}{2}} \frac{\sin^2\theta}{\sqrt{d/2} \cdot \sqrt{1+\cos\theta}}\mathrm{d}\theta = \sqrt{2/d}\int_1^0 \frac{-\sin\theta}{\sqrt{1+\cos\theta}}\mathrm{d}u = \sqrt{2/d}\int_0^1 \sqrt{1-u}\,\mathrm{d}u$$

$$\int_{\frac{\pi}{2}}^{\pi} \frac{\sin^2\theta}{\sqrt{\frac{d}{2}} \cdot \sqrt{1-\cos\theta}}\mathrm{d}\theta = -\sqrt{\frac{2}{d}}\int_0^{-1} \frac{-\sin\theta}{\sqrt{1-\cos\theta}}\mathrm{d}u = -\sqrt{\frac{2}{d}}\int_0^{-1} \sqrt{1+u}\,\mathrm{d}u$$

积分可得：

$$t = \frac{ld^2}{2\mu A \sqrt{2g}} \cdot \frac{4}{3}\sqrt{\frac{2}{d}} = \frac{2}{3}\frac{ld^{\frac{3}{2}}}{\mu A \sqrt{g}}$$

5.1.2 管嘴出流

管嘴出流是指在池壁孔口上连接一根长度为 3～4 倍孔径的圆柱形或圆锥形短管，流体经过短管并在出口断面满流出流的流动现象。由于短管长度有限，流动过程中的水头损失主要为局部水头损失，而沿程水头损失因占比很小可被忽略。管嘴出流方式多见于水利工程的泄流以及工程喷射装置，如高压射流器、消防水枪等。

1. 圆柱形管嘴恒定自由出流

如图 5-6 所示,一圆柱形管嘴连接于孔径为 d 的孔口上,管嘴长度为 $l=(3\sim4)d$,若池内液面维持不变,则管嘴处于恒定自由出流状态。

在池内断面 1-1 和管嘴出口断面 2-2 之间建立伯努利能量方程:

$$z_1 + \frac{p_1}{\rho g} + \frac{\alpha_1 v_1^2}{2g} = z_2 + \frac{p_2}{\rho g} + \frac{\alpha_2 v_2^2}{2g} + h_w$$

忽略沿程水头损失,又两断面均与大气相通,有相对压强 $p_1=p_2=0$,取 $\alpha_1=\alpha_2=1.0$,并令 $H_0=H_1+\frac{\alpha_1 v_1^2}{2g}$,则有:

$$H_0 = \frac{v_2^2}{2g} + h_j = (1+\xi_n)\frac{v_2^2}{2g}$$

由上式解得管嘴流速为:

$$v_2 = \frac{1}{\sqrt{(1+\xi_n)}}\sqrt{2gH_0}$$

$$= \varphi_n \sqrt{2gH_0} \tag{5-7}$$

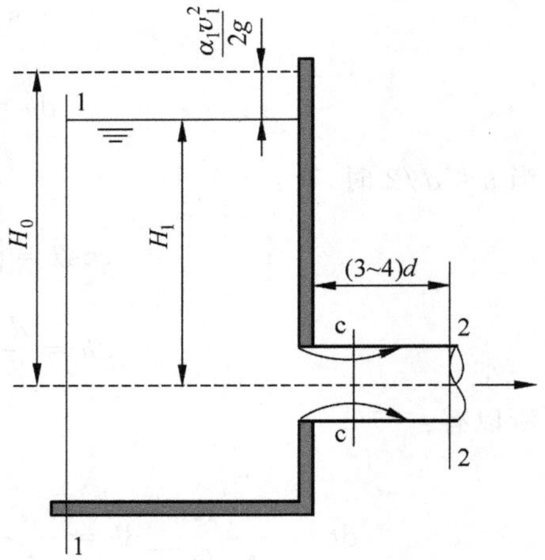

图 5-6 圆柱形管嘴出流

式中:ξ_n——管嘴出流时的局部水头损失系数。

当管嘴与孔口以锐缘方式连接时,$\xi_n=0.5$;$\varphi_n=\frac{1}{\sqrt{(1+\xi_n)}}=0.82$,为管嘴流速系数。

由流速公式可得到管嘴流量公式为:

$$Q = vA = \varphi_n \sqrt{2gH_0} = \mu_n \sqrt{2gH_0} \tag{5-8}$$

式中:μ_n——管嘴出流时的流量系数,$\mu_n=\varphi_n=0.82$。

对比表 5-1 可知,完善收缩时孔口的流量系数为 0.62,而管嘴的流量系数为 0.82,这意味着相同作用水头下,圆柱形管嘴的流量为孔口流量的 1.32 倍,管嘴显著增大了出流能力。

2. 管嘴收缩断面的真空

分析图 5-6 可知,管嘴出流时,仍存在池壁孔口处的局部损失,水流经收缩后放大至整个管嘴断面,即又增加了断面放大时的局部损失。显然,管嘴出流时的水头损失大于孔口,但孔口的出流量却小于管嘴,这说明管嘴的存在应该增加了有效作用水头。

在管嘴收缩断面 c-c 和出口断面 2-2 间建立伯努利能量方程:

$$z_c + \frac{p_c}{\rho g} + \frac{\alpha_c v_c^2}{2g} = z_2 + \frac{p_2}{\rho g} + \frac{\alpha_2 v_2^2}{2g} + h_w$$

因 $z_c=z_2$,$p_2=p_a$(大气压),忽略沿程水头损失,并取 $\alpha_c=\alpha_2=1.0$,则有:

$$\frac{p_a - p_c}{\rho g} = \frac{v_c^2}{2g} - (1+\xi_e)\frac{v_2^2}{2g}$$

又 $v_c A_c = v_2 A_2$,$A_c/A_2=\varepsilon$,故有 $v_c=\frac{v_2}{\varepsilon}$。根据突然放大时的局部水头损失公式(4-59),

可得：$\xi_e = \left(\dfrac{A_2}{A_c} - 1\right)^2 = \left(\dfrac{1}{\varepsilon} - 1\right)^2$，将二者代入上式中，有：

$$\frac{p_a - p_c}{\rho g} = \left(\frac{1}{\varepsilon^2} - 1 - \left(\frac{1}{\varepsilon} - 1\right)^2\right)\frac{v_2^2}{2g}$$

因为 $v_2 = \varphi_n \sqrt{2gH_0}$，代入上式，则得到：

$$\frac{p_a - p_c}{\rho g} = \left(\frac{1}{\varepsilon^2} - 1 - \left(\frac{1}{\varepsilon} - 1\right)^2\right)\varphi_n^2 H_0$$

代入数值 $\varepsilon = 0.64$，$\varphi_n = 0.82$，则有：

$$\frac{p_a - p_c}{\rho g} = \frac{p_v}{\rho g} = 0.75 H_0 \tag{5-9}$$

式(5-9)说明 c-c 断面压强小于大气压，其真空度为 $0.75H_0$，这相当于管嘴连接孔口后，原作用水头增加了 75%（也可理解为水池内自由液面相对孔口形心位置升高 75%），因此，管嘴出流较孔口出流时的流量更大。

3. 管嘴长度与工作条件

使用管嘴出流是为了利用管嘴中产生的真空以提高有效作用水头，为此管嘴长度 l 应在 $(3\sim 4)d$。若管嘴长度过短，则收缩断面处的水流来不及扩大到整个管嘴断面就与大气相接触，真空将无法产生；若管嘴长度过长，则沿程水头损失的占比将不可忽略，这将导致出流量减小。

式(5-9)反映出作用水头 H_0 越大，则真空度 $\dfrac{p_v}{\rho g}$ 越大，理论上越有利于管嘴出流量的增加。但在实际工作中，一般需控制作用水头 $H_0 \leqslant 9.0\,\text{m}$。其原因在于当 $\dfrac{p_v}{\rho g} > 7.0\,\text{m}$ 时，容易导致外部空气进入管嘴，同时也易导致水中溶解性气体的释放，从而破坏真空。

5.2 有压管道的水力计算

有压管道水力计算包括用水量的确定、管路流量分配、各管段管径和水头损失计算，以及确定管网特性曲线，匹配管网动力设备等。水力计算是流体输配管网设计的基本手段，也是管网设计质量的基本保证。

有压管道按沿程水头损失在总水头损失中的占比情况，划分为长管和短管。长管是指水头损失以沿程水头损失为主，其局部水头损失和流速水头在总水头中所占的比重很小，计算时可以忽略不计的管道。短管则是指当水流的流速水头和局部水头损失都不能忽略不计的管道。

5.2.1 短管水力计算

水泵的吸水管、管路中的虹吸管、倒虹吸管以及道路涵管等，一般均按短管计算。

1. 恒定自由出流计算公式

如图 5-7 所示，高位水池通过等直径连通管段供水，水流经管道系统流入空气。水池补

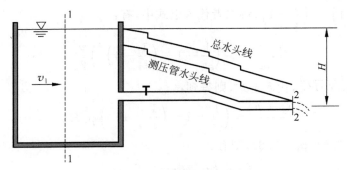

图 5-7 短管恒定自由出流

充原水不断进入以维持水位不变,忽略水池内流速水头,在水池过流断面 1-1 和管道末端出口断面 2-2 间建立伯努利能量方程:

$$H = \frac{\alpha_2 v_2^2}{2g} + h_w$$

因管道直径沿程不变,故各管段沿程水头损失系数相同;取 $\alpha_2 = 1.0$,则有:

$$H = \frac{v_2^2}{2g} + \left(\lambda \frac{l}{d} + \sum \xi\right) \frac{v_2^2}{2g}$$

式中:λ——沿程水头损失系数;

$\sum \xi$——各局部水头损失系数之和。

由上式可得:

$$v_2 = \frac{1}{\sqrt{1 + \lambda \frac{l}{d} + \sum \xi}} \sqrt{2gH} \tag{5-10}$$

令

$$\mu = \frac{1}{\sqrt{1 + \lambda \frac{l}{d} + \sum \xi}} \tag{5-11}$$

则相应的流量为:

$$Q = \mu A \sqrt{2gH} \tag{5-12}$$

式中:μ——流量系数。

2. 恒定淹没出流计算公式

如图 5-8 所示,短管恒定淹没出流时,有效作用水头为两水池液面高度差 H,建立两水池断面 1-1 和断面 2-2 之间的伯努利能量方程,忽略两断面流速水头,则有:

$$H = \left(\lambda \frac{l}{d} + \sum \xi\right) \frac{v^2}{2g}$$

式中:v——管道中流速。

由上式可得淹没出流时管道流速:

$$v = \frac{1}{\sqrt{\lambda \dfrac{l}{d} + \sum \xi}} \sqrt{2gH} \qquad (5\text{-}13)$$

令

$$\mu = \frac{1}{\sqrt{\lambda \dfrac{l}{d} + \sum \xi}} \qquad (5\text{-}14)$$

有流量公式：

$$Q = \mu A \sqrt{2gH}$$

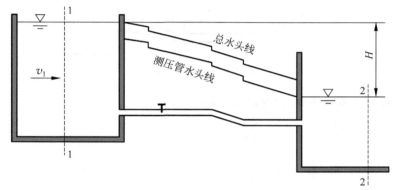

图 5-8　短管恒定淹没出流

【**例题 5.2**】　如图 5-9 所示，水池壁面处接出一根供水管，管径为 $d=0.2\text{m}$，沿程水头损失系数 $\lambda=0.01$，$\xi_A=0.5$，$\xi_B=0.2$，$\xi_{闸}=1.5$，$\xi_C=0.25$，$\xi_D=0.15$，管段长度 $l_{AB}=50\text{m}$，$l_{BC}=30\text{m}$，$l_{CD}=40\text{m}$，$l_{DE}=35\text{m}$，水池液面至管道出口处高度为 $H=8\text{m}$，试求管道中水的流量和流速。

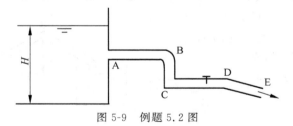

图 5-9　例题 5.2 图

解：由短管流速公式，有：

$$v = \frac{1}{\sqrt{1 + \lambda \dfrac{l}{d} + \sum \xi}} \sqrt{2gH}$$

$$= \left(\frac{1}{\sqrt{1 + 0.01 \times \dfrac{50+30+40+35}{0.2} + (0.5+0.2+1.5+0.25+0.15)}} \sqrt{2 \times 9.8 \times 8} \right) \text{m/s}$$

$$= 3.49 \text{m/s}$$

相应的流量为:

$$Q = vA = \left(3.49 \times \frac{3.14 \times 0.2^2}{4}\right) \text{m}^3/\text{s} = 0.11 \text{m}^3/\text{s}$$

【例题 5.3】 图 5-10 所示为一跨河倒虹吸管,管径为 0.5m,管长 $l=50$m,局部水头损失系数分别为 $\xi_1=0.5, \xi_2=0.3, \xi_3=0.3, \xi_4=1.0$,沿程水头损失系数 $\lambda=0.024$,上下游水位差 $H=3$m。求通过的流量 Q。

图 5-10 例题 5.3 图

解:倒虹吸管按短管计算,根据淹没出流公式,有:

$$H = \left(\lambda \frac{l}{d} + \sum \xi\right)\frac{v^2}{2g}$$

$$3 = \left(0.024 \times \frac{50}{0.5} + 0.5 + 0.3 + 0.3 + 1.0\right)\frac{v^2}{2g}$$

解得速度 $v=3.61$m/s,代入流量公式,得:

$$Q = vA = \left(3.61 \times \frac{3.14 \times 0.5^2}{4}\right)\text{m}^3/\text{s} = 0.71 \text{m}^3/\text{s}$$

【例题 5.4】 高位水源地水池通过一根虹吸管向下游用户水池供水,如图 5-11 所示,已知上、下游液面差 H 为 3m,管长 $l_{AB}=12$m,$l_{BC}=23$m,直径 d 为 0.2m,进口水头损失系数 $\xi_e=1.0$,出口水头损失系数 $\xi_0=1.0$,管道转弯处水头损失系数 $\xi_{弯}=0.2$,沿程水头损失系数 $\lambda=0.025$,若最大允许真空度 $[h_v]=7$m。试求虹吸管内流量及最大允许超高 H_{max}。

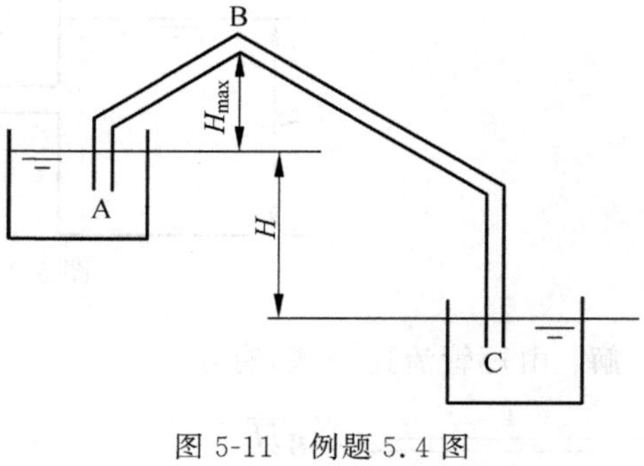

解:由短管流量公式,有:

$$Q = vA = \frac{\pi d^2/4}{\sqrt{\lambda \frac{l_{AB}+l_{BC}}{d}+\xi_e+\xi_0+3\xi_{弯}}}\sqrt{2gH}$$

$$= \left(\frac{0.0314}{\sqrt{6.98}}\sqrt{58.8}\right)\text{m}^3/\text{s}$$

$$= 0.091 \text{m}^3/\text{s}$$

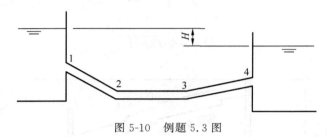

图 5-11 例题 5.4 图

在 B 点所在管道断面和高位水池液面建立伯努利能量方程,可有:

$$\frac{p_a}{\rho g} = H_{max} + \frac{p_B}{\rho g} + \frac{v_B^2}{2g} + \lambda \frac{l}{d}\frac{v_B^2}{2g} + \xi_0 \frac{v_B^2}{2g}$$

$$H_v = \frac{p_a}{\rho g} - \frac{p_B}{\rho g} = H_{max} + \frac{v_B^2}{2g} + \lambda \frac{l}{d}\frac{v_B^2}{2g} + \xi_0 \frac{v_B^2}{2g}$$

即有：
$$H_{\max} \leqslant H_v - \left(\frac{v_B^2}{2g} + \lambda \frac{l}{d} \frac{v_B^2}{2g} + \xi_0 \frac{v_B^2}{2g}\right)$$

已知 $[h_v] \leqslant 7\mathrm{m}$，$v_B = Q/A = 2.9\mathrm{m/s}$，其余参数均已知，代入上式，有：
$$H_{\max} \leqslant \left[7 - \left(\frac{2.9^2}{2g} + 0.025 \times \frac{12}{0.2} \times \frac{2.9^2}{2g} + 1 \times \frac{2.9^2}{2g}\right)\right]\mathrm{m}$$
$$H_{\max} \leqslant 5.50\mathrm{m}$$

5.2.2 长管水力计算

长管是一种压力管流水力计算时的一简化模型，由于略去了局部水头损失和流速水头，故计算过程更为简单。

根据长管的组合情况，长管水力计算可以分为简单管路、串联管路和并联管路等几种形式。

1. 简单管路

沿程管径不变，流量也不变的管道称为简单管路。简单管路的全部作用水头都转化为沿程水头损失，总水头线与测压管水头线重合。

如图 5-12 所示，水池通过等直径简单管路供水，不计水池内流速水头和局部水头损失，在水池过流断面 1-1 和管道末端出口断面 2-2 间建立伯努利能量方程，有：
$$H = h_f = \lambda \frac{l}{d} \frac{v^2}{2g} \tag{5-15}$$

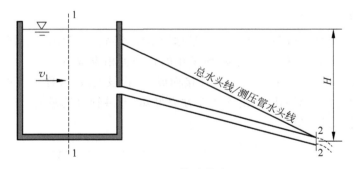

图 5-12 简单管路

可以看出，简单管路是将作用水头都用于沿程水头损失的转化而忽略了流速水头和局部水头损失，因此其总水头线和测压管水头线重合。

将 $v = \dfrac{Q}{A}$ 代入式(5-15)，有：
$$H = h_f = \frac{8\lambda}{g\pi^2 d^5} l Q^2 \tag{5-16}$$

式中，$\dfrac{8\lambda}{g\pi^2 d^5}$ 定义为比阻，用符号 a 表示。式(5-16)可写作：

$$H = h_f = alQ^2 \tag{5-17}$$

由比阻的定义可知，a 值取决于 λ 和 d，根据谢才公式(4-33)和曼宁公式(4-36)，将水力半径 R 写为 $d/4$，可从两式联立解出：

$$\lambda = \frac{124.48n^2}{d^{1/3}} \tag{5-18}$$

将式(5-18)代入式(5-17)，有：

$$a = \frac{10.3n^2}{d^{5.33}} \tag{5-19}$$

由式(5-19)可得到不同 n、d 值下的 a 值，为便于使用，将计算数据编制成表 5-3。因谢才公式和曼宁公式均建立于紊流粗糙区，故表中数据也仅适用于处于该区范围的有压管流。

表 5-3 简单管路的比阻

直径 d /mm	比阻 $a/(s^2/m^6)$			直径 d /mm	比阻 $a/(s^2/m^6)$		
	$n=0.012$	$n=0.013$	$n=0.014$		$n=0.012$	$n=0.013$	$n=0.014$
75	1480	1740	2010	400	0.196	0.2300	0.267
100	319	375	434	500	0.0593	0.0702	0.0815
150	36.7	43.0	49.9	600	0.0226	0.0265	0.0307
200	7.92	9.30	10.8	700	0.009933	0.1177	0.0135
250	2.411	2.83	3.28	800	0.00487	0.00573	0.00653
300	0.911	1.07	1.24	900	0.00260	0.00305	0.00354
350	0.401	0.471	0.545	1000	0.00148	0.00174	0.00201

2. 串联管路

由直径不同的几段管道顺序连接的管路称为串联管路。一般用于沿管路线向多处供水的情况。因有流量分出，沿程流量减少，所采用的管径也相应减小。

图 5-13 所示一串联管路由 4 个管段连接而成，各管段连接处(称为节点)有一流出流量 q_i，各管段长度和管径均不相同。由连续性方程可知，上游管段流量 Q_i 等于下游管段流量 $Q_{i-1} + q_i$，即满足质量守恒。

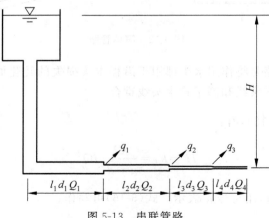

图 5-13 串联管路

各管段均为长管,沿程水头损失按简单管路计算:
$$h_{fi} = a_i l_i Q_i^2$$
则有:
$$H = \sum a_i l_i Q_i^2$$

与简单管路不同的是,串联管路各管段管径及长度不同,各管段水力坡降也不相同,其总水头线与测压管水头线不是一根斜直线,而是由不同斜率的直线连接成的折线。

工程中,一般令 $S = a \cdot l$,称作阻抗,则上两式又可写作:
$$h_{fi} = S_i Q_i^2 \quad \text{和} \quad H = \sum S_i Q_i^2$$

3. 并联管路

为了提高供水的可靠性,在两节点之间并接 2 条以上的管路称为并联管路。住宅小区供水、消防给水等一般均采取并联管路方式。

在并联管路中,流向节点的流量等于由节点流出的流量。如图 5-14 所示,上游来水量为 Q_1,由节点 A 经 3 条管路系统向节点 B 供水,节点 A 和 B 各自有一节点流量。根据连续性方程,有:
$$Q_1 = q_A + Q_2 + Q_3 + Q_4$$
$$Q_2 + Q_3 + Q_4 = q_B + Q_5$$

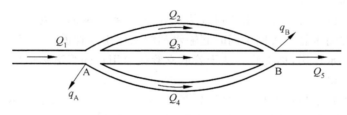

图 5-14 并联管路

自节点 A 流出的水流,虽有 3 条路径,但最终都到达节点 B,若在 A 和 B 点处各连接一个测压管,则两个测压管液面差是唯一的,这说明并联管路的水头损失是相同的,即有:
$$h_{A\text{-}B} = h_{f1} = h_{f2} = h_{f3} \tag{5-20}$$
并联的 3 条管路均可按简单管路计算,有:
$$h_{A\text{-}B} = a_2 l_2 Q_2^2 = a_3 l_3 Q_3^2 = a_4 l_4 Q_4^2$$
或
$$h_{A\text{-}B} = S_2 Q_2^2 = S_3 Q_3^2 = S_4 Q_4^2$$

【**例题 5.5**】 一幢两层办公楼的热水供暖管道采用并联管路,如图 5-15 所示,管道中热水经各楼层换热后回流,沿程无热水流出。各管段直径均为 0.02m,$l_{AC} = 15$m,$l_{AB} = l_{CD} = 5$m,$l_{BD} = 15$m。为简化计算,管路按长管进行初步设计,若已知管道沿程水头系数 $\lambda = 0.025$,干管中的流量 $Q_{供水} =$

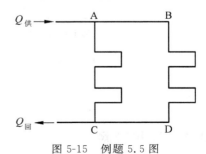

图 5-15 例题 5.5 图

$1\times10^{-3}\,\mathrm{m^3/s}$,试求立管的流量 Q_{AC} 和 Q_{BD}。

解：由图 5-15 可知，管路 AC 和管路 ABDC 为并联管路，$Q_{ABDC}=Q_{BD}$，有：

$$a_{AC}l_{AC}Q_{AC}^2 = a_{ABCD}l_{ABCD}Q_{ABCD}^2$$

由上式可得：

$$\frac{Q_{AC}^2}{Q_{ABCD}^2} = \frac{a_{ABCD}l_{ABCD}}{a_{AC}l_{AC}} = \frac{a_{ABCD}\times 40}{a_{AC}\times 10} = 4\frac{a_{ABCD}}{a_{AC}}$$

因各管段同质同径，根据 $a=\dfrac{10.3n^2}{d^{5.33}}$，可知各管段的比阻 a 相同，则有：

$$\frac{Q_{AC}^2}{Q_{ABCD}^2} = 4 \rightarrow \frac{Q_{AC}}{Q_{ABCD}} = 2$$

解得：$Q_{AC}=0.67\times10^{-3}\,\mathrm{m^3/s}$，$Q_{ABCD}=0.67\times10^{-3}\,\mathrm{m^3/s}$（注：此题按长管计算只是一种简化方式，实际建筑物热水系统局部水头损失不可忽略）。

5.3 管网水力计算原理

压力管网主要用于较大区域范围的供水、供热、供气等市政工程。管网是指向用户输送和配送流体介质的管道系统，由管道、配件和附属设施组成。附属设施有调节构筑物（如蓄水池、阀门井）和加压泵站等。

以供水系统为例，从供水点（水源地或给水处理厂）到管网的管道，一般不直接向用户供水，起输水作用，称输水管。管网中同时起输水和配水作用的管道称干管。从干管分出向用户供水的管道起配水作用，称支管。从干管或支管接通用户的管道称用户支管，管上常设水表以记录用户用水量。

给水管网的干管呈枝状或环状布置，如图 5-16 所示。如果把枝状管网的末端用水管接通，就转变为环状管网。环状管网的供水条件好，但造价较高。小城镇和小型工业企业一般采用枝状管网。大中型城市、大工业区和供水要求高的工业企业内部，多采用环状管网布置。设计时必须进行技术和经济评价，得出最合理的方案。

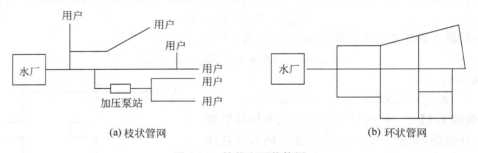

(a) 枝状管网　　　　　　　　　　　(b) 环状管网

图 5-16　枝状和环状管网

5.3.1　枝状管网

枝状管网可由串联管路、并联管路组合而成，各管段计算原则可按串联或并联管路进行。

如图 5-17 所示为一枝状管网，由 1 点向 3、5、6 点用户供水，可有流量关系：

$$Q_{1-2} = Q_{2-3} + Q_{4-5} + Q_{4-6} \tag{5-21}$$

因管段 4-5 和 4-6 为并联管段，故 4 点作用水头只需满足二者水头损失最大的管段即可。同理，2 点作用水头只需满足并联管段 2-4 和管段 2-3 中水头损失大者，故枝状管网能量关系为：

$$H_1 = \max\{h_{4-6}, h_{4-5}\} + \max\{h_{2-4}, h_{2-3}\} + h_{1-2} \tag{5-22}$$

常见的枝状水力计算有以下两类：

(1) 管路布置确定，管道长度和局部管件的形式和数量均已确定。在已知各用户点位流量及出水压力要求的情况下，计算管径和作用水头。

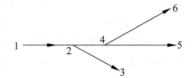

图 5-17 枝状管网流动

求解时，先按流量和限定速度求解管径。限定速度一般为经济流速，相关数据可由设计手册查得。在管径确定之后，枝状管网便可按式(5-23)进行水头损失计算，确定作用水头。

(2) 已知作用水头、各用户点所需流量及出水压力要求，管路布设完毕，管段长度已经确定，求管径。

求解时，先根据作用水头和管路长度计算单位长度的水头损失：

$$J = \frac{H - h_M}{l + l'} \tag{5-23}$$

式中：h_M——用户点出水压力，为已知量。

一般可由设计手册查得；l' 为局部阻力的当量长度，l' 可由下式计算：

$$\lambda \frac{l'}{d} \frac{v^2}{2g} = \sum \xi \frac{v^2}{2g}$$

式中：ξ——管道配件局部水头损失系数，一般需根据管路设计资料确定各种管道配件，之后查阅设计手册确定各配件 ξ。

管路沿程水头损失计算公式为：

$$h_f = \lambda \frac{l + l'}{d} \frac{v^2}{2g} \tag{5-24}$$

上面已求出 J，即可根据下式计算 d 值：

$$J = \frac{\lambda}{d} \frac{v^2}{2g} = \frac{\lambda}{d} \frac{1}{2g} \left(\frac{4Q}{\pi d^2}\right)^2 \tag{5-25}$$

最后进行校核，对比计算水头与已知水头是否一致。

5.3.2 环状管网

1. 水力计算原则

环状管网的特点是管段在某一节点分成 2 个或以上的支路，然后又在另一节点处汇合。环状管网一般可由多个并联管路组合而成，其水力计算应遵循串联和并联管路的计算原则，即：

(1) 任一节点流入和流出的流量相等。

(2) 任一闭合环路中,若规定顺时针方向流动的水头损失为正,逆时针方向则为负,则该环的水头损失代数和等于零。这实质反映了并联管路节点间各分支管路水头损失相等。

2. 计算方法

环状管网根据上述原则进行水力计算,理论清晰明确,实际计算较为复杂。有关环状管网的计算方法较多,目前工程中应用较多的是哈代-克罗斯方法,基本过程介绍如下:

(1) 如图 5-18 所示,管网分成若干环路,以 Ⅰ、Ⅱ、Ⅲ 分别表示 3 个闭合环路。依据节点平衡流量关系确定流量 Q_{Vi},根据设计手册取经济流速 v,再计算确定管径 d。

(2) 根据设计规定的流量与环路中水头损失的正负值,求出每一环路的总水头损失 $\sum h_i$。

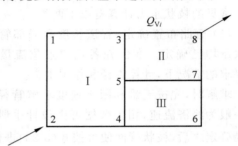

图 5-18 环状管路闭环计算

(3) 根据给定的流量 Q_V,若计算出来的 $\sum h_i$ 不为 0,则每段管路应加校正流量,而与此相对应的水头损失修正值为 Δh_i,即有:

$$h_i + \Delta h_i = a_i l_i (Q_i + \Delta Q_V)^2 = a_i l_i Q_i^2 + 2a_i l_i \cdot Q_i \cdot \Delta Q_V + a_i l_i \Delta Q_V^2$$

略去二阶量 $a_i l_i \Delta Q_V^2$,则可得:

$$\Delta h_i = 2 a_i l_i \cdot Q_i \cdot \Delta Q_V$$

因环路满足 $\sum h_i = 0$,即有:

$$\sum (h_i + \Delta h_i) = \sum h_i + \sum \Delta h_i = \sum h_i + 2 \sum a_i l_i \cdot Q_i \cdot \Delta Q_V = 0$$

由上式解出校核流量为:

$$\Delta Q_V = -\frac{\sum h_i}{2 \sum a_i l_i Q_{Vi}} = \frac{-\sum h_i}{2 \sum \dfrac{a_i l_i Q_{Vi}^2}{Q_{Vi}}} = \frac{-\sum h_i}{2 \sum \dfrac{h_i}{Q_{Vi}}} \tag{5-26}$$

式中:$\sum h_i$ —— 整个环路的水头损失之和。

需注意各管段水头损失正负号(即顺时针与逆时针相反)。

将校核流量 ΔQ_V 计入各管段的流量,得到校核后流量 $(Q_V + \Delta Q_V)$。重复上述步骤,直至 $\sum h_i = 0$ 或达到近似允许值。

5.4 压力管道水力计算

土木工程领域,压力管道工程以市政给水、燃气系统应用较多,其他各个领域也有应用,基本原理如前,但在具体水力计算时较为复杂。考虑到环状管网在实际工程中应用更为普遍,本节内容主要对环状管网水力问题进行阐述。

环状管网输配可靠性高。由于环状管网是由一些封闭成环的管道组成,输送到管道的流体可以由一条或几条管道供给,所以,当管网中任一管段受到损坏而不能输送时,其负荷可由邻近的管段承担,从而使得对管网正常运行的影响降低至最小程度。

环状管网与枝状管网不同,枝状管网中变更某一管段的管径时,不影响其他管段的流量分配,仅引起管道起点或终点压力的变化。但在环状管网中变更某一管段的管径则会引起所有其他管段流量的重新分配,并改变管网内各点的压力值。环状管网计算的任务,不仅要确定管径,还要使管网在均衡的工况下运行。因此,环状管网的计算比简单的枝状管网的计算要复杂。

环状管网水力计算时,已知用户需要的设计流量和管网布置,尚不能完全确定每个管段流量,这样就无法确定这些管段的管径,也无法计算水头损失。因此,进行水力计算时,管段的计算流量可先按节点处流量代数和为零(管网节点流量平衡)的原则任意分配,并以设定的流量选择管径,但计算的压力降通常是不闭合的(原始分配的管段流量一般不能满足管网的能量平衡原理——回路压力平衡),故需要调整流量分配,才能使环网压力降代数和等于或接近零(此过程称为管网平差)。管网平差,一般还需校核管段的比阻以及管网的储备能力等,如不满足要求,还需调整部分管径,重新进行管网平差直至满足要求为止。

环状管网的水力工况分析是在已知管网布置和各管段结构参数、水泵或风机的性能等条件下,根据管网的流量平衡和压力平衡,求解管网的水力工况参数,如管段、流量、管段压降、节点压力、泵(风机)的工作流量、扬程等。环状管网各管段之间的串、并联关系并不全部明确,不像枝状管网那样,利用串、并联管路关系得到管网的总阻抗,用管网特性曲线和水泵或风机性能曲线联合求取工况点的方法进行分析,而是必须依据质量守恒和能量守恒,求解各管段的流量(包括流向)并完成环状管网水力计算和水力工况分析。

5.4.1 管网节点流量的确定

在环状管网的计算中,常利用节点流量将具体的管网简化为只包含管段和节点两类元素的管网模型,即管段中不允许有流量的输入和输出,但流体在管段中各个断面的能量可以发生变化。计算过程中将沿途的流量转化为两端点的流量即节点流量。通过节点流量和端点流入和流出的流量的代数和为计算流量,也就是环状管网计算中使用的流量。

输配管网中,由管段始端输入的流量分为两部分,一部分沿程输出称为沿线流量或途泄流量,另一部分由始端直接输送至末端的流量称为转输流量。按照管段具有的沿线流量和转输流量的不同可将输配管道分为①只有转输流量的管段;②只有沿线流量的管段;③既有沿线流量又有转输流量的管段。

1. 比流量

假定沿线流量均匀分布在全部干管上,据此计算出每米管线长度的沿线流量,称为比流量,即:

$$Q_s = \frac{Q - \sum Q_J}{\sum l} \qquad (5-27)$$

式中:Q_s——比流量;

Q——所有用户的总流量；

$\sum Q_J$——集中用户（如公用建筑、小区用户）流量总和；

$\sum l$——干管总长度。

根据比流量可求出各管段的沿线流量，即：

$$Q_l = l \cdot Q_s$$

式中：Q_l——沿线流量，l 为该管段的长度。

2. 节点与节点流量

管网中各管段的端点称为节点，从节点处流入或流出管网的流量称为节点流量。因管段流量沿线变化不便于进行管网计算，故需要将沿线流量转化成节点流出的流量。转化的方法是将沿线流量平均转移到管段的起点和终点。

设流量转移到管段终点的折算系数是 α，则该管段沿线流量转移到终点的部分为 αQ_l，转移到起点的部分为 $(1-\alpha Q_l)$。对于燃气管网，一般取 $\alpha=0.55$；对于给水管网，一般取 $\alpha=0.5$。

对于流入或流出管网的流量较大的集中流量，如管网内企事业单位的集中供气、自来水管网的集中供水等，可在这些集中流量处设置节点，使其成为节点流量，亦可将其通过折算的办法，转移到上下游的两个节点上。

按照如上处理，则管网中某个节点的节点流量包括：位于节点位置处的集中流量、与节点相连的各个管段中的集中流量折算到该节点的流量和节点相连的各个管段中的沿线流量折算到该节点的流量。

规定节点流量流入为正、流出为负。根据质量守恒原理，管网中所有节点流量的代数和为零，以此可校核计算结果的合理性。

3. 计算流量

管内变化的流量（有沿线流量的管段），在计算时可以用不变的计算流量来代替，使计算流量求得的管段压力降与实际压力降相等。计算流量可以表示为：

$$Q = Q_l + Q_2 = \alpha Q_1 + Q_2 \tag{5-28}$$

式中：Q——管道计算流量；

Q_1——节点流量；

Q_2——转输流量；

α——流量折算系数。

α 与沿线流量及转输流量的比值以及燃气沿线输出的均匀程度有关。实际工程表明，当管段上的分支管数大于或等于 5，沿线流量占 30%～100%时，$\alpha=0.5\sim0.6$。

5.4.2 环状管网水力计算的基本步骤

（1）绘制管网图，计算节点流量。包括①绘制管网的环状干线图；②根据管网的管线布置图，将枝状管线暂时去掉，将其看作环状管网的节点，并将其流量视为该节点的节点流量;③分别进行节点和管段(分支)编号,编号应采用从1开始的自然数序列,并注意二者之间的区分。

(2) 初步拟定各个管段的流向。尽管初步拟定流向可以与管段的最终流向不一致,但因其影响到流量初始分配方案和管径选择,因此应结合输、配要求进行拟定。

(3) 管段流量初始分配。管段流量初始分配应满足管网的节点流量平衡。在燃气、供热等领域,可以根据环状管网所覆盖的面积、单位面积上人口密度和定额进行初步计算。

(4) 初定管径。根据各个管段初始分配的流量以及管网设计的一些重要参数,如平均比阻、经济流速等,利用各类管网的管道水头损失计算公式或水力计算图表初定管径。

(5) 管网平差。根据水力计算,校核环内的压损闭合差是否为零,若不为零,则应进行平差计算。

(6) 校核各管段的水力参数,进行管径调整。管网得出环状干线各个管段在初定管径条件下的流量。计算各管段的流量后,可以方便地计算各个管段的流速、管段压降及比阻等水力参数。校核流速、比阻等参数是否符合设计要求,如不符合,可调整部分管径,重新进行管网平差计算,直至满足要求为止。

(7) 计算各个节点的参考压力。在环状干线中,任意选择一个节点为参考节点。根据各个管段的阻力损失,计算出所有节点以参考节点的压力为起算点的压力值,该压力值称为参考压力。

5.4.3 环状管网的水力工况分析与调节

环状管网水力工况分析的基本方法是在已知管网布设和各管段参数(管径、长度、水头损失系数、管件的局部阻力系数等)、泵(或风机)性能下,求解管网的节点流量平衡方程组和回路压力平衡方程组。获得各个管段的流量,进而计算管段压降、节点压力、泵(风机)的工作流量、扬程(全压)等水力工况参数。

当管网的管线布设、管段阻抗及动力装置特性确定后,管网中的流量分配由管网流动的基本规律——节点流量平衡和回路压力平衡确定。

管网调节的目的是要实现某个既定的流量分配方案。若要使得分配方案在实际运行中得以实现,就要对管网进行相应调整,使得要求的流量分配方案满足节点流量平衡和管路压力平衡。

【例题 5.6】 图 5-19 所示为某区域供水管网,区域人口密度为 600 人/hm^2,平均最大单位时间用水量为 0.06m^3/(人·h),有一集中用户,用水量为 100m^3/h。A 为泵站,试计算各管段的计算流量。

解:(1) 计算各环的单位长度沿线流量计算结果如表 5-4 所示。

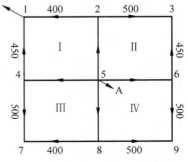

图 5-19 例题 5.6 图(单位:m)

表 5-4　各环单位长度沿线流量

环号	面积 /hm²	居民人数 /人	最大单位时间用量 /(m³/(人·h))	环内流量 /(m³/h)	环周边长度/m	单位长度沿线流量 /(m²/h)
Ⅰ	18.0	10800	0.06	648	1700	0.381
Ⅱ	22.5	13500	0.06	810	1900	0.426
Ⅲ	20.0	12000	0.06	720	1800	0.400
Ⅳ	25.0	15000	0.06	900	2000	0.450
				$\sum Q = 3078$		

(2) 确定各管段的计算流量

① 在管网的计算简图上将各管段依次编号,在距泵站 A 最远处假定零点(1,3,7,9)的位置,同时决定流动方向;

② 计算各管段的沿线流量;

③ 计算各管段的转输流量,计算由零点开始,与流动相反方向推算到泵站,当集中流量由两侧管段提供时,转输流量以各分担一半左右为宜;

④ 计算各管段的计算流量 $Q = 0.55Q_1 + Q_2$。

校验转输流量的总和,调压室由 1-2、1-4 和 1-6 管段输出的流量为:
$(363.33+415.59+312.44+421.50+438.15+416.84+425.00+385.00)\text{m}^3/\text{h} = 3177.85\text{m}^3/\text{h}$

由各环的流量及集中流量得:$(3078+100)\text{m}^3/\text{h} = 3178\text{m}^3/\text{h}$。考虑到进位,两数值基本相符合。计算结果如表 5-5 所示。

表 5-5　各环管段的计算流量

环号	管段	长度/m	单位长度沿线流量 q/(m²/h)	沿线流量 Q_1 /(m³/h)	αQ_1 /(m³/h)	转输流量 Q_2 /(m³/h)	计算流量 Q /(m³/h)
Ⅰ	5-4	400	0.381+0.400=0.781	312.44	171.84	421.50	593.34
	4-1	450	0.381	171.50	94.32	50.00	144.32
	5-2	450	0.381+0.426=0.807	363.33	199.83	415.59	615.42
	2-1	400	0.381	152.44	83.84	50.00	133.84
Ⅱ	5-2	450	0.807	363.33	199.83	415.59	615.42
	2-3	500	0.426	213.15	117.23	0	117.23
	5-6	500	0.426+0.450=0.876	438.15	240.98	416.84	657.82
	6-3	450	0.426	191.84	105.51	0	105.51
Ⅲ	5-8	500	0.40+0.45=0.85	425.00	233.75	385.00	618.75
	8-7	400	0.400	160.00	88.00	0.00	88.00
	5-4	400	0.781	312.44	171.84	421.50	593.34
	4-7	500	0.400	200.00	110.00	0.00	110.00
Ⅳ	5-6	500	0.876	438.15	240.98	416.84	657.82
	6-9	500	0.450	225.00	123.75	0.00	123.75
	5-8	500	0.850	425.00	233.75	385.00	618.75
	8-9	500	0.450	225.00	123.75	0.00	123.75

注:集中负荷预计由管段 4-1 和 2-1 各供应 50m³/h。

第5章 压力管道流动

习 题

一、选择题

1. 已知在水池壁上开有 2 个孔径为 d 的相同薄壁孔口,二者距水池液面位置高度相同,其中一个接有长度为 $3.2d$ 的管嘴,则有( )。(注:$v_{孔口}$ 为收缩断面流速)
   A. $Q_{孔口} < Q_{管嘴}$,$v_{孔口} < v_{管嘴}$
   B. $Q_{孔口} > Q_{管嘴}$,$v_{孔口} > v_{管嘴}$
   C. $Q_{孔口} > Q_{管嘴}$,$v_{孔口} < v_{管嘴}$
   D. $Q_{孔口} < Q_{管嘴}$,$v_{孔口} > v_{管嘴}$

2. 若要圆柱形外管嘴正常工作,需满足下列( )条件。
   A. $l = (3 \sim 4)d$,$H_0 > 9\text{m}$
   B. $l = (3 \sim 4)d$,$H_0 < 9\text{m}$
   C. $l < 3d$,$H_0 > 9\text{m}$
   D. $l > 4d$,$H_0 < 9\text{m}$

3. 已知薄壁孔口的流量系数为 $\mu_1 = 0.62$,出流量 $Q_1 = 2.27\text{L/s}$,若相同孔径、相同作用水头的管嘴流量系数 $\mu_2 = 0.82$,则管嘴的出流量为 $Q_2 = ($)。
   A. 1.5L/s   B. 2.0L/s   C. 3.0L/s   D. 4.0L/s

4. 水泵吸水管水力计算时的水头损失 h_w 应采用( )。
   A. 根据具体情况确定
   B. $\sum h_f$
   C. $\sum h_j$
   D. $\sum h_f + \sum h_j$

5. 某长距离近直线布设的等直径输水管道,水力计算时 h_w 应采取下列( )较为合理。
   A. $\sum h_f + \sum h_j$
   B. $\sum h_f$
   C. $\sum h_j$
   D. 根据具体情况确定

6. 高位水池和低位水池之间由 2 根管径相同的相互平行的直管道共同输水,若这 2 根管道的进、出口均位于水池液面以下,则其流量符合( )。
   A. $Q_1 = Q_2$ B. $Q_1 < Q_2$ C. $Q_1 > Q_2$ D. 不确定

7. 2 根并联管道的直径和沿程水头损失系数相等,若通过的流量 $Q_1 = 1.73Q_2$,则两管道的长度比为( )。
   A. 1:2   B. 1:3   C. 1:4   D. 1:5

8. 如图 5-20 所示,管路中 A、B 两点间有 3 根管道,下列说法正确的是( )。
   A. $h_{f1} = h_{f2} = h_{f3}$
   B. $h_{wA-B} = h_{f1} + h_{f2} + h_{f3}$
   C. $h_{wA-B} > h_{f1} + h_{f2} + h_{f3}$
   D. $h_{wA-B} < h_{f1} + h_{f2} + h_{f3}$

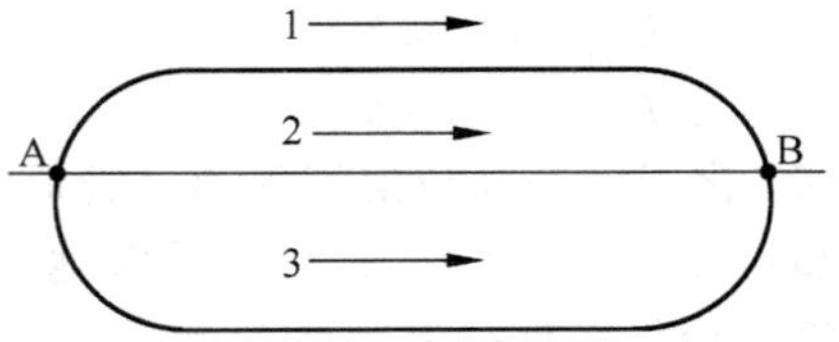

图 5-20 选择题 8 图

9. 并联管段的( )相同。
   A. 沿程水头损失   B. 局部水头损失   C. 总水头损失   D. 流速水头

10. 如图 5-21 所示,并联管道阀门全开时各段流量为 Q、Q_1 和 Q_2,若调小阀门开启度,下列选项正确的是( )。

A. Q 不变，Q_1 增加，Q_2 减小　　　　B. Q 和 Q_1 减小，Q_2 增加

C. Q 和 Q_2 减小，Q_1 不变　　　　　D. 各部分流量都减小

11. 如图 5-22 所示，两水池液面高差为 H，由 2 根等长同质但不等径的管道相连，若 $d_1:d_2=1:2$，则 Q_2 是 Q_1 的（　　）倍。

　　A. 5.66　　　　B. 2.82　　　　C. 1.41　　　　D. 2

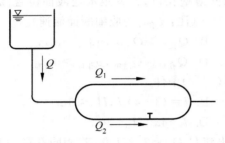

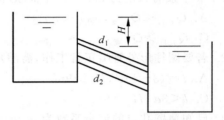

图 5-21　选择题 10 图　　　　　　　　　图 5-22　选择题 11 图

12. 如图 5-23 所示，AB 间并联 2 根管道 ADB 和 ACB，则下列关系合理的是（　　）。

　　A. $h_{fAB}=h_{fADB}+h_{fACB}$

　　C. $v_{ACB}=v_{ADB}$

　　B. $Q_{ACB}=Q_{ADB}$

　　D. $h_{fAB}=h_{fACB}=h_{fADB}$

13. 有一并联管路（同图 5-23），若并联管段的比阻 $a_{ACB}:a_{ADB}=1:2$，管段长度 $l_{ACD}:l_{ADB}=2:1$，则两管段的流量为（　　）。

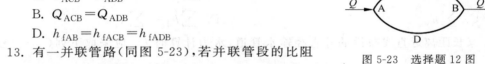

图 5-23　选择题 12 图

　　A. 1:1　　　　B. 2:1　　　　C. 3:1　　　　D. 4:1

14. 有一并联管路（同图 5-23），若 $\lambda_{ACB}:\lambda_{ADB}=1:1$，$l_{ACD}:l_{ADB}=4:1$，$d_{ACD}:d_{ADB}=1:2$ 则 $Q_{ACB}:Q_{ADB}$ 等于（　　）。

　　A. 1:2　　　　B. 2:1　　　　C. 2.82:1　　　　D. 1.82:1

15. 管路 1、2 两点间并联 3 个管段 A、B、C，如图 5-24 所示。若 $d_A>d_B>d_C$，则各管路的沿程水头损失符合下列哪种关系（　　）。

　　A. $h_{1-2}=h_{fA}+h_{fB}+h_{fC}$

　　B. $h_{fA}>h_{fB}>h_{fC}$

　　C. $h_{fA}<h_{fB}<h_{fC}$

　　D. $h_{fA}=h_{fB}=h_{fC}$

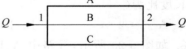

图 5-24　选择题 15 图

16. 化工厂一高位溶液池通过管道向车间输送原料液，若输送管道直径 $d=0.2\mathrm{m}$，溶液流量 $Q=2.2\times10^{-2}\mathrm{m}^3/\mathrm{s}$，已知溶液池液面至管道出口高差为 $20\mathrm{m}$，若管道长度为 $500\mathrm{m}$，则该管道的沿程水头损失系数 λ 是（　　）。

　　A. 0.15　　　　B. 0.32　　　　C. 0.43　　　　D. 0.58

17. 下列有关长管比阻 a 的关系式正确的是（　　）。

　　A. $\dfrac{16\lambda}{g\pi^2 d^5}$　　　　B. $\dfrac{8\lambda}{g\pi^2 d^4}$　　　　C. $\dfrac{16\lambda}{g\pi^2 d^4}$　　　　D. $\dfrac{8\lambda}{g\pi^2 d^5}$

18. s^2/m^6 是（　　）的国际单位。
    A. 运动黏度　　B. 动力黏度　　C. 阻抗　　D. 比阻
19. 工程中一般限制虹吸管内的最大真空高度在（　　）。
    A. 5～7.5m　　B. 6～8m　　C. 7～8.5m　　D. 8～9.5m
20. 水力计算在下列哪种情形下可以不计流速水头（　　）。
    A. 长管　　B. 短管　　C. 虹吸管　　D. 水泵吸水管

二、计算题

1. 薄壁小孔口恒定自由出流，液面至孔口中心高度为 2.0m，孔口直径 $d=0.01$m，经测定，出流时的最小断面面积为 5.024×10^{-6}m^2，出流量为 3.04×10^{-4}m^3/s，则该孔口的收缩系数、局部水头损失系数及流速系数分别是多少？

2. 如图 5-25 所示，一置于地面处的水箱，壁面处开一薄壁小孔口，若水箱液面至地面高度为 h，则孔口中心距箱底 Δh 等于多少时可获得最远的射流 l_{max}。

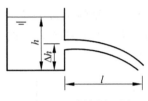

图 5-25　计算题 2 图

3. 如图 5-26 所示，消防水箱由薄铁板分为 2 个格室，隔板上开一圆孔，孔径 $d_1=0.08$m，两格室底部分别接有一个管嘴，d_2、d_3 分别为 0.06m 和 0.07m，若维持消防水箱恒定出流，则需保持顶部进水流量 Q 为 60L/s，试求 Q_1、Q_2、Q_3 以及 H_1、H_2 和 H_3。

4. 如图 5-27 所示，一顶部开口的运货集装箱垂直跌入海水中，其重量为 9.8kN，长 $l=4.0$m，宽 $b=2.0$m，高 $H=0.5$m，若其底部圆形塞口脱落（塞口直径为 0.1m），则该集装箱的沉没时间为多少？

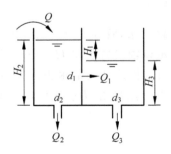

图 5-26　计算题 3 图

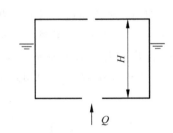

图 5-27　计算题 4 图

5. 一柱塞油泵如图 5-28 所示，输送的机油比重为 0.92，油缸内径 d_1 为 0.06m，油缸末端出油孔孔径 d_2 为 0.02m。若电机传递至活塞的压力 T 为 3kN，则油缸末端小孔的流量为多少？（油缸出油孔按薄壁小孔口计）

6. 一架空设置的矩形断面水池，游泳池长 25m，宽 10m，池底设有孔径 d 为 0.1m 的放水孔，若测得水池内的水全部放完需 473min，则水池内原有水深为多少？

7. 如图 5-29 所示，水源地水池 A 与水厂蓄水池 B 之间需通过虹吸方式跨越地面超高点 C 实现输水，设计输水量 $Q=14.2$L/s，A 池与 B 池水面高差 $H=2.0$m，设计管段直径

$d=0.075\text{m}$,AC 段长度 $l_{AC}=3.0\text{m}$,CB 段长度 $l_{CB}=5.0\text{m}$,管道沿程水头损失系数 $\lambda=0.02$,转弯处水头损失系数 $\xi_{弯}=0.2$,则 C 点至 A 池水面的高度差为多少?

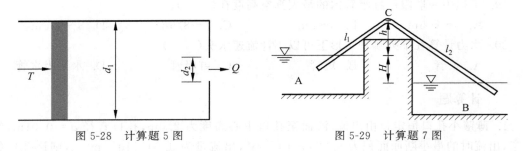

图 5-28　计算题 5 图　　　　　　图 5-29　计算题 7 图

8. 如图 5-30 所示,供水水箱的出水干管管径 $d=0.1\text{m}$,干管长度 $l_2=50.0\text{m}$,水箱液面至出水管轴线高度差 $H=4.0\text{m}$,若 A、B 两点间的距离 $l_1=10.0\text{m}$,两点间的压差计读值 $\Delta h=0.04\text{m}$,则该管道的沿程水头损失系数 λ 是多少?管道流量 Q 和水头损失各为多少?

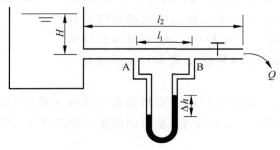

图 5-30　计算题 8 图

9. 如图 5-31 所示,水箱通过一等直径折线管路供水,管径 $d=0.3\text{m}$,各管段长度分别为 $l_{AB}=l_{CD}=10\text{m}$, $l_{BC}=22\text{m}$,水箱液面至管道进水口轴线高度差 $H=6\text{m}$,管道进、出口的高度差 $\Delta h=6\text{m}$,若管道沿程水头损失系数 $\lambda=0.013$,折线处局部水头损失系数 $\xi_{弯}=0.1$,管道进水口局部水头损失系数 $\xi_{进}=0.35$,则该供水管流量 Q 为多少?C 点前后的压强差 Δp_C 为多少?

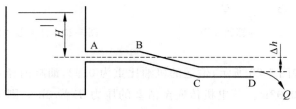

图 5-31　计算题 9 图

10. 如图 5-32 所示,压力水罐 A 通过管道向高位水箱 B 供水,若管道总长度 $l_{AB}=10.0\text{m}$,管道直径 $d=0.025\text{m}$, $H_1=1.0\text{m}$, $H_2=5.0\text{m}$,管道局部水头损失系数之和 $\sum\xi=5.8$,沿程水头损失系数 $\lambda=0.025$,测得流量为 2.15L/s,求压力水罐内的液面压强 p_1 为多少?

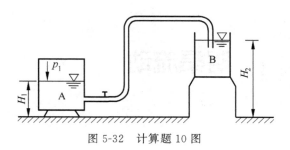

图 5-32 计算题 10 图

第6章 明渠流动

6.1 明渠流概述

6.1.1 基本概念

渠道通常指水渠、沟渠，是水流的通道。输送具有自由表面的水流的通道，则称为明渠。因液面处的相对压强为零，故明渠流又称为无压流。从作用力角度分析，明渠水流的运动是在重力作用下形成的，故明渠流也称作重力流。

按照运动要素是否随时间变化，明渠流可分为明渠恒定流和明渠非恒定流。

按照运动要素是否随流程变化，明渠可分为明渠均匀流和明渠非均匀流。

按照变化的缓急程度，明渠非均匀流又可分为明渠急变流和明渠渐(缓)变流。

天然河道和人工渠道中的水流流动都是典型的明渠流，虽然有些渠道是封闭式的，如无压输水隧洞，埋设于堤坝内的无压放水涵管，地下排灌工程系统的无压排水沟渠，城镇排污的污废水管道等。此类封闭式的洞、涵、管、渠中的水流，因仍与大气相通具有自由液面，也属于明渠水流，而不属于有压管流。

6.1.2 渠道类型

明渠渠道的断面形状与渠底变化对水流运动有直接影响，在流体力学中为研究方便起见，将明渠渠道作如下分类。

1. 棱柱形渠道和非棱柱形渠道

凡是断面形状、尺寸或渠底坡度沿程不变的长直渠道称为棱柱形渠道，否则称之为非棱柱形渠道。例如，人工渠道的渐变段或弯曲段以及天然河道，均属于非棱柱形渠道。

2. 正坡、平坡和逆坡渠道

明渠渠底倾斜的程度称为底坡，常以符号 i 表示。如图 6-1 所示，i 值的大小等于任意两断面间渠底高程差 Δh 与此两断面间的渠道长度 L 之比。或者说，i 等于渠底线与水平线夹角 θ 的正弦值，即：

$$i = \frac{\Delta h}{L} = \sin\theta \tag{6-1}$$

当夹角 θ 很小时,或者底坡 $i \leqslant 0.01$ 时, $i = \sin\theta \approx \tan\theta$,即认为渠底线长度 L 与其水平投影 L_x 近似相等,故

$$i = \sin\theta \approx \tan\theta = \frac{\Delta h}{L_x} \tag{6-2}$$

例如 $i = 3‰$ 的渠底坡度,就表示在 1000m 长的渠道中,渠底高差为 3m。

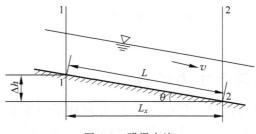

图 6-1 明渠水流

当渠底高程沿水流方向持续降低时,称为正坡渠道,此时 $i > 0$,如图 6-2(a)所示;当渠底高程沿水流方向不变时,称为平坡渠道,此时 $i = 0$,如图 6-2(b)所示;当渠底高程沿水流方向持续升高时,称为逆坡渠道,此时 $i < 0$,如图 6-2(c)所示。对于天然河道,由于河底起伏不平,底坡一般沿程是变化的,通常取河段内的平均底坡。此外,在渠底坡度很小的情况下,明渠过流断面与铅垂断面间的差别是微小的。因此明渠过流断面可认为是铅垂断面,可沿铅垂方向测定断面水深 h。

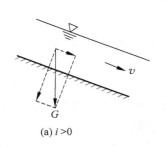 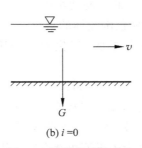 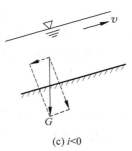

(a) $i>0$ (b) $i=0$ (c) $i<0$

图 6-2 明渠底坡类型

3. 水力坡度和水面坡度

水力坡度(J)又称比降,是指明渠水流从机械能较大的断面向机械能较小的断面流动时,沿流程每单位距离的水头损失,即总水头线的坡度。

水面坡度(J_P)是指明渠流上游断面的水面至下游断面的水面,沿流程每单位距离的液面高差,即测压管水头的坡度,也称水面线。

4. 常见明渠断面形状

明槽的横断面可以有各种各样的形状。天然河道的横断面,通常多为不规则断面。人

工渠道的横断面可以根据工程设计要求，采用梯形、圆形、矩形等各种规则断面，如图 6-3 所示。

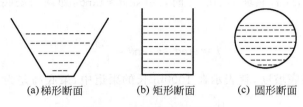

(a) 梯形断面　　　　(b) 矩形断面　　　　(c) 圆形断面

图 6-3　常见明渠断面类型

6.2　明渠恒定均匀流水力计算

明渠均匀流是指明渠水流中水力要素（如水深、断面平均流速及流速分布等）均保持沿程不变的流动，又称明渠等速流。明渠均匀流的特征是水面线与总水头线及渠底线均相互平行，故其水面坡度、水力坡度和渠底底坡都相等，即：

$$J = J_p = i \tag{6-3}$$

明渠均匀流的运动特征是没有加速度的等速直线运动，作用在水体上的重力沿流向的分量与阻碍水流运动的摩阻力平衡。

由图 6-1，对明渠水流受力分析可知，在恒定均匀流时，1-1 断面至 2-2 断面间流体段存在力平衡方程：

$$P_1 - P_2 + G\sin\theta - T = 0 \tag{6-4}$$

式中：P_1 和 P_2——1-1 断面和 2-2 断面的动水压力；

　　　G——1-1 断面至 2-2 断面所包围流体的重量；

　　　T——固体边壁（包括渠壁和渠底）产生的摩擦阻力。对明渠均匀流，$P_1 = P_2$，所以有：

$$G\sin\theta = T \tag{6-5}$$

可见，水体重力沿流向的分力 $G\sin\theta$ 与水流所受边壁阻力平衡，是明渠均匀流的流体力学条件。如果是非棱柱形明渠，或者是棱柱形明渠但渠底为逆坡（$i = \sin\theta < 0$）或平底坡（$i = \sin\theta = 0$），则式（6-4）的动力平衡关系不可能存在。因此，明渠恒定均匀流只能发生在正坡的棱柱形渠道中。

从能量观点分析，明渠水流沿程阻力所消耗的能量全部由重力势能提供，而水体的动能保持不变，这是明渠恒定均匀流的能量特征。

根据上述明渠恒定均匀流的分析，可知明渠均匀流的发生条件：

(1) 明渠水流必须是恒定的，因为在非恒定流中必然伴随波浪的产生，流线不可能是平行直线；

(2) 流量沿程不变即无支流的汇入或流出；

(3) 明渠必须是棱柱形渠道，明渠壁面（包括渠底）的糙率必须保持沿程不变；

(4) 明渠的底坡必须是顺坡，同时应有相当长的而且其上没有障碍物的顺直段。只有在这样长的顺直段上而又同时具有上述三条件时才能发生均匀流。

实际工程中的渠道一般很难严格满足上述要求。特别是基于调蓄要求,渠道中多存在各种类型的构筑物,因此,大多数明渠中的水流都是非均匀流。但是,在顺直棱柱形渠道中的恒定流,当流量沿程不变时,只要渠道有足够的长度,在离开渠道进出口或构筑物一定距离的渠段,水流仍近似于均匀流,常常按均匀流处理。至于天然河道,因其断面几何尺寸、坡度、糙率一般均沿程改变,所以不会产生均匀流,但对于河道较为顺直、断面几何尺寸相对一致的河段,当其流量不变时,也常按均匀流公式作近似处理。

6.2.1 恒定均匀流的水力计算公式

1. 过流断面的几何要素

明渠恒定均匀流水力参数包括流量 Q、过水断面面积 A、流量模数 K、谢才系数 C 及水力半径 R 等,这些参数与明渠过流断面的几何要素(几何形状、尺寸以及水深)有关。明渠恒定均匀流的水深,亦称正常水深,以 h 表示。实际工程中人工渠道断面形状,根据其用途、通水能力、施工建造方法和材料等选定。

1) 梯形断面

在土木与水利工程中,梯形断面最适用于天然土质、砖石及混凝土渠道,是最常采用的断面形状。其他断面形状,如圆形、矩形、抛物线形,在有些场合也被采用。如图 6-4 所示,下面研究梯形过水断面的水力要素。

(1) 过水断面面积
$$A = (b + mh)h \quad (6-6)$$

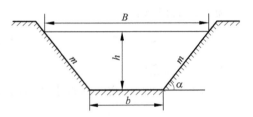

图 6-4 梯形断面几何要素

式中:b——渠底宽度;

h——水深;

m——边坡系数,其值为 $m = \cot\alpha$。

(2) 水面宽
$$B = b + 2mh \quad (6-7)$$

(3) 湿周
$$\chi = b + 2h\sqrt{1+m^2} \quad (6-8)$$

(4) 水力半径
$$R = \frac{A}{\chi} \quad (6-9)$$

显然,上述 4 个公式中,对于矩形过水断面,边坡系数 $m=0$;对于倒三角形过水断面,底宽 $b=0$。

如果梯形断面是不对称的,两边的边坡系数 $m_1 \neq m_2$,则有:

$$A = \left(b + \frac{m_1 + m_2}{2}h\right)h \quad (6-10)$$

$$B = b + m_1 h + m_2 h \quad (6-11)$$

$$\chi = b + \left(\sqrt{1+m_1^2} + \sqrt{1+m_2^2}\right)h \quad (6-12)$$

边坡系数 m,可以根据边坡的岩土性质,参照渠道设计的有关规范选定。表 6-1 所列各种岩土的边坡系数 m,可供参考。

表 6-1 各种岩土的边坡系数

岩土种类	边坡系数 m（水下部分）	边坡系数 m（水上部分）
未风化的岩石	0.1～0.25	0
风化的岩石	0.25～0.5	0.25
半岩性耐水土壤	0.5～0.1	0.5
卵石和砂砾	1.25～1.5	1
黏土、硬或半硬黏壤土	1～1.5	0.5～1
松软黏壤土、砂壤土	1.25～2	1～1.5
细砂	1.5～2.5	2
粉砂	3～3.5	2.5

2）抛物面形断面

采用机械化方法开挖大型土质渠道或河道时，过流断面有时设计为抛物线形，如图 6-5 所示。

抛物线数学方程为：
$$x^2 = 2py \tag{6-13}$$

式中：p——抛物线的焦点参数（抛物线的焦点 $(p/2, 0)$ 到基准线 $x = -p/2$ 的距离）。

过流断面面积 A：
$$A = \frac{2}{3} Bh \tag{6-14}$$

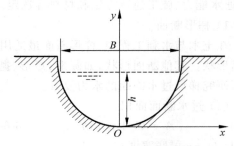

图 6-5 抛物线形过流断面

式中：B——水面宽度。

当水深 h 已知时，抛物线形过水断面的水面宽度，可由抛物线方程求出：
$$B = 2\sqrt{2ph} \tag{6-15}$$

抛物线形过流断面的湿周 χ，可根据 h/B 的比值确定：

$$\begin{cases} \chi \approx B, & h/B \leqslant 0.15 \\ \chi \approx B \left[1 + \frac{8}{3}\left(\frac{h}{B}\right)^2\right], & h/B \leqslant 0.33 \\ \chi \approx 1.78h + 0.61B, & 0.33 < h/B < 2 \\ \chi \approx 2h, & h/B \geqslant 2 \chi \approx B \end{cases} \tag{6-16}$$

3）圆形断面

市政污、废水管道、输水隧洞、涵洞等常采用圆形管道，如图 6-6 所示，一般已知管径 d、过水断面充水深度 h 和中心角 θ。

过流断面面积：
$$A = \frac{d^2}{8}(\varphi - \sin\varphi) \tag{6-17}$$

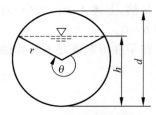

图 6-6 圆形过流断面

湿周：
$$\chi = \frac{1}{2}\varphi d \tag{6-18}$$

水面宽度：
$$B = d\sin\frac{\varphi}{2} \tag{6-19}$$

水力半径：
$$R = \frac{d}{4}\left(1 - \frac{\sin\varphi}{\varphi}\right) \tag{6-20}$$

2. 水力计算公式

明渠水流一般情况下都处于紊流阻力平方区。

明渠均匀流流速采用谢才公式计算：
$$v = C\sqrt{RJ} \tag{6-21}$$

式中：C——谢才系数，可由曼宁公式计算。
$$C = \frac{1}{n}R^{1/6} \tag{6-22}$$

式中：n——粗糙系数（简称糙率），取决于渠道壁面状况。

在明渠恒定均匀流时，因为 $J=i$，所以上式可写为：
$$v = C\sqrt{Ri} \tag{6-23}$$

根据上式，有流量公式：
$$Q = AC\sqrt{Ri} \tag{6-24}$$

或
$$Q = K\sqrt{i} \tag{6-25}$$

式中：K——流量模数，其值为 $K = AC\sqrt{R}$。

K 综合反映明渠断面形状尺寸和粗糙程度对输水能力的影响。在 i 一定的情况下，Q 与 K 成正比。

式(6-21)和式(6-24)是明渠恒定均匀流的基本公式，而水力计算实质上就是这些基本公式的运算和求解。

6.2.2 水力最佳断面的确定

从明渠均匀流的公式可以看出，明渠的输水能力(流量)取决于过水断面的形状、尺寸底坡和糙率的大小。设计渠道时，底坡一般取决于地形条件或其他技术上的要求而定；糙率则主要取决于渠道所采用的土工材料及砌筑方式。在底坡及糙率已定的前提下，渠道的输水能力则决定于渠道的横断面形状及尺寸。从技术经济角度分析，所选定的过流断面形状在通过已知的设计流量时面积最小，或者是过流断面面积一定时通过的流量最大。符合上述两种情形的断面称为水力最优断面。

将曼宁公式(6-22)代入明渠均匀流的基本公式(6-24)，可得：

$$Q = AC\sqrt{Ri} = A \cdot \frac{1}{n}\left(\frac{A}{\chi}\right)^{2/3}\sqrt{i} \tag{6-26}$$

由式(6-26)可知：当渠道的底坡 i、糙率 n 及过水断面面积 A 一定时，湿周 χ 越小或水力半径越大，则通过的流量 Q 越大。或者说，i、n、A 一定时，湿周 χ 越小或水力半径越大，所需的过流断面面积越小。

由几何学可知，面积一定时圆形断面的湿周最小，水力半径最大。因为半圆形的过水断面与圆形断面的水力半径相同，所以，在明渠的各种断面形状中，半圆形断面是水力最佳的。但半圆形断面不易施工，对于无衬护的土渠，两侧边坡稳定性难以达到施工与运行时的要求，因此，半圆形断面难于普遍采用，只有在钢筋混凝土或钢丝网水泥做成的渡槽等构筑物中才采用类似半圆形的断面形式。

工程中采用最多的是梯形断面，其边坡系数 m 由边坡稳定要求确定，m 一定的情况下，同样的过水面积 A，湿周 χ 的大小取决于渠底宽 b 和水深 h 的比值。根据数学知识，当断面面积确定，即 $A=$ 常数，湿周最小，即 $\chi=\chi_{\min}$，则有一阶导数关系如下：

$$\begin{cases} \dfrac{\mathrm{d}A}{\mathrm{d}h} = 0 \\ \dfrac{\mathrm{d}\chi}{\mathrm{d}h} = 0, \quad \dfrac{\mathrm{d}^2\chi}{\mathrm{d}h^2} > 0 \end{cases} \tag{6-27}$$

将梯形过流断面面积公式(6-6)和湿周公式(6-8)分别代入上式，得：

$$\begin{cases} \dfrac{\mathrm{d}A}{\mathrm{d}h} = (b+mh) + h\left(\dfrac{\mathrm{d}b}{\mathrm{d}h}+m\right) = 0 \\ \dfrac{\mathrm{d}\chi}{\mathrm{d}h} = \dfrac{\mathrm{d}b}{\mathrm{d}h} + 2\sqrt{1+m^2} = 0 \end{cases} \tag{6-28}$$

由上两式中消去 $\mathrm{d}b/\mathrm{d}h$ 后，解得水力最佳断面的宽深比：

$$\beta_\mathrm{m} = \frac{b}{h} = 2(\sqrt{1+m^2} - m) \tag{6-29}$$

式(6-29)表明，梯形水力最佳断面的宽深比 b/h 的值仅与边坡系数 m 有关。

将水力最佳断面的宽深比 β_m 分别代入 A 和 χ 的表达式，可得：

$$R_\mathrm{m} = \frac{A}{\chi} = \frac{(2\sqrt{1+m^2}-m)h^2}{2(2\sqrt{1+m^2}-m)h} = \frac{h}{2} \tag{6-30}$$

式(6-30)表明，梯形水力最佳断面的水力半径 R_m 等于其水深的一半。

矩形断面可看成 $m=0$ 的梯形断面，将 $m=0$ 代入以上各式可求得矩形水力最佳断面的 β_m 和 R_m 值分别为：

$$\begin{cases} \beta_\mathrm{m} = \dfrac{b}{h} = 2 \\ R_\mathrm{m} = \dfrac{h}{2} \end{cases} \tag{6-31}$$

在一般土渠中，边坡系数 $m>1$，因此所求 $\beta_\mathrm{m}<1$，这意味着梯形水力最优断面通常都是窄而深的断面。这种断面虽然工程量较小，但不便于施工作业及运行维护，因此无衬护的大型土渠不宜采用梯形水力最优断面。

不同边坡系数 m 时的梯形水力最佳断面的宽深比 β_m 值，如表 6-2 所示。

表 6-2　不同边坡系数 m 时的 β_m 值

m	0	0.25	0.50	0.75	1.0	1.5	2.0	2.5	3.0	3.5	4.0	5.0
β_m	2	1.562	1.236	1.00	0.828	0.606	0.472	0.385	0.325	0.280	0.246	0.198

6.2.3　工程设计中的流速和糙率选择

1. 设计流速

明渠中的水流以及水流所含泥砂等颗粒物，在流动过程中会对渠道壁面及渠底产生剪切摩擦、撞击等冲刷效应，当水流大到一定程度时，通常在壁面及渠底冲刷出一些小水沟，形成网状沟纹和细沟，导致渠道受损。当水流较小时，水体所含泥砂等固态物易在渠道中发生滞留与淤积等现象，导致过流断面的减小，进而影响明渠输水能力。为保证渠道的正常工作，使之在运行过程中不致发生冲、淤现象，对渠道的平均流速，应规定上限值和下限值。这种保证渠道正常工作的限值流速，称为允许流速。

允许流速的上限，要保证渠道不遭受冲刷，称为不冲流速 v'。不冲流速主要与渠道建造材质有关，如表 6-3 和表 6-4 所示。在清水渠道中，渠道平均流速应小于不冲流速 v'：

$$v \leqslant v'$$

表 6-3　不冲流速

坚硬岩石和人工护面渠道	流量/(m³/s)		
	<1	1～10	>10
软质水成岩（泥灰岩、页岩、软砾岩）	2.5	3.0	3.5
中等硬质水成岩（致密砾石、多孔石灰岩、层状石灰岩、白云石灰岩、灰质砂岩）	3.5	4.25	5.0
硬质水成岩（白云砂岩、砂质石灰岩）	5.0	6.0	7.0
结晶岩、火成岩	8.0	9.0	10.0
单层块石铺砌	2.5	3.5	4.0
双层块石铺砌	3.5	4.5	5.0
混凝土护面	6.0	8.0	10.0

表 6-4　土质渠道

	土质	不冲流速/(m/s)		土质	粒径/mm	不冲流速/(m/s)
均质黏性土	轻壤土	0.60～0.80	均质无黏性土	极细砂	0.05～0.1	0.35～0.45
	中壤土	0.65～0.85		细砂、中砂	0.25～0.5	0.45～0.60
	重壤土	0.70～1.0		粗砂	0.5～2.0	0.60～0.75
	黏土	0.75～0.95		细砾砂	2.0～5.0	0.75～0.90
				中砾石	5.0～10.0	0.90～1.10
				粗砾石	10.0～20.0	1.10～1.30
				小卵石	20.0～40.0	1.30～1.80
				中卵石	40.0～60.0	1.80～2.20

注：① 均质黏性土的干容重范围：12.75～16.6kN/m³；
② 表中数据对应 $R=1$m 时；如 $R\neq 1$m，则应将表中数值乘以 R^a。砂、砾石、卵石、疏松壤土、黏土：$a=1/3\sim 1/4$；密实的壤土、黏土：$a=1/4\sim 1/5$。

允许流速的下限,要保证含砂水流的挟砂不致在渠道淤积,称为不淤流速 v''。在含砂水流渠道中,渠道的平均流速应小于不冲流速,而大于不淤流速:

$$v'' \leqslant v \leqslant v'$$

渠道中含砂水流的不淤流速,与渠道中水流的挟砂能力有关,可参阅有关文献选定。排水渠道为防止水中悬浮的泥砂淤积,水草滋生,规定最小设计流速分别为 0.4m/s、0.6m/s。

2. 糙率

谢才系数 C 与断面形状、尺寸及边壁粗糙有关,从曼宁公式或巴甫洛夫斯基公式可知,它是 n 和 R 的函数。但分析表明,R 对 C 的影响远比 n 对 C 的影响小得多。因此,根据实际情况正确选定糙率,对明渠水力计算的意义更为重要。在设计通过已知流量的渠道时,如果 n 值选的偏小,计算所得的断面也偏小,过水能力将达不到设计要求,容易发生水流漫溢事故,同时因实际流速过大引起冲刷性破坏。如果选择的 n 值偏大,不仅因断面尺寸偏大而造成浪费,对挟带泥砂的水流还会形成淤积。

为了恰当地选定糙率 n 值,应注意以下几点:

(1) 糙率 n 值反映了渠道粗糙情况对水流阻力的影响程度。因此,对水头损失的各种影响因素及一般规律要有正确的理解。

(2) 要尽量参考设计手册或规范中较成熟的典型糙率表,其大致范围是:渠道壁面光滑或较光滑时,n 值在 0.010~0.012;渠道壁面粗糙或中等粗糙时,n 值在 0.013~0.025;渠道壁面相当粗糙或很粗糙时,$n>0.025$。

(3) 以工程所在地的同类型明渠已有实测数据为依据,选择合理的 n 值。

(4) 为保证选定的 n 值达到设计要求,应对明渠的施工和运行管理提出相应要求。

6.2.4 无压圆管水流特征

当明渠断面为圆形管道且处于未充满状态,此时的水流即为无压圆管水流,与其他断面形式的明渠水流一致,其水力计算也依据谢才公式进行。根据管径 d、过水断面充水深度 h 和中心角 θ,可推导出相应的水力参数计算公式。

流速公式:

$$v = \frac{C}{2}\sqrt{\left(1 - \frac{\sin\theta}{\theta}\right)di} \tag{6-32}$$

流量公式:

$$Q = \frac{C}{16} \frac{(\theta - \sin\theta)^{3/2}}{\sqrt{\theta}} d^{5/2} \sqrt{i} \tag{6-33}$$

充水深度 h 和中心角 θ 的关系为:

$$h = \frac{d}{2}\left(1 - \cos\frac{\theta}{2}\right) = d\sin^2\frac{\theta}{4} \tag{6-34}$$

$$a = \frac{h}{d} = \sin^2\frac{\theta}{4} \tag{6-35}$$

式中:a——充满度。

设 Q_1 和 v_1 为充水深度 $h=d$(满流)时的流量和流速,Q 和 v 为充水深度 $h<d$ 时的流

量和流速。给定不同的充满度 a 数值,可由上述各式的关系计算相应的 $\dfrac{Q}{Q_1}$ 和 $\dfrac{v}{v_1}$。$a=0.95$ 时,$\left(\dfrac{Q}{Q_1}\right)_{\max}=1.087$;$a=0.81$ 时,$\left(\dfrac{v}{v_1}\right)_{\max}=1.16$。可知,最大流量和最大流速均未发生在满流时。分析过流断面面积 A 和湿周 χ 随水深 h 的变化,可知,在 $a<0.5$ 时,A 随 h 增加而快速增加,接近 $a=0.5$ 时(即水深接近半径)A 增加最快。在 $a>0.5$ 时,A 仍然随 h 增加而增加,但增加幅度降低,在满流前增加最慢。与此同时,湿周 χ 随水深 h 的增加与 A 不同,接近 $a=0.5$ 时增加最慢,在满流前增加最快。因此,圆管断面的无压水流在满流前的流量达到最大值,此时 a 则为最优充满度。

6.2.5 恒定均匀流的水力计算

明渠水力计算问题,可分为两类:①对已建成渠道,根据生产运行要求,求解水力要素,如 Q、$i(J)$ 或 n,给出明渠输水时的 h-Q 曲线;②为设计新渠道进行水力计算,如确定几何要素,包括 b、h、β 等。

以梯形过水断面为例,将各水力要素代入基本公式,整理后可得

$$Q = AC\sqrt{Ri} = A\frac{1}{n}R^{2/3} \cdot i^{1/2} = \frac{i^{1/2}}{n}\frac{[(b+mh)h]^{5/3}}{(b+2h\sqrt{1+m^2})^{2/3}} \tag{6-36}$$

式(6-36)中的 Q 可看作其余 5 个参数的函数。已知其中几个参数,求解其他参数,有时比较简单,有时则要解复杂的高次方程,较为困难。为此,将两类问题从计算方法角度加以统一研究。只要掌握这些方法,就能顺利进行明渠均匀流的各项水力计算。

1. 直接求解法

如果已知其他 5 个数值,求流量 Q,或求糙率 n 或底坡 i,只要依据基本公式进行简单计算,就可直接求得解答。

【例题 6.1】 有一现浇矩形断面的混凝土渠道,其渠底宽度 $b=1.0$m,渠底坡度 $i=0.005$,壁面糙率 $n=0.014$,水流为均匀流时,水深 $h=0.5$m,求发生均匀流时该渠道的流量及流速。

解:矩形断面,边坡系数 $m=0$,代入基本公式得:

$$Q = AC\sqrt{Ri} = \frac{i^{1/2}}{n}\frac{(bh)^{5/3}}{(b+2h)^{2/3}} = \left(\frac{0.005^{1/2}}{0.014}\times\frac{(0.5)^{5/3}}{(1+2\times 0.5)^{2/3}}\right)\text{m}^3/\text{s} = 1.0\text{m}^3/\text{s}$$

$$v = \frac{Q}{bh} = \left(\frac{1}{0.5}\right)\text{m/s} = 2.0\text{m/s}$$

【例题 6.2】 已知输水干渠流量为 $6.55\text{m}^3/\text{s}$,流速为 1.3m/s,渠道底宽为 2.4m,渠道边坡系数为 1.5,渠道糙率为 0.025,求该渠道水深及底坡。

解:

$$A = \frac{Q}{v} = \left(\frac{6.55}{1.3}\right)\text{m}^2 = 5.04\text{m}^2$$

由面积公式 $A=(b+mb)h$ 可解得:

$$h = \frac{-b \pm \sqrt{b^2 + 4mA}}{2m} = \left(\frac{-2.4 \pm \sqrt{6}}{3}\right)\text{m} = 1.2\text{m}(负根不取)$$

$$\chi = b + 2h\sqrt{1+m^2} = (2.4 + 4.33)\text{m} = 6.73\text{m}$$

$$R = \frac{A}{\chi} = \left(\frac{5.04}{6.73}\right)\text{m} = 0.75\text{m}$$

$$C = \frac{1}{n}R^{1/6} = \frac{1}{0.025} \times (0.75)^{1/6} = 38.1$$

由谢才公式 $C = \frac{1}{n}R^{1/6}$,可解得:

$$i = \frac{v^2}{C^2 R} = \frac{1.3^2}{38.1^2 \times 0.75} = 0.000155$$

【例题 6.3】 现设计一梯形断面土质渠道,要求输水流量 $Q = 75\text{m}^3/\text{s}$,设计流速 $v = 0.8\text{m/s}$,设计边坡系数 $m = 1.5$,土渠糙率 $n = 0.0225$,渠底坡度 $i = 0.0001$,求断面底宽 b 及水深 h。

解:根据梯形断面湿周和过水断面面积的计算公式:

$$\chi = b + 2h\sqrt{1+m^2} = (\beta + m')h$$

$$A = (b+mh)h = (\beta + m)h^2$$

式中,$m' = 2\sqrt{1+m^2}$。

联立上两式,可解得水深:

$$h = \frac{A}{2(2\sqrt{1+m^2}-m)R} - \sqrt{\frac{A^2}{4(2\sqrt{1+m^2}-m)^2 R^2} - \frac{A}{2\sqrt{1+m^2}-m}}$$

因为:(1) $A = \frac{Q}{v} = \left(\frac{75}{0.8}\right)\text{m}^2 = 93.75\text{m}^2$

(2) $R = \left(\frac{nv}{\sqrt{i}}\right)^{3/2} = \left(\frac{0.0225 \times 0.8}{\sqrt{0.0001}}\right)^{3/2}\text{m} = 2.42\text{m}$

(3) $2\sqrt{1+m^2} = m' = 3.606$

将上述 3 个参数值代入水深 h 计算式中,可得:

$$h = \frac{93.75}{2 \times (3.606-1.5) \times 2.42} - \sqrt{\frac{93.75^2}{4 \times (3.606-1.5)^2 \times 2.42^2} - \frac{93.75}{3.606-1.5}}$$

$$= 9.20 - \sqrt{84.59 - 44.52} = 9.20 - \sqrt{40.07} = 2.87\text{m}$$

$$b = \chi - 2h\sqrt{1+m^2} = (38.74 - 3.606 \times 2.87)\text{m} = 28.39\text{m}$$

2. 试算法

当已知其他 5 个数值,要求水深 h 或 b 时,因为根据基本公式得到的 b 和 h 的关系式为高次方程,通常难以直接计算得出结果,需借助试算法。

过程如下:依次给定若干个 h 值,代入 Q 计算公式得到相应的 Q 值;当 Q 值与已知值相等,则 h 值即为所求。

亦可借助 EXCEL 等软件编制迭代计算公式以快速求解。

【例题 6.4】 有土渠断面为梯形,已知边坡系数 $m=1.5$,糙率 $n=0.025$,底宽 $b=4\text{m}$,底坡 $i=0.0006$,若设计水流为均匀流时的流量 $Q=9.0\text{m}^3/\text{s}$,则水深为多少?

解:(1) 给定若干 h 值,计算相应参数值,列入表 6-5 中。

表 6-5 参数计算

b	m	h	A	χ	R	$R^{1/2}$	n	C	$i^{1/2}$	Q
4	1.5	1.0	5.50	7.6	0.72	0.85	0.025	37.9	0.0245	4.34
4	1.5	1.2	6.92	8.3	0.83	0.91	0.025	38.8	0.0245	5.99
4	1.5	1.4	8.54	9.0	0.95	0.98	0.025	39.7	0.0245	8.14
4	1.5	1.5	9.40	9.4	1.00	1.00	0.025	40.0	0.0245	9.17

(2) 将表 6-5 中 Q 和 h 的相应值绘在方格坐标上,得 $Q=f(h)$ 关系曲线图,如图 6-7 所示。由图对应的 $Q=9.0\text{m}^3/\text{s}$ 时相应的 $h=1.48\text{m}$。

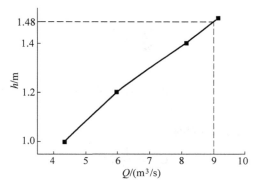

图 6-7 绘制 Q-h 关系曲线

(3) 亦可由表 6-5 中数据应用 EXCEL 或其他软件得到回归方程:
$$h=0.456Q^{0.537} \quad (回归系数 R^2=0.999)$$
代入 $Q=9.0\text{m}^3/\text{s}$,解得 $h=1.483\text{m}$。

6.2.6 复杂断面明渠的水力计算

1. 综合糙率的确定

实际工程中的明渠常会遇到渠壁糙率相异的情形。例如,复杂地形条件下,渠道一侧采取混凝土衬护,另一侧采取砖石衬砌,而渠底采取原土夯实,如图 6-8 所示。又如,渠道借助原有地形,渠底及一侧为自然坡地,另一侧为砌筑挡水墙。由于过流断面两侧渠壁及渠底糙率不同,所产生的摩擦阻力也不同。若对此类复杂明渠进行水力计算,则首要问题是确定综合糙率。

尽管过流断面上的湿周各组成部分的糙率不同,但就整个湿周而言,水流通过时的总阻力是唯一的,即有:
$$\tau_0 \chi = \tau_1 \chi_1 + \tau_2 \chi_2 \tag{6-37}$$

式中,断面上的湿周 $\chi = \chi_1 + \chi_2$,τ_1 和 τ_2 对应湿周 χ_1 和 χ_2 上的剪切应力,而 τ_0 则表示湿周 χ 上面的平均剪切应力。

根据巴甫洛夫斯基的假定 1:湿周各组成部分对应的过水断面平均流速与整个过水断面的平均流速相等,即 $v_1 = v_2 = v$。

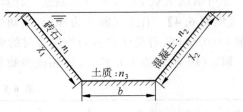

图 6-8 不同材质的渠壁

因此,由 $\tau_0 = \rho g R J$ 和 $v = C\sqrt{RJ}$,有:

$$\frac{\tau_0}{\rho g} = \frac{v^2}{C^2} \tag{6-38}$$

由 $\tau_1 = \rho g R_1 J_1$ 和 $v_1 = v = C_1 \sqrt{R_1 J_1}$,有:

$$\frac{\tau_1}{\rho g} = \frac{v^2}{C_1^2} \tag{6-39}$$

同理,可得:

$$\frac{\tau_2}{\rho g} = \frac{v^2}{C_2^2} \tag{6-40}$$

将上述三式代入(6-37),得:

$$\frac{\chi}{C^2} = \frac{\chi_1}{C_1^2} + \frac{\chi_2}{C_2^2} \tag{6-41}$$

以巴甫洛夫斯基公式表示 C,则有:

$$C^2 = \frac{1}{n^2} R^{2y} \tag{6-42}$$

$$C_1^2 = \frac{1}{n_1^2} R_1^{2y_1} \tag{6-43}$$

$$C_2^2 = \frac{1}{n_2^2} R_2^{2y_2} \tag{6-44}$$

根据巴甫洛夫斯基假定 2:糙率不同的各部分过水断面面积与相应的湿周成比例,即:

$$\frac{A_1}{A_2} = \frac{\chi_1}{\chi_2}$$

于是有:

$$\frac{A_1}{A} = \frac{\chi_1}{\chi}; \quad \frac{A_2}{A} = \frac{\chi_2}{\chi}$$

由此可得:

$$\begin{cases} R_1 = \dfrac{A_1}{\chi_1} = \dfrac{A}{\chi} = R \\ R_2 = \dfrac{A_2}{\chi_2} = \dfrac{A}{\chi} = R \end{cases} \tag{6-45}$$

由上可知,假定 2 即认为各部分水力半径相等:$R = R_1 = R_2 = \cdots = R_n$。将上述 4 式代入式(6-40),并设指数 $y = y_1 = y_2$,简化整理后可得综合糙率公式:

$$\chi n^2 = \chi_1 n_1^2 + \chi_2 n_2^2 \quad \text{或} \quad n = \left(\frac{\chi_1 n_1^2 + \chi_2 n_2^2}{\chi_1 + \chi_2}\right)^{1/2} \tag{6-46}$$

与前述类似,可以得出多种不同糙率组成的渠道综合糙率公式:

$$\chi n^2 = \chi_1 n_1^2 + \chi_2 n_2^2 + \chi_3 n_3^2 + \cdots \quad \text{或} \quad n = \left(\frac{\chi_1 n_1^2 + \chi_2 n_2^2 + \chi_3 n_3^2 + \cdots}{\chi_1 + \chi_2 + \chi_3 + \cdots}\right)^{1/2} \tag{6-47}$$

式(6-47)即巴甫洛夫斯基综合糙率公式。

巴甫洛夫斯基的方法同水力坡度分割法一致。后者认为,水力半径为过水断面的几何特征参数,与糙率无关;而水头损失即水力坡度,则与糙率相关。

别洛康和爱因斯坦亦推导出如下综合糙率公式:

$$\chi n^{3/2} = \chi_1 n_1^{3/2} + \chi_2 n_2^{3/2} + \chi_3 n_3^{3/2}$$

或

$$n = \left(\frac{\chi_1 n_1^{3/2} + \chi_2 n_2^{3/2} + \chi_3 n_3^{3/2}}{\chi_1 + \chi_2 + \chi_3}\right)^{3/2} \tag{6-48}$$

此外综合糙率也采取加权平均的方法:

$$n = \frac{n_1 \chi_1 + n_2 \chi_2 + n_3 \chi_3}{\chi_1 + \chi_2 + \chi_3} \tag{6-49}$$

杰尼先可根据试验数据认为,当最大最小糙率的比值 $\dfrac{n_{\max}}{n_{\min}}$ 在 1.5~2.0 时,采用式(6-48)较为合理;在 $\dfrac{n_{\max}}{n_{\min}} > 2.0$ 时,采用式(6-47)比较合适。

【例题 6.5】 某输水矩形明渠,渠底 $b = 2.25$m,正常水深 $h = 1.74$m,渠壁为砾石砌抹,糙率 $n_1 = 0.035$,底部为粗砂浆抹面,糙率 $n_2 = 0.0115$,则该明渠综合糙率 n 为多少?

解:根据已知条件,有 $\chi_1 = 2h = 3.48$m,$\chi_2 = b = 2.25$m。

根据式(6-46)有:

$$n = \left(\frac{\chi_1 n_1^2 + \chi_2 n_2^2}{\chi_1 + \chi_2}\right)^{1/2} = \left(\frac{3.48 \times 0.035^2 + 2.25 \times 0.0115^2}{3.48 + 2.25}\right)^{1/2} = 0.0282$$

根据式(6-48)有:

$$n = \left(\frac{\chi_1 n_1^{3/2} + \chi_2 n_2^{3/2}}{\chi_1 + \chi_2}\right)^{3/2} = \left(\frac{3.48 \times 0.035^{3/2} + 2.25 \times 0.0115^{3/2}}{5.73}\right)^{3/2} = 0.0271$$

根据式(6-49)有:

$$n = \frac{n_1 \chi_1 + n_2 \chi_2}{\chi_1 + \chi_2} = \frac{3.48 \times 0.035 + 2.25 \times 0.0115}{5.73} = 0.0258$$

上述 3 个公式的计算结果接近,组间最大偏差<8%。

可见,由这 3 个公式算出的结果,最大与最小之间相差在 8%以下。

2. 复式断面明渠水力计算

复式断面是指过流断面由 2 个以上的规则断面或不规则断面组合而成,如图 6-9 所示。

复式断面明渠占地面积较大,适用于河滩开阔的防洪沟渠。枯水期流量小,水流经主渠道流过;洪水期流量大,此时两侧副道同时过水。因为复式断面的总过流面积大,输水能力

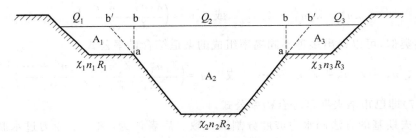

图 6-9 明渠的复式断面

强,一般不需修建高大的防洪堤。此外,复式断面有利于水生生物类生长,具有一定的生态保护和景观功能。

复式断面可看作不同过流断面的组合,各组合断面的形状及渠壁、渠底糙率也不一样。在不计主渠道与两侧副渠水流间的动量交换时,可将复式断面分解,分别计算各部分的流速或流量,再计算总流量。

如图 6-9 所示,将复式断面用 ab、ab′ 线划分成 A_1、A_2 和 A_3 三部分。各部分的湿周(ab、ab′ 不应计入湿周)设为 χ_1、χ_2 和 χ_3,水力半径设为 R_1、R_2 和 R_3,糙率设为 n_1、n_2 和 n_3。假定过水断面各部分都有同样的水力坡度,即 $J_1=J_2=J_3=J$,可根据谢才公式进行计算:

$$v_1 = C_1\sqrt{RJ} = \frac{1}{n_1}R_1^{2/3}\sqrt{J}$$

$$v_2 = C_2\sqrt{R_2 J} = \frac{1}{n_2}R_2^{2/3}\sqrt{J}$$

$$v_3 = C_3\sqrt{R_3 J} = \frac{1}{n_3}R_3^{2/3}\sqrt{J}$$

对于宽浅型渠道,即 $\frac{B}{h} \geqslant 25$ 时,可取 $R \approx h$。

从上式求得流速,再求出相应部分的过水断面面积,就可以求得各部分的流量及总流量:

$$Q_1 = v_1 A_1; \quad Q_2 = v_2 A_2; \quad Q_3 = v_3 A_3$$
$$Q = Q_1 + Q_2 + Q_3$$

【例题 6.6】 有一复式断面渠道如图 6-10 所示,有主渠道和两侧副渠道。洪水流量时,渠道水面坡度 $J=0.44‰$,主渠道和两侧副渠道的水面宽度、水深和糙率分别为:$B_1=207\text{m}$,$B_2=210\text{m}$,$B_3=240\text{m}$;$h_1=1.4\text{m}$,$h_2=2.4\text{m}$,$h_3=1.5\text{m}$;$n_1=0.04$,$n_2=0.035$,$n_3=0.03$。试计算该渠道的洪峰流量。

解: 因为 $B/h > 25$,可取 $R \approx h$,依据该复式断面形状,可化为 1、2 和 3 部分,如图 6-10 所示。各断面流速按谢才公式计算:

$$v_1 = \frac{1}{n_1}h_1^{2/3}\sqrt{J} = \left(\frac{1}{0.04} \times 1.4^{2/3} \times \sqrt{0.00044}\right)\text{m/s} = 0.66\text{m/s}$$

$$v_2 = \frac{1}{n_2}h_2^{2/3}\sqrt{J} = \left(\frac{1}{0.035} \times 2.4^{2/3} \times \sqrt{0.00044}\right)\text{m/s} = 1.08\text{m/s}$$

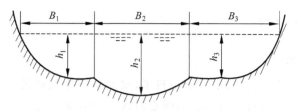

图 6-10 例题 6.6 图

$$v_3 = \frac{1}{n_3}h_3^{2/3}\sqrt{J} = \left(\frac{1}{0.03} \times 1.5^{2/3} \times \sqrt{0.00044}\right) \text{m/s} = 0.92 \text{m/s}$$

各部分看作矩形进行计算：
$$A_1 = B_1 h_1 = (207 \times 1.4)\text{m}^2 = 289.8\text{m}^2$$
$$A_2 = B_2 h_2 = (210 \times 2.4)\text{m}^2 = 504.0\text{m}^2$$
$$A_3 = B_3 h_3 = (240 \times 1.5)\text{m}^2 = 360.0\text{m}^2$$

该复式渠道总流量 Q 为各部分流量之和：
$$\begin{aligned}Q &= v_1 A_1 + v_2 A_2 + v_3 A_3 \\ &= (0.66 \times 289.8 + 1.08 \times 504 + 0.92 \times 360)\text{m}^3/\text{s} \\ &= 1066.79\text{m}^3/\text{s}\end{aligned}$$

6.3 明渠非均匀流水面曲线计算

实际工程为了调控要求，沿渠道多设有闸门（板）、堰等构筑物，渠壁、渠底材质及底坡、断面几何特征等沿程均可能变化。在此情况下，渠内水深和流速将发生沿程变化，水流也将呈现非均匀流状态。如图 6-11 所示，闸前渠道出现水面抬升，跌坎处则出现水面降落，水流为典型的非均匀流。

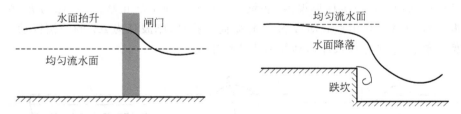

图 6-11 非均匀流的水面抬升与降落现象

明渠恒定非均匀流就是过流断面或断面上流速分布沿程发生变化的水流。过流断面的变化可能是水深变化引起的，也可能是沿程断面几何特征变化引起的，即 $A = A(h,s)$。因谢才公式 $Q = AC\sqrt{Ri}$ 仅适用于均匀流，当 $i=0$ 或 $i<0$ 或 i 为变量时，该式并不适用，正常水深也不复存在。实际在平底坡或逆坡以及变坡时，渠道水流不会形成均匀流。由于非均匀流的水深和流速沿程变化，故水力坡度 J、水面坡度 J_p 和渠底坡度 i 互不相等。水力参数的变化使得非均匀流水流状况分析更为复杂。

6.3.1 明渠水流流态

1. 扰动波的传递

如果在平静的水面上垂直投下一个小石子,水面将产生扰动波并将以一定的波速 c 向四周辐射,而波形将是以投石点为圆心的同心圆族。如图 6-12(a)所示。

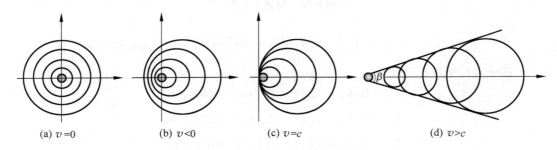

(a) $v=0$ (b) $v<0$ (c) $v=c$ (d) $v>c$

图 6-12 扰动波的传播

如果在等速流动的明渠水流中投一个石子,则扰动波将随水流运动。如果水流速度 $v<c$,则扰动波向上游的传播速度为 $v-c$,扰动波向下游传播的速度为 $v+c$,波形如图 6-12(b)所示。当水流流速 v 恰巧等于波速 c 时,扰动波向下游传播的速度为 $v+c=2c$,向上游传播的速度绝对值为零,即此时扰动停在干扰源处,只能被水流带向下游,波形如图 6-12(c)所示。当水流流速 $v>c$ 时,扰动波也只能向下游传播,而对上游无影响,并且由于水流流速比波速快,最后的水流状态为扰动波传过之后的状态。而在扰动源的两侧其波面形成锥形角 β,称之为扰动角。如图 6-12(d)所示。图中的扰动波波面线为扰动波前所形成的外包线,它与扰动波传播所产生的各圆相切。

2. 扰动波速

如图 6-13(a)所示,设棱柱形渠道,底坡 $i=0$,水流处于静止状态,水深为 h,水面宽为 B,过水断面积 A。如用直立薄板 N-N 轻微向左扰动,则波高为 Δh 的微幅扰动波将产生并以速度 c 传播,这将导致水体运动并形成非恒定流。

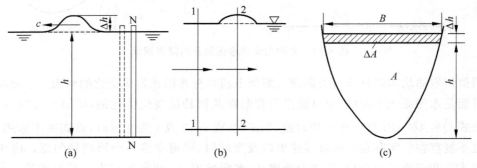

图 6-13 明渠水流中的扰动波

如图 6-13(b)所示,将坐标系固定于扰动波峰处,扰动波相对于坐标系处于静止,明渠水流则以波速 c 由左向右做恒定流动。

如图 6-13(c)所示,以渠底为基准面,在 1-1 断面至 2-2 断面间建立连续性方程(取 $v_1=c$),可有:
$$cA=v_2(A+\Delta A)$$
得
$$v_2=\frac{cA}{A+\Delta A}$$

上式表明两断面流速均可用波速 c 表示,在 1-1 断面至 2-2 断面间建立伯努利能量方程,有:
$$h+\frac{c^2}{2g}=h+\Delta h+\frac{c^2}{2g}\left(\frac{A}{A+\Delta A}\right) \tag{6-50}$$

设 1-1 断面接近 2-2 断面,则有近似式如下:
$$(A+\Delta A)^2=A^2+2A\cdot\Delta A+\Delta A^2\approx A^2+2A\cdot\Delta A$$
$$\Delta h\approx\frac{\Delta A}{B}$$

将上述近似结果代入式(6-50),可得:
$$c=\pm\left[g\frac{A}{B}\left(1+2\frac{\Delta A}{A}\right)\right]^{1/2} \tag{6-51}$$

考虑微扰动下,Δh 远小于 h,ΔA 远小于 A,式(6-51)简化为:
$$c=\pm\left(g\frac{A}{B}\right)^{1/2} \tag{6-52}$$

若断面形式为矩形,则有 $A=B\cdot h$,则有:
$$c=\pm(gh)^{1/2} \tag{6-53}$$

实际工程条件下,明渠水流处于流动状态,若水流流速为 v,则扰动波的绝对速度 c' 为静水中的波速 c 与水流速度 v 的和,即有:
$$c'=v\pm\left(g\frac{A}{B}\right)^{1/2} \tag{6-54}$$

式中:顺水流方向取"+"值,逆水流方向取"−"值。

当 $v<c$,c' 有正、负值,扰动波可向下游传递,亦可向上游传递,此时的水流流态称为缓流。

当明渠流流速大于波速,$v>c$,c' 只有正值,扰动波仅能向下游传递,此时的水流流态称为急流。

当明渠流流速等于波速,$v=c$,扰动波向上游传递的速度为零,此时的水流流态称为临界流,水流流速则称为临界流速,以 v_c 表示。

由此可知,依据扰动波速与明渠水流速度的关系,可将非均匀流划分为缓流、临界流和急流三种状态。上述推导亦可根据动量守恒原理加以推导,在此不再赘述。

3. 弗劳德数

弗劳德数(Froude number),符号为 Fr,是水的惯性力与重力之比,可用来确定水流流态的一个无量纲物理量。

$$Fr = \frac{v}{\sqrt{gh}} \tag{6-55}$$

式中：v——水流平均的流速；

　　　h——平均水深；

　　　g——重力加速度。

$$Fr^2 = \frac{v^2}{gh} \tag{6-56}$$

式(6-56)为 Fr 数的平方式，可以看出，Fr^2 是单位重量流体动能（流速水头）的一半与其势能之比。

若取水流 v 与干扰波速 c 之比，则有下式：

$$\frac{v}{c} = \frac{v}{\sqrt{g\dfrac{A}{B}}} = \frac{v}{\sqrt{\overline{h}}} \tag{6-57}$$

式中：$\overline{h} = A/B$，即为平均水深。

对比式(6-55)与式(6-57)，可知，Fr 也代表了水流流速与扰动波速之比，故可用作水流流态的判别标准。当 $Fr<1$ 时，明渠流为缓流；$Fr=1$ 时，明渠流为临界流；$Fr>1$ 时，明渠流为急流。

6.3.2 断面比能和临界流判别标准

1. 断面比能

如图 6-14 所示，若在明渠水流中取一点 A，则该点相对于基准面的单位重量机械能 E 可表示为：

$$E = z + \frac{p}{\rho g} + \frac{\alpha v^2}{2g}$$

式中：α——流速水头修正系数，其值约等于 1.0。

若将基准面置于过流断面最低点，则 A 点相对于新基准面的单位重量机械能 e 则为：

$$e = h + \frac{\alpha v^2}{2g} \tag{6-58}$$

式中，e 定义为断面单位比能，是单位重量流体相对于其所在过流断面最低点的机械能。e 与 E 的区别在于基准面选择的不同。E 的计算基准面沿流程不变，故 E 值沿程不断降低。e 的计算基准面沿程一般是变化的，e 值沿程可能增加，亦可能减小，还可能不变。

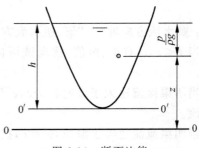

图 6-14 断面比能

当明渠流量一定，且过流断面的形状和尺寸不变时，断面单位比能 e 只随水深 h 变化，即有：

$$e = h + \frac{\alpha v^2}{2g} = h + \frac{\alpha Q^2}{2gA^2} = f(h) \tag{6-59}$$

分析式(6-59),当 $h\to 0$ 时,$A\to 0$,$e\to\infty$;当 $h\to 0$ 时,$A\to\infty$,$e\to 0$。可知若以 e 为横坐标,h 为纵坐标,则 $e=f(h)$ 是以 45°线和 e 轴为渐近线的双支曲线,该曲线存在极小值 $e_{\min}$,如图 6-15 所示。

以 e 对 h 求导,则有:

$$\frac{\mathrm{d}e}{\mathrm{d}h}=1-\frac{\alpha Q^2}{gA^3}\frac{\mathrm{d}A}{\mathrm{d}h}=1-\frac{\alpha Q^2}{gA^3}B$$

$$=1-\frac{\alpha v^2}{g\frac{A}{B}}=1-Fr^2 \quad (6\text{-}60)$$

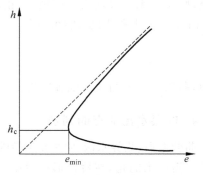

图 6-15 断面比能 e 与 h 的关系

分析可知,明渠水流为缓流时,$Fr<1$,e 随 h 增加而增加;急流时,$Fr>1$,e 随 h 增加而减小;在临界流时,$Fr=1$,e 达到其最小值 $e_{\min}$。

2. 临界水深和临界流速

当渠道的流量、断面形式和尺寸均确定的情况下,相应于断面比能的最小值 $e_{\min}$ 的水深,称为临界水深 h_c,如图 6-15 所示。

在 $e=e_{\min}$ 时,根据式(6-60),有下式成立:

$$\frac{\mathrm{d}e}{\mathrm{d}h}=1-\frac{\alpha Q^2}{gA^3}B=0$$

可得:

$$\frac{\alpha Q^2}{g}=\frac{A_c^3}{B_c} \quad (6\text{-}61)$$

式中:A_c、B_c——临界水深时的过流断面面积和水面宽度。

式(6-61)是隐函数式,左边是已知量,右边是临界水深 h_c 的隐函数,故可解得 h_c。

若明渠为矩形断面,则 $B=b$(渠底宽度),代入式(6-61),有:

$$\frac{\alpha Q^2}{g}=\frac{(bh_c)^3}{b}=b^2h_c^3$$

解得:

$$h_c=\sqrt[3]{\frac{\alpha Q^2}{gb^2}}=\sqrt[3]{\frac{\alpha q^2}{g}} \quad (6\text{-}62)$$

式中:$q=\dfrac{Q}{b}$,称为单宽流量。

类似地,可根据式(6-60)求得 $Fr=1$ 时的临界流速 v_c,如下:

$$v_c=\sqrt{g\frac{A_c}{B_c}} \quad (6\text{-}63)$$

3. 临界底坡

在明渠水流流量一定时,若渠道断面形状、尺寸和渠壁及渠底糙率沿程不变,水流为均匀流,则正常水深仅取决于底坡,当正常水深等于临界水深,此时的渠道底坡称为临界底坡 i_c。由谢才公式和式(6-62)可解得:

$$i_c = \frac{g}{\alpha C_c^2 B_c} \frac{\chi_c}{B_c} \tag{6-64}$$

式中,各项下标 c 均表示临界状态。

4. 明渠水流流态的判别

弗劳德数、临界水深、临界流速和临界底坡均可作为明渠水流流态的判别标准,如表 6-6 所示。需指出的是,在棱柱形渠道中,临界水深 h_c 和临界底坡 i_c 均与流量 Q 相关,当 Q 变化时,则上述指标值亦发生变化。波速 c、弗劳德数 Fr 及临界水深 h_c 作为判别标准适用于均匀流或非均匀流,临界底坡 i_c 作为判别标准,仅适用于明渠均匀流。

表 6-6 明渠水流流态的判别标准

判别标准	急流	临界流	缓流
Fr	>1	$=1$	<1
v	$v>v_c$	$v=v_c$	$v<v_c$
h	$h<h_c$	$h=h_c$	$h>h_c$
i	$i>i_c$	$i=i_c$	$i<i_c$

6.3.3 棱柱形渠道非均匀渐变流水面曲线分析

明渠非均匀流是指流速、水深等水力要素沿流程发生变化的明渠水流,是明渠中最常见的流动状态。过流断面沿程改变、渠道中修建构筑物、沿程有流量汇入或分出,沿程渠底坡度发生变化,都可使水流发生非均匀流动。根据沿程流速、水深变化程度的不同,分为非均匀渐变流和非均匀急变流。

水面曲线是指明渠非均匀渐变流纵剖面的水面线,沿程水力要素的改变会引起水面曲线变化,故水面处的水深 h 可看作水流流程 s 的函数,即 $h=f(s)$。正确估算水面曲线的变化是明渠设计的重要内容之一。

1. 棱柱形渠道非均匀渐变流微分方程

如图 6-16 所示,在明渠恒定非均匀渐变流中取流程长度为 ds 的流段,上下游过流断面分别为 1-1 和 2-2,在两断面间建立伯努利能量方程,如下:

$$(z+h)+\frac{\alpha v^2}{2g}=(z+dz+h+dh)+\frac{\alpha(v+dv)^2}{2g}+dh_w$$

考虑流段 ds 微小且流动为渐变流,展开 $(v+dv)^2$,并忽略 $(dv)^2$,整理上式得:

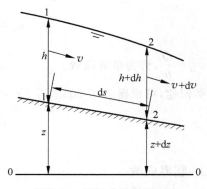

图 6-16 明渠非均匀渐变流

$$dz + dh + d\left(\frac{\alpha v^2}{2g}\right) + dh_w = 0$$

因局部水头损失在渐变流总水头损失中占比很小,故可略去,即有 $dh_w \approx dh_f$,则上式简化为:

$$dz + dh + d\left(\frac{\alpha v^2}{2g}\right) + dh_f = 0$$

以 ds 对等式两侧约分,有:

$$\frac{dz}{ds} + \frac{dh}{ds} + \frac{d}{ds}\left(\frac{\alpha v^2}{2g}\right) + \frac{dh_f}{ds} = 0 \tag{6-65}$$

由底坡定义(式(6-1))可有:

$$\frac{dz}{ds} = \frac{z_2 - z_1}{ds} = -i \tag{a}$$

根据 $v = Q/A$,有微分式的转化式:

$$\frac{d}{ds}\left(\frac{\alpha v^2}{2g}\right) = \frac{d}{ds}\left(\frac{\alpha Q^2}{2gA^2}\right) = -\frac{dA}{ds}\left(\frac{\alpha Q^2}{gA^3}\right)$$

对于棱柱形渠道而言,A 是 h 的函数,而 h 是 s 的函数,有:

$$\frac{dA}{ds} = \frac{dA}{dh}\frac{dh}{ds} = B\frac{dh}{ds}$$

代入前一式,有:

$$\frac{d}{ds}\left(\frac{\alpha v^2}{2g}\right) = -\frac{\alpha Q^2}{gA^3}B\frac{dh}{ds} \tag{b}$$

又根据水力坡度 J 定义,有:

$$J = \frac{dh_f}{ds} \tag{c}$$

将(a)、(b)、(c)三式代入式(6-65),得:

$$-i + \frac{dh}{ds} - \frac{\alpha Q^2}{gA^3}B\frac{dh}{ds} + J = 0$$

上式解出 $\frac{dh}{ds}$,有:

$$\frac{dh}{ds} = \frac{i - J}{1 - \frac{\alpha Q^2}{gA^3}B} = \frac{i - J}{1 - Fr^2} \tag{6-66}$$

式(6-66)即为棱柱形渠道恒定非均匀渐变流微分方程。当 $i<0$,取 $-|i|$ 进行计算。式中,J 值可按谢才公式进行计算(因渐变流近似看作均匀流,其水头损失可略去局部水头损失)。

式(6-66)中的分子 $i-J$ 反映了水流的不均匀程度,分母 $1-Fr^2$ 反映了水流的缓急程度,前者需与均匀流时的正常水深 h_0 作对比,而后者需要与临界水深 h_c 作对比,即棱柱形渠道中的水深 h 沿程变化的规律与上述两方面有关。

2. 非均匀渐变流水面曲线类型

水面曲线分析的目的是确定沿流程渠道中的水面变化是趋于抬升还是降落,上下游断面的水面如何变化，工程中如何依据水面曲线变化进行设计与施工。

水面曲线的变化与底坡 i 及实际水深 h 和正常水深 h_0、临界水深 h_c 之间的相对位置关系，可根据底坡情况和实际水深的变化范围对水面曲线的类型进行区分。

顺坡渠道 $i>0$，有三种情况。第 1 种情况：$i<i_c$，此时为缓坡，水面曲线以 M 表示。第 2 种情况：$i>i_c$，此时为陡坡，水面曲线以 S 表示。第 3 种情况：$i=i_c$，此时为临界坡，水面曲线以 C 表示。

平底坡，$i=0$，水面曲线以 H 表示。

逆坡渠道，$i<0$，水面曲线以 A 表示。

对于每一种情况，实际水深又可以在不同水深范围内变化。若 $h>h_0$ 且 $h>h_c$，称为第 1 区；若 $h<h_0$ 且 $h<h_c$，称为第 3 区；若 h 在 h_0 和 h_c 之间，称为第 2 区。如图 6-17 所示。

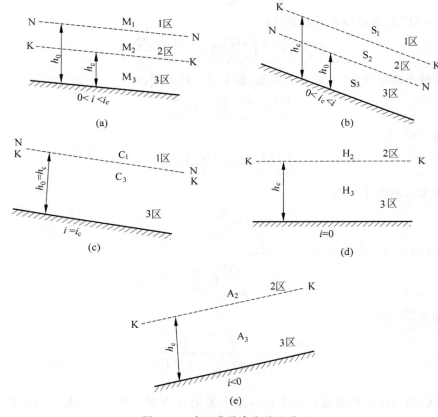

图 6-17 水面曲线参考线及分区

为便于分析，需做出水面曲线的参考线，即正常水深 h_0 的参考线 N-N 和临界水深 h_c 的参考线 K-K（均对应于水面与渠底的铅垂距离），如图 6-17 所示。对于棱柱形渠道而言，h_0 和 h_c 沿程不变，参考线也始终平行于渠底。

3. 非均匀渐变流水面曲线分析

水面曲线是渠道内实际水深沿程变化的反映，根据式（6-66）可判别 dh/ds 在不同坡度、不同水深时的正负值,即可知水面是沿程抬升或是降落。

1) 渠底缓坡($0 < i < i_c$)

(1) $h > h_0 > h_c$

此时明渠水流处于缓流。因为 $h > h_0$,$J < i$,$i - J > 0$;又 $h > h_c$,$Fr < 1$,$1 - Fr^2 > 0$,由式(6-66)可知:

$$\frac{\mathrm{d}h}{\mathrm{d}s} = \frac{i - J}{1 - Fr^2} > 0 \quad \text{(以下称为判别式)}$$

说明渠道内水深沿流程增加,水面抬升,即形成 M_1 型水面,如图 6-18 所示。

极限状况下:上游水深趋于 0,水力坡度 J 趋于渠底坡度 i,判别式的分子 $i - J$ 趋于 0;而此时水深仍大于临界水深,Fr 小于 1,判别式的分母大于 0,所以有 $\frac{\mathrm{d}h}{\mathrm{d}s} \to 0$,水面趋于参考线 N-N。

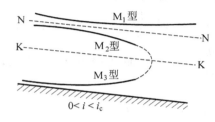

图 6-18 M 型水面曲线

类似地,当下游水深趋近于无穷大时,$\frac{\mathrm{d}h}{\mathrm{d}s} \to i$,这说明水深的增加与渠底高程的降低同步,水面趋于水平线。可知,M_1 型水面曲线沿上游方向趋于 N-N 线,而下游方向趋于水平线。

(2) $h_0 > h > h_c$

此时,水深大于临界水深,明渠仍处于缓流。因 $h_0 > h$,$J > i$,判别式分子小于 0,而分母仍大于 0,故 $\frac{\mathrm{d}h}{\mathrm{d}s} < 0$,说明渠道内水深沿流程减小,水面降低,即形成 M_2 型水面曲线,如图 6-18 所示。

极限状况下:分析如前述,当上游水深趋近于 0 时 $\frac{\mathrm{d}h}{\mathrm{d}s} \to 0$,水面趋近于参考线 N-N;在下游处,$h \to h_c$,$Fr \to 1$,判别式分母趋近于 0,而分子此时仍小于 0,故 $\frac{\mathrm{d}h}{\mathrm{d}s} \to -\infty$,水面曲线趋近垂直于 K-K 线,即形成水跌。

(3) $h_0 > h_c > h$

此时,$h < h_c$,水流处于急流状态,故 $Fr > 1$,判别式的分母小于 0;又因 $h < h_0$,$J > i$,$i - J < 0$,判别式的分子也小于 0,故 $\frac{\mathrm{d}h}{\mathrm{d}s} > 0$,说明水面沿程增加,形成 M_3 型水面曲线,如图 6-18 所示。

极限状况下:当 $h \to h_c$,$Fr \to 1$,判别式的分母趋近于 0,故 $\frac{\mathrm{d}h}{\mathrm{d}s} \to +\infty$,即水面曲线下端与 K-K 线垂直,形成水跃。

2) 渠底陡坡($i > i_c$)

分析过程如前,读者可自行推导。

(1) $h > h_c > h_0$

此时水深 h 大于正常水深 h_0,也大于临界水深 h_c,水流处于缓流状态。可推导出 $\frac{\mathrm{d}h}{\mathrm{d}s} >$

0,即水深 h 沿程增加,形成 S_1 型水面曲线。极限状况下:上游 $h \to h_c$ 时,$\frac{dh}{ds} \to +\infty$,发生水跃;下游 $h \to \infty$ 时,$\frac{dh}{ds} \to i$,水面曲线趋于水平线,如图 6-19 所示。

(2) $h_c > h > h_0$

此时水深 h 大于正常水深 h_0,但是小于临界水深 h_c,水流处于急流状态。可推导出 $\frac{dh}{ds} < 0$,说明水面沿程降低,形成 S_2 型水面曲线。极限状况下:上游 $h \to h_c$ 时,$\frac{dh}{ds} \to -\infty$,发生水跌;下游 $h \to h_0$ 时,$\frac{dh}{ds} \to 0$,水面曲线趋近于 N-N 线,如图 6-19 所示。

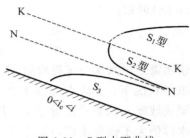

图 6-19 S 型水面曲线

(3) $h_c > h_0 > h$

此时水深 h 小于正常水深 h_0,也小于临界水深 h_c,水流处于急流状态。可推导出 $\frac{dh}{ds} > 0$,说明水面沿程抬升,形成 S_3 型水面曲线。极限状况下:下游 $h \to h_0$ 时,$\frac{dh}{ds} \to 0$,水面曲线趋近于 N-N 线,如图 6-19 所示。

3) 渠底平坡($i=0$)

平坡时,判别式形式为:

$$\frac{dh}{ds} = \frac{-J}{1 - Fr^2}$$

因为 $i=0$,明渠不会发生均匀流,参考线 N-N 不存在,仅有参考线 K-K,水面曲线变化的区域只有 2 个区,如图 6-20 所示。

H_2、H_3 型水面曲线与 M_2、M_3 曲线水面类似,只是后两种发生在缓坡渠道,前两种发生在平底渠道。

4) 渠底逆坡($i<0$)

此时,$i<0$,可令 $i'=|i|$,则逆坡时的判别式可写为:

$$\frac{dh}{ds} = -\frac{i' - J}{1 - Fr^2}$$

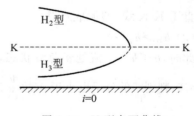

图 6-20 H 型水面曲线

可参照前述 $i>0$ 的情形,对逆坡时的水面曲线进行分析。

逆坡和平坡情形类似,不能发生均匀流,仅有参考线 K-K,如图 6-21 所示。$h > h_c$ 时,$\frac{dh}{ds} < 0$,水面曲线沿程降落,为 A_2 型;$h < h_c$ 时,$\frac{dh}{ds} > 0$,水面曲线沿程抬升,为 A_3 型。

5) 临界坡($i=i_c$)

临界坡时 $i=i_c$,$h=h_c$,N-N 线与 K-K 线重合,不存在第 2 区。而在 1 区、3 区分别

有 C_1 型壅水曲线与 C_3 型壅水曲线,且在趋近 N-N(C-C)线时,趋于水平线,如图 6-22 所示。

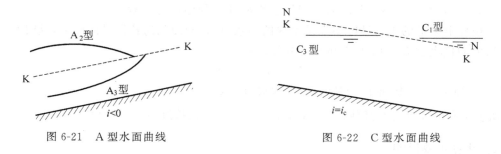

图 6-21 A 型水面曲线　　　　　图 6-22 C 型水面曲线

6.3.4　非均匀渐变流水面曲线计算

实际工程在对水面曲线进行分析的基础上,往往需要进一步计算水深、流速等水力要素数值,以明确水位变化对渠岸的影响,水流冲刷效应以及泥砂沉积状况。

工程中的水面曲线计算主要集中于渠道壅水和降水的影响范围和程度,常采用分段求和法。

1. 分段求和法

分段求和法的逻辑思路:将明渠水流划分为若干有限长度的流段,若某流段中 1-1 断面的水深 h_1 已知,欲求 2-2 断面的水深 h_2 时,可先求得 1-1 断面的平均流速 v_1 及流速水头 $\dfrac{v_1^2}{2g}$,然后采用试算法求得 2-2 断面的水深 h_2,即先假定一个 h_2 数值,计算出 v_2 与 $\dfrac{v_2^2}{2g}$,代入能量方程式。如果等号两边相等,则表示假定值合理,如不相等则重新假定试算,直到满足等式成立,其余流段依次类推。

分段求和法的物理意义明确,对于棱柱形和非棱柱形渠道都可以应用。即使计算断面存在局部水头损失,同样可用。

根据伯努利能量方程,引入断面比能,并考虑渐变流条件,有:

$$\mathrm{d}e_s/\mathrm{d}s = i - J \tag{6-67}$$

上式可用于棱柱形或非棱柱形渠道恒定渐变流。为了便于应用,改为有限差形式

$$\frac{\Delta e_s}{\Delta s} = \frac{\Delta\left(h + \dfrac{av^2}{2g}\right)}{\Delta s} = i - \bar{J} \tag{6-68}$$

或

$$\Delta e_s = (i - \bar{J})\Delta s$$

式中: $\bar{J}$——Δs 段内平均水力坡度。

渐变流水力坡度 J 可近似用均匀流公式 $J = Q^2/K^2$ 计算。由于渐变流的能量损失沿程并不均匀,其水力坡度线是曲线。对于平均水力坡度 $\bar{J}$ 的计算,需作规定。

棱柱形渠道水力坡降和流速有关,但流速变化是水深引起的, $\bar{J}$ 可用下式计算:

$$\bar{J} = \frac{Q^2}{\bar{K}^2} = \frac{\bar{v}^2}{\bar{C}^2 \bar{R}} \tag{6-69}$$

式中：$\bar{K}$、$\bar{v}$、$\bar{R}$、$\bar{C}$——相应于两断面间的平均水深 $\bar{h}$ 的诸水力要素。

非棱柱形渠道的水力坡降不仅是水深的函数，也是断面几何特征量的函数，这时水深失去平均值的代表意义。此时，$\bar{J}$ 可用下式计算：

$$\bar{J} = (J_1 + J_2)/2 \tag{6-70}$$

式中：J_1 和 J_2——断面 1-1 与断面 2-2 的水力坡度。

此外，$\bar{J}$ 的计算还有其他方法，计算结果与上述两式接近，不另做介绍。

2. 计算步骤说明

（1）断面形式和尺寸确定情况下，已知 i、n、h_1、h_2 及 Q，求渠段长度 $\Delta s_{1\text{-}2}$。

首先计算 e_{s1} 和 e_{s2}：

$$e_{s1} = h_1 + \frac{a_1 v_1^2}{2g}; \quad e_{s2} = h_2 + \frac{a_2 v_2^2}{2g}$$

再根据式(6-69)或式(6-70)，计算 $\bar{J}$，最后代入方程(6-68)，得到 $\Delta s_{1\text{-}2}$。

$$\Delta s_{1\text{-}2} = \frac{\Delta e_s}{i - \bar{J}} = \frac{e_{s2} - e_{s1}}{i - \bar{J}}$$

（2）断面形式和尺寸确定情况下，已知 i、n、h_1、$\Delta s_{1\text{-}2}$ 及 Q，求 h_2 及绘制水面曲线。

由于 e_s 和 $\bar{J}$ 不仅与 h 及断面尺寸有关，且存在复合函数关系，需采用试算法。先假定 h_2' 数值，计算出相应的 e_{s2}'。

$$e_{s2}' = h_2' + \frac{a_2 v_2'^2}{2g}$$

之后计算 $\bar{J}'$，最后代入方程：

$$e_{s2}' = e_{s1} + (i - \bar{J}) \Delta s_{1\text{-}2}$$

如果上式成立，则 $h_2' = h_2$。否则，重复以上步骤直至上式成立。

流段 Δs 划分越小，则以上计算结果精度越高。

【**例题 6.7**】 有一混凝土溢洪道，中间某段为变底宽矩形断面渐变段，如图 6-23 所示，底宽由 35m 减小为 25m，渠底坡度 $i = 0.015$，长 $L = 40$m，试计算流量 $Q = 825 \text{m}^3/\text{s}$ 时的水面曲线（已知上游断面水深 $h_1 = 2.7$m）。

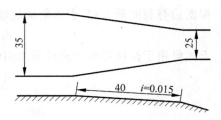

图 6-23 例题 6.7 图（单位：m）

解：取糙率 $n = 0.014$，将渐变段划分为 4 个流段，每段长 $\Delta s = 10$m，渐缩比为：

$$((35 - 25)/4)\text{m}/\text{流段} = 2.5\text{m}/\text{流段}$$

（1）第 1 段计算：

由上游水深 $h_1 = 2.7$m，可得：

$$A_1 = bh_1 = (35 \times 2.7)\text{m}^2 = 94.5\text{m}^2$$

$$v_1 = \frac{Q}{A_1} = \left(\frac{825}{94.5}\right) \text{m/s} = 8.73 \text{m/s}$$

$$\frac{\alpha_1 v_1^2}{2g} = \left(\frac{1.1 \times 8.73^2}{2 \times 9.8}\right) \text{m} = 4.3 \text{m}$$

$$e_{s1} = h_1 + \frac{\alpha_1 v_1^2}{2g} = 7 \text{m}$$

$$R_1 = \frac{bh_1}{b+2h_1} = \left(\frac{35 \times 2.7}{35+2 \times 2.7}\right) \text{m} = 2.34 \text{m}$$

$$C_1 = \frac{1}{n} R_1^{1/6} = \frac{1}{0.014} \times 2.34^{1/6} = 82.5 \text{m}^{1/2}/\text{s}$$

（2）第 2 小段计算：

因 $\Delta s = 10 \text{m}$，渐缩比 $= 2.5 \text{m}/$流段，故第 2 小段上端渠底宽 $b_2 = 32.5 \text{m}$。假定 $h_2 = 2.45 \text{m}$，则有：

$$A_2 = b_2 h_2 = (32.5 \times 2.45) \text{m}^2 = 79.6 \text{m}^2$$

$$v_2 = \frac{Q}{A_2} = \left(\frac{825}{79.6}\right) \text{m/s} = 10.36 \text{m/s}$$

$$e_{s2} = h_2 + \frac{\alpha_2 v_2^2}{2g} = \left(2.45 + \frac{1.1 \times 10.36^2}{2g}\right) \text{m} = 8.47 \text{m}$$

$$R_2 = \frac{b_2 h_2}{b+2h_2} = \left(\frac{32.5 \times 2.45}{32.5+2 \times 2.45}\right) \text{m} = 2.13 \text{m}$$

$$C_2 = \frac{1}{n} R_2^{1/6} = \frac{1}{0.014} \times 2.12^{1/6} = 80.96 \text{m}^{1/2}/\text{s} \approx 81 \text{m}^{1/2}/\text{s}$$

水力参数平均值计算：

$$\bar{v} = (v_1 + v_2)/2 = 9.55 \text{m/s}$$

$$\bar{R} = \frac{R_1 + R_2}{2} = 2.23 \text{m/s}$$

$$\bar{C} = \frac{C_1 + C_2}{2} = 81.75 \text{m}^{1/2}/\text{s}$$

$$\bar{J} = \frac{\overline{v^2}}{\bar{C}^2 \bar{R}} = 0.61\%$$

将上述参数值代入公式，计算 Δs：

$$\Delta s = \frac{\Delta e_s}{i - \bar{J}} = \left(\frac{8.47 - 7}{0.15 - 0.0061}\right) \text{m} = 10.22 \text{m}$$

Δs 的计算值与给定值的误差为 0.28m，相对误差 $< 3\%$，可知假设 $h_2 = 2.45 \text{m}$ 是合理的。

其余流段计算过程同前，结果如表 6-7 所示。

表 6-7 计算结果

断面	b/m	Δs/m	h/m	A/m²	v/(m/s)	$\dfrac{\alpha v^2}{2g}$/m	R/m	C/(m$^{1/2}$/s)	$\bar{v}$/(m/s)	$\bar{R}$/m	$\bar{C}$/(m$^{1/2}$/s)	$\bar{J}$/‰	$i-\bar{J}$	e_s/m	Δe_s/m	Δs/m
1	35	—	2.7	94.5	8.75	4.3	2.34	82.5	—	—	—	—	—	7	—	—
2	32.5	10	2.45	79.5	10.38	6.03	2.12	81	9.56	2.23	81.75	0.62	0.144	8.48	1.48	10.28
3	30	10	2.38	71.4	11.58	7.5	2.06	80.5	10.98	2.09	80.75	0.88	0.141	9.88	1.40	9.94
4	27.5	10	2.38	65.45	12.60	8.88	1.71	75.5	12.09	1.884	78	1.27	0.137	11.26	1.38	10.03
5	25	10	2.45	61.25	13.47	10.17	2.048	80.5	13.04	1.88	78	1.5	0.135	12.63	1.39	10.29

习 题

1. 明渠恒定均匀流的特性和形成条件是什么？

2. 试说明谢才公式和达西-魏斯巴赫公式的相关性。

3. 某一长直河道过流断面为梯形，河床及河岸边坡均为土质，几何参数如图 6-24 所示，若河床底坡度为 3×10^{-4}，河道糙率 $n=0.025$，若河水流量 $Q=39.3\text{m}^3/\text{s}$，则河水水深 h 为多少？

4. 某土质棱柱形渠道，过流断面为梯形，已知渠道水深 $h=1.45\text{m}$，$b=7.0\text{m}$，渠底坡度 $i=3\times10^{-4}$，渠壁糙率 $n=0.025$，边坡系数 $m=1.5$，则该渠道通过的流量 Q 为多少？

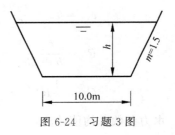

图 6-24 习题 3 图

5. 若测得土质河道过流断面为梯形，其边壁处糙率 $n=0.025$，河底坡度 $i=1.55$‰，河水水深 $h=1.2\text{m}$，若河水流量 $Q=6.55\text{m}^3/\text{s}$，过流断面流速 $v=1.3\text{m/s}$，则渠底宽度 b 和边坡系数 m 为多少？

6. 如图 6-25 所示，河道上游断面 1-1 和下游断面的有关参数标于图中，试确定该河道的 i、J 和 J_P。

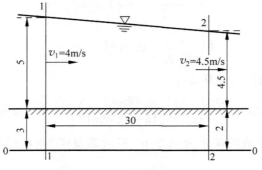

图 6-25 习题 6 图（单位：m）

7. 一梯形断面的输水土渠，若输水流量 $Q=3.43\text{m}^3/\text{s}$，底宽 $b=3\text{m}$，边坡系数 $m=2.0$，水深 $h=1.2\text{m}$，底坡 $i=2\times10^{-4}$，则该渠道的糙率 n 为多少？

8. 欲设计一梯形断面混凝土灌渠，设计流量 $Q=1.5\text{m}^3/\text{s}$，设计底坡 $i=4\times10^{-3}$，设计边坡 $m=1.5$，按技术手册查得细砂浆抹面施工时的壁面糙率 $n=0.02$，则在水力最优条件下，该渠道的底宽 b 和设计水深 h 应为多少？

9. 欲设计一农田灌溉水渠，若已确定设计流量 $Q=5.0\text{m}^3/\text{s}$，渠道边坡系数 $m=1.0$，糙率 $n=0.025$，断面平均流速 $v=1.4\text{m/s}$。试计算水力最优时的渠底宽度和水深及底坡。

10. 混凝土排水管渠的管径 $d=1.0\text{m}$，管壁糙率 $n=0.014$，管底坡度 $i=1‰$，则该管道在水深 $h=0.8\text{m}$ 时的通过流量 Q 及流速 v。

11. 有一河道通过流量为 $18\text{m}^3/\text{s}$，测定河底宽 $b=12.0\text{m}$，河床糙率 $n=0.025$，边坡系数 $m=1.5$，试求该河道的临界水深 h_0 和临界底坡 i_0。

12. 如图 6-26 所示为一宽度为 2.0m 的矩形断面排洪沟渠，测定流量 $Q=2.0\text{m}^3/\text{s}$，已知渠道壁面糙率 $n=0.025$，底坡度 $i=2\times10^{-4}$，渠道末端有一跌坎。若渠道为均匀流时的水深为 2.26m，则渠中水深为 1.2m 处至渠末端的距离 l 为多少？

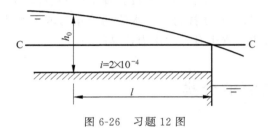

图 6-26 习题 12 图

13. 一宽度 b 为 1.0m 的矩形断面渠道，均匀流时的水深 $h=0.5\text{m}$，底坡 $i=4\times10^{-4}$，渠道壁面糙率 $n=0.014$，则渠道出口处的水深 $h_{出}$ 为多少？试绘制该处渠道水面曲线（示意即可）。

第 6 章答案

第7章 堰流

水利工程中,为防洪、灌溉、航运、发电等要求,常常设置溢流堰控制水位和流量。堰是指顶部过流的水工构筑物。堰流是在明渠中设置障壁(堰)后,缓流经障壁顶部溢流而过的水力学现象。研究堰流的目的在于探讨过堰水流的流量与堰上水头、堰顶形状以及过水宽度等因素的关系,从而解决工程中有关的水力计算问题。

7.1 堰流特征与堰的分类

7.1.1 堰流特征

堰流发生时,水流受到堰体的阻挡及堰体两侧边壁的约束影响,在堰体上游产生壅水现象;水流流经堰顶时,流线将发生收缩,流速增大,势能转化为动能,堰上的水位将产生跌落;惯性的作用使得下泄水流脱离堰体,在表面张力的作用下,具有自由表面的水会产生垂直收缩,而自由液面的变化为连续曲面。

表征堰流现象的特征变数主要有堰宽 b,即水流溢过的堰顶宽度;堰顶水头 H,即堰上游水面在堰顶上的最大超高;堰顶的厚度和堰的剖面形状。

由于水流在堰顶的流程较短,流线变化急剧、曲率半径很小,堰流属于非均匀流中的急变流。堰流时的能量损失以局部水头损失为主,沿程水头损失可忽略不计。

7.1.2 堰的分类

1. 按几何特征分类

堰顶溢流时,堰顶厚度 δ 和堰上水头 H 的比值对水流状况有直接影响,故可按 δ/H 的比值范围将堰分为三类。

(1) 薄壁堰:堰顶厚度与堰前水头比值小于 0.67 时,过堰水流与堰顶为线接触,堰顶厚度对水流不产生影响,称为薄壁堰,如图 7-1(a)所示。根据堰口形状,薄壁堰又可分为矩形堰、三角堰和梯形堰等。

(2) 实用堰:堰顶厚度与堰前水头的比值介于 0.67~2.5。由于堰顶加厚,水舌下缘与堰顶呈现面接触。水流因此受到堰顶的约束和顶托,但这种作用不大,水流通过堰顶时还是在重力作用下自由跌落。堰顶的实际厚度会影响水舌的形状,但堰上水面仍一次连续降落。

实用堰的剖面可以是曲线,也可以是折线形,如图 7-1(b)和图 7-1(c)所示。

(3) 宽顶堰:堰顶厚度与堰前水头的比值介于 2.5～10。堰顶厚度对水流的影响显著,进入宽顶堰顶部的水流因受堰在垂直方向的约束及进口局部水头损失的影响,形成进口处第一次水面降落;之后由于堰顶对水流的顶托作用,有一段水面与堰顶几乎平行;至堰出口处,水面再次降落并与下游水面衔接。如图 7-1(d)所示。宽顶堰流的水头损失仍以局部水头损失为主,沿程水头损失可以忽略不计。

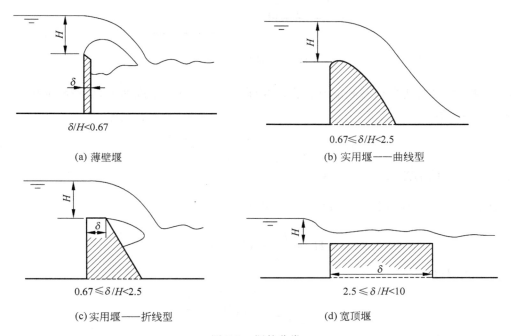

图 7-1 堰的分类

需要注意的是,同一个堰,当堰上水头较大时,可能为实用堰;当堰上水头较小时,则可能为宽顶堰。当堰顶厚度 δ 与堰上水头 H 的比值大于 10 时,沿程水头损失逐渐起主导作用,水流也逐渐具有明渠水流特征,其水力特征已不属于堰流,而归于明渠水流。

2. 其他分类

(1) 按上游渠宽对过堰水流的收缩作用分为:上游渠宽 B 大于堰宽 b 的有侧收缩堰,$B=b$ 时的无侧收缩堰。

(2) 按下游水位对过堰水流的淹没状况分为:自由堰流和淹没堰流。若下游水位较低,下游水位不影响上游水位,称为自由堰流;若下游水位较高,下游水位影响上游水位,称为淹没堰流。

7.2 堰流的基本公式

为确定堰过水能力的影响因素及其相互之间的关系,以自由式、无侧收缩薄壁堰流为例进行推导。

如图 7-2 所示,以通过堰顶的水平面为 0-0 基准面,在堰上游断面 1-1 和下游断面 2-2

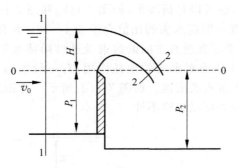

图 7-2 薄壁堰溢流

（即水舌断面）之间建立伯努利能量方程。断面 2-2 中心位于基准面上，设该断面中心处的压强为 p_2，则有：

$$H + \frac{\alpha_0 v_0^2}{2g} = \frac{p_2}{\rho g} + \frac{\alpha_2 v_2^2}{2g} + \xi \frac{\alpha_2 v_2^2}{2g}$$

式中：ξ——堰的局部水头损失系数。

取 $\alpha_1 = \alpha_2 = 1.0$，并令 $H_0 = H + \frac{\alpha_0 v_0^2}{2g}$，则有：

$$H_0 = \frac{p_2}{\rho g} + (1+\xi)\frac{v_2^2}{2g}$$

由上式解得：

$$v_2 = \frac{1}{\sqrt{1+\xi}}\sqrt{2g\left(H_0 - \frac{p_2}{\rho g}\right)}$$

令 $\xi H_0 = \frac{p_2}{\rho g}$ 及 $\varphi = \frac{1}{\sqrt{1+\xi}}$，则有：

$$v_2 = \varphi\sqrt{1-\xi}\sqrt{2gH_0} \tag{7-1}$$

式中：ξ——与堰口形式和过流断面的变化有关的系数；

φ——流速系数。

确定 2-2 断面的流速后，再乘以断面面积就可得到流量。设 2-2 断面面积 $A_2 = \varepsilon b H$，其中 ε 为水舌收缩系数，b 为堰的宽度，则有：

$$Q = A_2 v_2 = mb\sqrt{2g}\,H_0^{\frac{3}{2}} \tag{7-2}$$

式中：m——堰的流量系数，$m = \varepsilon\varphi\sqrt{1-\xi}$。

式(7-1)和式(7-2)是堰流水力计算的基本公式，对过水断面为矩形的薄壁堰流、实用堰流以及宽顶堰流都是适用的。过堰流量 Q 与堰上水头 H_0 的 $\frac{3}{2}$ 次方成比例，即 $Q \propto H_0^{3/2}$。流量系数 m 综合了反映水头损失、压力分布、收缩程度等各种对堰过流能力的影响因素。对不同类型的堰，m 数值则各不相同。

以上推导没有将堰的侧向收缩及下游水位淹没的影响纳入考虑因素。当有侧向收缩或淹没时，堰的过水能力均将减小，可在公式右侧乘以折减系数，即侧收缩系数 ε_1 及淹没系数

σ 来反映这种作用,流量公式相应地变为:

$$Q = \varepsilon_1 \sigma m b \sqrt{2g} H_0^{\frac{3}{2}} \tag{7-3}$$

7.3 工程中的堰流计算问题

下面分别说明薄壁堰、实用堰及宽顶堰的流量计算问题。

7.3.1 薄壁堰

薄壁堰又称量水堰,在水厂和小型水利工程中常用于水量的测量。薄壁堰的三种常见类型如图 7-3 所示。

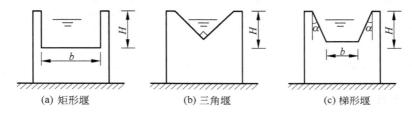

图 7-3 薄壁堰的三种基本类型

1. 矩形薄壁堰

无侧收缩自由出流的矩形薄壁堰其流量仍按式(7-2)计算,为便于根据直接测出的水头来计算流量,将行进流速的影响考虑在流量系数中,式(7-2)改写为:

$$Q = m_0 b \sqrt{2g} H_0^{3/2} \tag{7-4}$$

式中:m_0——包括行进流速影响的流量系数,其可按雷宝克公式计算:

$$m_0 = 0.403 + 0.053 \frac{H}{P_1} + \frac{0.0007}{H} \tag{7-5}$$

式中:H——堰上水头;

P_1——上游堰高,m。

上式适用于 $H \geqslant 0.025$,$H/P_1 \leqslant 2$。

当渠宽 B 大于堰宽 b 时需考虑侧收缩影响,式(7-4)中的流量系数采用下式计算:

$$m_0 = \left(0.405 + \frac{0.027}{H} - 0.030 \frac{B-b}{B}\right) \times \left[1 + 0.55 \left(\frac{H}{H+P_1}\right)^2 \left(\frac{b}{B}\right)^2\right] \tag{7-6}$$

2. 三角形堰

当所需量测的流量较小时,例如 $Q < 0.1 \text{m}^3/\text{s}$,因水头过小,若采用矩形堰则误差较大,一般可改用直角三角形堰,计算式如下:

$$Q = 1.343 H^{2.47} \quad 或 \quad Q = 1.4 H^{2.5} \tag{7-7}$$

式(7-7)适用于 $H + P_1 > 3H$ 和 $H = 0.06 \sim 0.65 \text{m}$ 时。

3. 梯形堰

对于梯形堰，当 $\alpha = 14°$ 时，其流量计算公式为：

$$Q = 1.86b \cdot H^{\frac{3}{2}} \tag{7-8}$$

式中：H——堰上水头，m；

b——堰底宽度，m。

上述公式是针对自由出流，下泄水流（水舌）下侧的空间为大气，若发生真空或贴敷于堰壁面，则公式不适用。

【例题 7.1】 一无侧收缩的矩形薄壁堰，堰宽 $b = 0.4\text{m}$，上游堰高 $P_1 = 0.6\text{m}$，若测得堰顶水头 $H = 0.25\text{m}$，试求通过堰的流量。

解：根据题意，可按矩形堰自由出流公式(7-4)计算，式中流量系数按式(7-5)计算。

$$m_0 = 0.403 + 0.053 \frac{H}{P_1} + \frac{0.0007}{H} = 0.403 + 0.053 \times \frac{0.25}{0.6} + \frac{0.007}{0.25} = 0.453$$

$$Q = m_0 b \sqrt{2g} H_0^{3/2} = (0.453 \times 0.4 \times 4.43 \times 0.25^{\frac{3}{2}}) \text{m}^3/\text{s} = 0.10 \text{m}^3/\text{s}$$

7.3.2 实用堰

实用堰可以采用基本公式(7-3)进行计算。若实用堰无侧收缩，则收缩系数 $\varepsilon_1 = 1.0$，若水流为自由出流，则淹没系数 $\sigma = 1.0$。

1. 流量系数

流量系数 m 的影响因素较多，包括堰的断面形状、壁面粗糙度以及水头大小等。m 值的确定一般需要实测，在精确度要求不高的初步设计或估算时，曲线实用堰的 m 值可取 $0.45 \sim 0.502$，折线型实用堰的 m 值可取 $0.34 \sim 0.46$。

2. 侧收缩系数

侧收缩是堰宽度小于上游渠道宽度，一般通过设置边墩或闸墩形成收缩。侧收缩系数 ε 的影响因素由边墩或闸墩的几何形状、尺寸、数量以及上游水头有关，计算侧收缩系数可根据经验公式计算：

$$\varepsilon_1 = 1 - 0.2[\zeta_K + (n-1)\zeta_0] \frac{H_0}{nb} \tag{7-9}$$

式中：ζ_K、ζ_0——边墩或闸墩的形状系数，如表 7-1 所示；

n——闸孔数目；

b——闸孔净宽；

H_0——堰上游水头。

适用条件：$H_0/b < 1$；$B \geq B' + (n+1)d$，其中 B 为堰上游引渠宽度；$B' = nb$，d 为闸墩厚度。

表 7-1　侧收缩系数

形状	闸墩 ζ_0				边墩 ζ_K		
	方形	尖头形	圆头形	尖圆形	直角形	八字形	圆弧形
数值	0.8	0.45	0.45	0.25	1.0	0.7	0.7

3. 淹没系数

当下游水位高过堰顶到某一程度时,堰下游将形成淹没水跃,过堰水流受到下游水位的顶托,堰的过水能力降低,形成淹没出流。如果下游水位超过堰顶的高度,即 $h_n > 0$,并且下游形成淹没水跃,即 $Z/P_2 < 0.7$(Z 为堰上游和下游的水面高度差,P_2 为堰下游侧高度),则可判断堰流为淹没出流。实用堰淹没系数值可根据 h_n/H 的比值查表 7-2。

表 7-2　实用堰淹没系数

h_n/H	0.00	0.05	0.10	0.15	0.20	0.25	0.30	0.35	0.40	0.45	0.50
σ	1.00	0.996	0.991	0.986	0.981	0.976	0.970	0.963	0.956	0.948	0.937
h_n/H	0.55	0.60	0.65	0.70	0.75	0.80	0.85	0.90	0.95	1.00	
σ	0.927	0.907	0.886	0.856	0.821	0.778	0.709	0.621	0.438	0.000	

【例题 7.2】　一输水渠道上设置了溢流堰控制水位,该堰为三孔型,每孔宽度 $b=12$m,边墩和闸墩均为圆形,测得下游堰高 $P_2=10$m,堰上水头 $H=2.4$m,下游水面高于堰顶 1.0m,若流量系数 $m=0.49$,不计行进流速影响,试计算过堰流量。

解:(1) 由已知条件,$h_n > 0$,$Z/P_2 = (2.4-1.0)/10 = 0.14 < 0.7$,可判断该堰流为淹没出流。因 $h_n/H = 1/2.4 = 0.417$,由表 7-2 可得 $\sigma = 0.953$。

(2) 侧收缩系数 ε_1。根据闸墩与边墩形式,可由表 7-1 查得 $\zeta_K = 0.7$,$\zeta_0 = 0.45$,由式(7-9)可得:

$$\varepsilon_1 = 1 - 0.2[\zeta_K + (n-1)\zeta_0]\frac{H_0}{nb}$$

$$= 1 - 0.2 \times [0.7 + 0.45 \times (3-1)]\frac{2.4}{3 \times 12}$$

$$= 0.979$$

(3) 计算过堰流量 Q:

$$Q = \varepsilon_1 \sigma m b \sqrt{2g} H_0^{\frac{3}{2}}$$

$$= (0.953 \times 0.979 \times 0.49 \times 3 \times 12 \times 4.43 \times 2.4^{\frac{3}{2}}) \text{m}^3/\text{s}$$

$$= 271 \text{m}^3/\text{s}$$

7.3.3　宽顶堰

宽顶堰是平原地区水闸常采用的泄水构筑物,它的泄水能力计算是水利工程设计和工程管理中的重要问题。平原地区上下游水位差比较小,宽顶堰的泄流常处于高淹没泄流状态,淹没度对泄流能力有重要的影响。在高淹没度条件下过堰流流态复杂,流量计算受淹没度、流量系数、上下游水位的影响,过堰流量不易准确计算。

若有侧向收缩及淹没影响时,宽顶堰流流量可按式(7-3)计算。

1. 流量系数 m 的确定

宽顶堰流的流量系数 m,与堰进口底坎的形式、坎高 P_1 等因素有关,可用下列经验公式计算。对于堰顶入口为直角的宽顶堰,见图 7-4(a), m 计算式为:

$$m = 0.32 + 0.01 \frac{3 - \frac{P_1}{H}}{0.46 + 0.75 \frac{P_1}{H}} \tag{7-10}$$

式(7-10)适应于 $0 \leqslant P_1/H \leqslant 3$;当 $P_1/H > 3$ 时,m 可取 0.32。

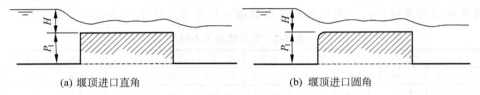

(a) 堰顶进口直角　　　　　　(b) 堰顶进口圆角

图 7-4　宽顶堰进口形状

对于堰顶进口为圆角的宽顶堰,见图 7-4(b),m 计算式为:

$$m = 0.36 + 0.01 \frac{3 - \frac{P_1}{H}}{1.2 + 1.5 \frac{P_1}{H}} \tag{7-11}$$

式(7-11)适应于 $0 \leqslant P_1/H \leqslant 3$;当 $P_1/H > 3$ 时,m 可取 0.36。

2. 侧收缩系数

宽顶堰侧收缩系数的计算同实用堰,采用式(7-9)。

3. 淹没系数

当宽顶堰下游水位超过堰顶的高度 h_n 与作用水头 H_0 的比值大于或等于 0.8 时,可认为处于淹没出流状态。淹没系数 σ 可按表 7-3 取值。

表 7-3　宽顶堰的淹没系数

h_n/H	0.80	0.81	0.82	0.83	0.84	0.85	0.86	0.87	0.88	0.89
σ	1.00	0.995	0.990	0.980	0.970	0.960	0.950	0.930	0.900	0.870
h_n/H	0.90	0.91	0.92	0.93	0.94	0.95	0.96	0.97	0.98	
σ	0.840	0.820	0.780	0.740	0.700	0.650	0.59	0.50	0.40	

【例题 7.3】　某水库溢洪道为不考虑侧收缩的宽顶堰,共 2 孔,每孔净宽 10m,闸墩头部为半圆形,圆弧形翼墙,圆弧半径 $r = 6.0$m,该堰流量系数 m 测得为 0.355,堰顶高程为 25.00m,水库设计洪水位 29.80m,校核洪水位 30.3m,试绘制当溢洪道闸门全开时,水库水

位与泄流量的关系曲线(溢洪道下游水位不影响泄流量)。

解：(1)根据题意，下游水位不影响泄流量，故淹没系数 σ 取值为 1.0。

(2)根据式(7-3)计算流量。考虑水库断面远大于溢洪道断面，取库内流速 $v_0 \approx 0$，则 $H_0 = H$。

$$Q = \varepsilon_1 \sigma m b \sqrt{2g} H_0^{\frac{3}{2}}$$
$$= 1 \times 0.355 \times 2 \times 10 \times 4.43 H^{\frac{3}{2}}$$
$$= 31.45 H^{\frac{3}{2}}$$

设水库水位为 H_A，则 $H = x - 25.00$，给定 H_A 值，则有对应的 H，代入上式可得相应于 H_A 水位的流量值，类似的，可得到一系列与库水位相应的流量值，根据计算结果数值绘制库水位与流量的关系曲线，如图 7-5 所示。

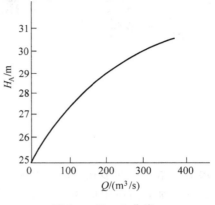

图 7-5 H_A-Q 曲线

习 题

1. 已知矩形薄壁堰的宽度为 $b = 1.77\text{m}$，堰流量 $Q = 0.3\text{m}^3/\text{s}$，若运行时作用水头 $H = 0.2\text{m}$，则推算该堰高 h_p 为多少？

2. 已知矩形薄壁堰的作用水头 $H = 0.8\text{m}$，堰宽 $b = 0.5\text{m}$，上游堰高 $P_1 = 1.3\text{m}$，则该堰的流量系数 m_0 等于多少？堰的理论流量 Q 为多少？

3. 现设计一堰坝，设计堰前作用水头 $H_1 = 2\text{m}$，堰后水位超高 $H_2 = 1.0\text{m}$(高于堰顶)，试分析当堰厚度分别为 4m、10m 及 15m 时，堰分别属于哪种类型的堰？

4. 一宽顶堰堰宽 $b = 10.0\text{m}$，自由出流方式，渠道内无收缩，堰进口为圆形角，若测得堰的流量 $Q = 0.179\text{m}^3/\text{s}$，堰高 $h_p = 0.45\text{m}$，试求堰上作用水头 H 为多少？

5. 一宽顶堰，设计堰体宽度 $b = 4.0\text{m}$，设计上、下游堰高 h_p 均为 0.6m，设计堰前作用水头 $H = 1.2\text{m}$，若采用无侧收缩直角进口设计方案，则堰下游水深分别为 1.7m、0.8m 时的流量分别为多少？

6. 一农灌渠道中设有宽度为 2.0m 的矩形堰，堰进口为直角形式，以堰前渠底为计算基准面，堰上、下游水位分别为 0.6m、0.5m，堰高为 0.4m，以宽顶堰考虑，该堰的过流量为多少？

7. 宽顶堰的堰前作用水头 $H_1 = 0.85\text{m}$，堰下游水深 $H_2 = 1.12\text{m}$，堰宽度为 $b = 1.28\text{m}$，若在自由出流时，测得堰出流流量 $Q = 1.67\text{m}^3/\text{s}$，堰顶水深与堰前水头存在函数关系：$h = \left(\dfrac{2}{3} - \dfrac{0.385 - m}{0.95 - m}\right) H$($m$ 按直角进口无侧收缩形式考虑)，则水流入堰时产生的作用力 T 为多少？

第 8 章 渗流

渗流是指流体在多孔介质中的流动。多孔介质是指由固体骨架和相互连通的孔隙、裂缝或各种毛细通道所组成的物质材料。发生在地表以下的土壤或岩层中的水体渗流称为地下水运动,是自然界最常见的渗流现象。渗流理论在土木工程、水利工程、地质工程、环境工程以及化工等众多领域都有广泛的应用。例如,开发利用地下水资源、防止建筑物地基发生渗透变形、基坑排水等均需应用渗流理论。

本章主要介绍水的渗流基本规律及其在土木工程中的应用,为将来实际工程问题的解决奠定必要的理论基础。

8.1 渗流的基本特征

土木与水利工程中的渗流主要是指水在土壤层中的流动,土壤颗粒与水之间存在的相互作用影响水的存在形态及其运动规律。研究渗流问题首先应认识水在土壤中的形态特征以及土壤物化性质对流动过程的影响。

8.1.1 土壤中水的形态特征

土壤中水的存在状态包括气态水、附着水、薄膜水、毛细水和重力水。

气态水以蒸汽的状态混合在空气中而存在于土中孔隙内,其数量极少,对于渗流的影响可以不计。

附着水和薄膜水都是由于土壤颗粒与水分子的相互作用形成的。当土壤含水量极少时,附着水以最薄的分子层包围土壤颗粒,形成附着水。在含水量略增加的条件下,水分子聚集成为厚度不超过分子作用半径的膜层,形成薄膜水。附着水和薄膜水与土壤颗粒间存在较强的分子作用力而难以运动,渗流时可以忽略。

当土壤含水量逐渐增大,水在毛细管力的作用下保持在毛细孔隙中,不受重力作用的支配,称为毛细水。毛细水能传递静水压力,并能在毛细空隙中运动。在砂土和粉土层中分布较多的毛细水,孔隙大的砂砾层中则较少。孔隙过小的黏土其孔隙多由附着水和薄膜水所占据,毛细水较少。地下水面离地表较浅时,毛细水会引起土壤沼泽化或盐碱化,以及路面冻胀和翻浆现象,但一般在渗流研究中可以忽略。

当水分超过土壤持水能力时,多余的水分不能被毛细孔所吸持,就会受重力的作用沿土壤的大孔隙向下渗透,这部分受重力支配的水称为重力水。重力水一般存在于地下水位以下的土壤透水层中(亦称饱和区),可以在重力或压力差作用下自由运动。重力水是渗流研究的主要对象。

8.1.2 土壤的渗流特征指标

土壤的物化性质对水的渗流运动有着明显的制约作用和影响,其中,孔隙率和不均匀系数对土壤的渗流特性的影响最为直接。

土的孔隙率是指孔隙的体积与土壤总体积(包含孔隙体积)的比值,孔隙率反映了土壤的密实程度。不均匀系数是土壤颗粒粒径差异性的表征,其数值为土壤筛分时对应80%通过量的孔径与10%通过量的筛孔孔径的比值。

1. 土壤透水性

透水性是指允许水透过的性能。透水性主要与土壤孔隙率、不均匀系数有关,此外还与矿物成分和水温等有关。

若土壤各处的透水性能相同,称为均质土,否则为非均质土;若各个方向透水性能都相同,则为各向同性土,否则为各向异性土。实际土壤一般都是非均质各向异性的。

2. 给水度

给水度是指存在于土壤中的水,在重力作用下释放出来的水体积与土壤总体积之比。给水度的大小主要与土壤颗粒的大小、孔隙率和不均匀系数有关。

8.1.3 渗流简化模型

由于土壤中的孔隙形状、大小及分布状况复杂多变,渗流时的路径与流速测定困难,而实际工程更关注于一定范围内渗流的平均效果,故常用渗流简化模型进行问题的研究。

渗流简化模型的描述:保持渗流区的边界条件、流量、压力与实际相同,设想渗流空间完全被水充满而发生连续流动。简化模型中的流速定义:

$$u = \frac{\Delta Q}{\Delta A} \tag{8-1}$$

式中:ΔQ——通过微小过水断面 ΔA 的渗流量;

ΔA——包括土粒骨架在内的过水断面面积。显然,实际渗流流速大于模型流速。

简化模型将渗流看作在连续空间内的连续介质的运动,因此可沿用流线概念,将渗流分为均匀渗流和非均匀渗流,而非均匀渗流又可分为渐变渗流和急变渗流。此外,也可以按有无自由渗流水面分为无压渗流和有压渗流,按运动要素是否随时间变化分为恒定渗流和非恒定渗流等。

8.2 渗流的达西定律

8.2.1 达西定律的表达式

流体在多孔介质中流动时,由于流体黏滞性的作用必然伴随能量损失。1852—1855年,法国工程师达西（Henri Darty）对砂质土壤渗流进行了大量试验，通过试验研究总结出渗流的能量损失与渗流速度之间的基本关系，称之为达西定律。

达西试验装置为一直立圆筒，筒壁装 2 支相距 l 长度的测压管，筒内均匀装砂，砂层下部装有支撑架，如图 8-1 所示。水经稳压水箱流入圆筒水槽，溢水管使水槽维持一个恒定水位。经过砂层的渗流水经装置底部的排水管流入容器，计量试验时间内的渗流水体积，以此计算渗流量和相应的渗流流速。

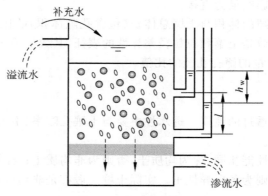

图 8-1　达西试验装置

若渗流量为 Q，圆筒横断面面积为 A，则断面平均渗流流速 v 为：

$$v = \frac{Q}{A}$$

渗流流速很小，流速水头可忽略不计。因此，渗流时总水头 H 可用测压管水头 h 来表示，即：

$$H = h = z + \frac{p}{\rho g}$$

因总水头不变，圆筒内均匀填砂，孔隙均匀分布，故渗流可视作恒定均匀流，水头损失 h_w 可以用测压管水头差表示，水力坡度（渗透坡降）可表示为：

$$J = \frac{h_w}{l}$$

达西通过实测数据对比，证明了渗流流量 Q 与圆筒面积 A 和水力坡度 J 成正比，并且与砂层的透水性有关。为此引入系数 k，建立了 Q、v、A 和 J 之间的基本关系，即达西定律：

$$Q = kAJ \tag{8-2}$$

$$v = kJ \tag{8-3}$$

式中：k——渗透系数，其值与多孔介质类型有关。

达西定律可推广到非均匀渗流和非恒定渗流，但对于非均匀渗流，流速不再是断面平均流速 v，而是渗流断面中任一点的流速 u，不同位置处的水力坡度 J 也不相同，而 J 为水头对流程 s 的导数，即：

$$J = -\frac{dh}{ds} \tag{8-4}$$

相应地，流速 u 则可表示为：

$$u = -k \frac{\mathrm{d}h}{\mathrm{d}s} \tag{8-5}$$

8.2.2 达西定律的应用范围

与其他类型流动相似,渗流也有层流和紊流之分。达西定律表明渗流的水力坡度与流速的一次方成比例。故达西定律仅适用于层流渗流。大多情况下,土壤中的渗流属于层流,故达西定律是适用的。但在卵石、砾石等大颗粒土壤中的渗流可能出现紊流状况,这时达西定律不适用。

巴甫洛夫斯基给出达西定律应用范围的临界流速 v_k 的经验公式为:

$$v_k = \frac{(0.75n + 0.23)N\nu}{d} \tag{8-6}$$

式中:n——孔隙率;

d——粒径,可用 d_{10}(即通过 10% 质量时所对应的标准筛孔径)代替;

ν——水的运动黏性系数;

N——常数,取值范围为 7~9。

在堆石坝、堆石排水等大孔隙介质中,渗流类型常见于紊流,巴甫洛夫斯基提出了建议公式:

$$J = k_i \sqrt{J} \tag{8-7}$$

式中:k_i——紊流时的渗透系数。

对大粒径砾石($d > 5\mathrm{cm}$),k_i 值可由伊兹巴什经验公式确定:

$$k_i = n\left(20 - \frac{a}{d}\right)\sqrt{d} \tag{8-8}$$

式中:n——孔隙率;

a——常数,对完整块石,$a=14$;对破碎块石($n=0.4$),$a=5$。

8.2.3 达西定律中的渗透系数

渗透系数本质上表征了土壤性质和流体性质对流动的影响,具有流速的量纲,可理解为单位水力坡度下的渗流流速,其量纲为 $[LT^{-1}]$。

确定土壤渗透系数的方法有经验法、实验室测定法和现场测定法 3 种方法。

1. 经验法

当缺乏可靠的实际资料时,可参照相关规范取值,如表 8-1 所示。这种方法的可靠性较差,一般在估算时采用。

表 8-1 不同类型土壤的渗透系数

土壤类型	渗透系数 $k/(\mathrm{cm/s})$
密实(经夯实)黏土	$1.0 \times 10^{-7} \sim 1.0 \times 10^{-10}$
黏土	$1.0 \times 10^{-4} \sim 1.0 \times 10^{-7}$
砂质黏土	$5 \times 10^{-5} \sim 1.0 \times 10^{-4}$

续表

土壤类型	渗透系数 $k/(\text{cm/s})$
混有黏土的砂土	$0.01\sim 5\times 10^{-3}$
纯砂土	$1.0\sim 0.01$
砾石（粒径 2~4mm）	3.0
砾石（粒径 4~7mm）	3.5

2. 实验室测定法

在不扰动土样原状的条件下提取土壤样品，之后快速在实验室完成渗透系数的测定，测定装置与达西试验装置类似。

由于天然土样不是完全均质的，且样品数量有限，难以完整反映区域内土壤的渗透情形，但较经验法结果可靠。

3. 现场测定法

在现场进行管井抽水试验，获取实际渗流流量，计算渗透系数。若管井布置合理，数量充足，则获取的土壤渗透系数具有代表性。现场测定法可靠程度高，但成本也高。

8.3 渐变渗流方程

同管流和渠道流类似，渗流也有自身的连续性方程和运动方程以及相应的求解方法。渗流方程以渗流模型为基础推导而来，同时借助了达西定律。

8.3.1 连续性微分方程

渗流简化模型假定多孔介质所在空间完全被流体占据，因此，基于质量守恒原理的渗流连续性方程和其他流体的连续性方程相同。对于均质不可压缩流体，其渗流时的连续性微分方程表达式如下：

$$\frac{\partial u_x}{\partial x}+\frac{\partial u_y}{\partial y}+\frac{\partial u_z}{\partial z}=0 \tag{8-9}$$

8.3.2 运动微分方程

渗流发生于多孔介质孔隙内部，故流动受制于孔隙周界约束，这使得运动过程具有较大的运动阻力。由于土壤颗粒粒径远小于渗流空间尺度，分析渗流运动时，认为脱离体包含土粒，而土粒对流动产生的阻力分布均匀。这样就可以把渗流阻力看作简化模型中的体积力。这是渗流运动微分方程建立的一个重要前提。

设渗流时单位质量流体所受的介质阻力 f 的投影分量分别为 f_x、f_y 和 f_z，单位质量流体所受质量力的投影分量分别为 X、Y、Z。参照前述章节，可以写出渗流时的运动微分方程：

$$\begin{cases} X - \dfrac{1}{\rho}\dfrac{\partial p}{\partial x} + f_x = \dfrac{\partial u_x}{\partial t} + u_x\dfrac{\partial u_x}{\partial x} + u_y\dfrac{\partial u_x}{\partial y} + u_z\dfrac{\partial u_x}{\partial z} \\ Y - \dfrac{1}{\rho}\dfrac{\partial p}{\partial y} + f_y = \dfrac{\partial u_y}{\partial t} + u_x\dfrac{\partial u_y}{\partial x} + u_y\dfrac{\partial u_y}{\partial y} + u_z\dfrac{\partial u_y}{\partial z} \\ Z - \dfrac{1}{\rho}\dfrac{\partial p}{\partial z} + f_z = \dfrac{\partial u_z}{\partial t} + u_x\dfrac{\partial u_z}{\partial x} + u_y\dfrac{\partial u_z}{\partial y} + u_z\dfrac{\partial u_z}{\partial z} \end{cases} \quad (8\text{-}10)$$

根据运动规律，介质阻力 f 的作用方向与渗流方向相反。若渗流运动距离为 ds 时，单位质量介质阻力所做的功则为 $-f \cdot \mathrm{d}s$，若以单位重量计，则功为 $-f \cdot \mathrm{d}s/g$。若以 H 代表总水头，则 $-\mathrm{d}H$ 是单位重量流体具有的水头，数值上等于阻力所做的功，即有：

$$\frac{f\mathrm{d}s}{g} = \mathrm{d}H \quad (8\text{-}11)$$

非恒定渗流时，上式则写作：

$$f = g\frac{\partial H}{\partial s} \quad (8\text{-}12)$$

引入达西定律，以偏微分方程表达，有：

$$\frac{\partial H}{\partial s} = -\frac{u}{k}$$

将上式代入式(8-12)，得：

$$f = -\frac{g}{k}u \quad (8\text{-}13)$$

式(8-13)的分量式为：

$$\begin{cases} f_x = -\dfrac{g}{k}u_x \\ f_y = -\dfrac{g}{k}u_y \\ f_z = -\dfrac{g}{k}u_z \end{cases} \quad (8\text{-}14)$$

将式(8-14)代入式(8-10)，同时考虑到渗流时的流速很小，因此，式(8-10)等号右侧的变位加速度作为二阶微小量，可略去处理，则式(8-10)转变为：

$$\begin{cases} X - \dfrac{1}{\rho}\dfrac{\partial p}{\partial x} - \dfrac{g}{k}u_x = \dfrac{\partial u_x}{\partial t} \\ Y - \dfrac{1}{\rho}\dfrac{\partial p}{\partial y} - \dfrac{g}{k}u_y = \dfrac{\partial u_y}{\partial t} \\ Z - \dfrac{1}{\rho}\dfrac{\partial p}{\partial z} - \dfrac{g}{k}u_z = \dfrac{\partial u_z}{\partial t} \end{cases} \quad (8\text{-}15)$$

若质量力仅有重力时，取铅垂向上为 Z 轴正方向，则 $X = Y = 0, Z = -g$。

渗流时，流速水头值远小于测压管水头，总水头即看作测压管水头，有：

$$H = z + \frac{p}{\rho g} \quad (8\text{-}16)$$

上式对坐标的导数式为：

$$\begin{cases} \dfrac{\partial p}{\partial x} = \rho g \dfrac{\partial H}{\partial x} \\ \dfrac{\partial p}{\partial y} = \rho g \dfrac{\partial H}{\partial y} \\ \dfrac{\partial p}{\partial z} = \rho g \left(\dfrac{\partial H}{\partial z} - 1 \right) \end{cases} \qquad (8\text{-}17)$$

将前述分析结果代入式(8-15),则有:

$$\begin{cases} \dfrac{1}{g}\dfrac{\partial u_x}{\partial t} + \dfrac{\partial H}{\partial x} + \dfrac{u_x}{k} = 0 \\ \dfrac{1}{g}\dfrac{\partial u_y}{\partial t} + \dfrac{\partial H}{\partial y} + \dfrac{u_y}{k} = 0 \\ \dfrac{1}{g}\dfrac{\partial u_z}{\partial t} + \dfrac{\partial H}{\partial z} + \dfrac{u_z}{k} = 0 \end{cases} \qquad (8\text{-}18)$$

式(8-18)即非恒定渗流时的运动微分方程。

在恒定渗流条件下,时变加速度为零,故式(8-18)简化为:

$$\begin{cases} u_x = -k \dfrac{\partial H}{\partial x} \\ u_y = -k \dfrac{\partial H}{\partial y} \\ u_z = -k \dfrac{\partial H}{\partial z} \end{cases} \qquad (8\text{-}19)$$

式(8-19)由俄国力学家茹可夫斯基(Жуковский H.E)于1888年推导,在恒定渗流的研究中应用广泛。

渗流连续性微分方程(8-8)和运动微分方程(8-18)共有4个方程式,运动参数包含u_x、u_y、u_z和H 4个未知量,若给定初始条件和边界条件,则可求解流速场和压强场。

8.3.3 恒定渗流的流速势

为便于对渗流微分方程组求解,需进行条件简化。

假定渗流区域土壤为均质各向同性,则渗透系数k是个常量,设:

$$\varphi = -kH \qquad (8\text{-}20)$$

则式(8-19)转变为:

$$\begin{cases} u_x = \dfrac{\partial \varphi}{\partial x} \\ u_y = \dfrac{\partial \varphi}{\partial y} \\ u_z = \dfrac{\partial \varphi}{\partial z} \end{cases} \qquad (8\text{-}21)$$

由式(8-21)可知,φ是渗流的流速势。可作如下推论:在均质各向同性的土壤中,受重力作用的恒定渗流是一种特殊的有势流动,而有势流动的数学求解方法均可用于此类渗流问题。

将式(8-21)代入式(8-8),有:

$$\frac{\partial^2 \varphi}{\partial x^2} + \frac{\partial^2 \varphi}{\partial y^2} + \frac{\partial^2 \varphi}{\partial z^2} = 0 \tag{8-22}$$

式(8-22)即拉普拉斯渗流方程。

将式(8-20)代入式(8-22),则有:

$$\frac{\partial^2 H}{\partial x^2} + \frac{\partial^2 H}{\partial y^2} + \frac{\partial^2 H}{\partial z^2} = 0 \tag{8-23}$$

式(8-23)的物理意义是渗流时水头 H 满足拉普拉斯方程。

由上述推导可知,恒定渗流问题可转化为以拉普拉斯方程形式求解流速势 φ（或水头 H）的问题。若 φ 可求解,则渗流流速可得。

由于渗流流速势 φ 和水头 H 有线性关系（k 视作常量）,故等势面必然也是等水头面。因为等势面上任一点的流速矢量与等势面垂直,故流速矢量也必与等水头面垂直。

对于平面渗流,还存在流函数,亦满足拉普拉斯方程。平面渗流中的流速势函数和流函数是共轭调和函数。

8.3.4 初始条件和边界条件

在应用上述渗流的微分方程解特定的渗流问题时,必须给出初始条件和边界条件。对恒定渗流,无初始条件。以坝体中渗流为例,多孔介质边界条件可分为如下几种情况:

1. 不透水边界

不透水边界是指土壤中的不透水岩石层。不透水边界可看作一条流线,如图8-2 中沿1至5方向的岩石层边界。岩石层沿边界法向无流动,即有:

$$u_n = u\cos(n, u) = 0 \tag{8-24}$$

或

$$\frac{\partial H}{\partial n} = \frac{\partial \varphi}{\partial n} = 0$$

式中：n ——边界的法线方向。

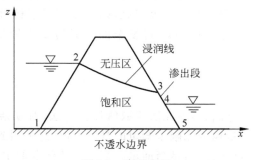

图 8-2 渗流边界

2. 透水边界

透水边界指水流渗入和渗出的土壤层边界。其中,水流渗入边界也称补给边界,如

图 8-2 中的 1-2 和 4-5 即为透水边界。恒定渗流时,透水边界上各点作用水头 H 相同,是一条等水头线(或等势线),渗流流速沿透水边界法线方向。

3. 浸润面边界

如图 8-2 所示,水从土坝迎水面(左侧),经过坝体向下游渗透,坝体内水的自由液面即浸润面,浸润面在坝体横断面上为一条曲线,即图中线 2-3。浸润面也即重力水区与毛细水区的分界面。浸润面通过土壤孔隙与大气相通,该面上的各点压强等于大气压强,即相对压强 $p=0$。但浸润面各点的作用水头 H 不是常数,而是随各点的垂直坐标位置 z 而定,即 $H=z$。浸润面本质上是渗流流线构成的面,在恒定渗流中,其位置不变,而面上各点在法线方向上的流速分量为零,即与不透水边界相似,有:

$$\frac{\partial H}{\partial n} = \frac{\partial \varphi}{\partial n} = 0$$

需指出,浸润面的具体位置一般需在渗流问题解决的同时才能确定。

4. 渗出段边界

渗出面也称渗出段,是指当潜水从土坝渗出时,浸润曲面与堤坝斜坡的交面高于地表水体水面的部分。渗流水不是直接进入地表水体,而是从交面渗出堤坝,然后沿斜坡流入地表水体。在此表面上,各点压强等于大气压,但各点的作用水头 $H=z$,即随各点的垂向坐标位置而变。

8.3.5 渗流问题的求解

目前,渗流问题的理论认知尚不完善,有关渗流问题的求解方法也因初始和边界条件的差异而各不相同。总体而言,求解方法可分为解析、数值、图解和试验等四类方法。

1. 解析法

通过建立渗流运动要素与时间和坐标变量之间的一一对应关系,运用解析式研究渗流微分方程的解析解。解析方法具有逻辑上的完整性,故具有普遍适用性。对于一元恒定渗流问题,解析法易于求解,但对于复杂边界问题,则很难获得解析解。对于平面恒定渗流问题,多应用拉普拉斯方程实现保角变换,将复杂的边界转变为较易求解的边界后,再进行求解。

2. 数值法

利用有限元法、有限差分法、边界元法等数值计算方法,对复杂边界渗流问题进行近似模拟,借助有限数量的未知量逼近无限未知量的真实工况,进而得到足够精确的近似解。数值法多借助计算机完成分析与计算,是当前求解复杂渗流问题的主要方法。

3. 图解法

对满足达西定律的平面恒定渗流,通过绘制由流线和等势线组成的流网,可求得渗流场内任意点的渗流要素。流网法方法简单并有一定的精度,有压及无压渗流均可采用此种方法。

在任何一个平面势流里，流网具有以下两个特性：①组成流网的两组线（流线和等势线）是互相垂直的；②流网中每一网格的边长应维持一定的比值。以流网的上述特性作为基础，可用手绘或试验的方法绘制流网。目前，应用有限元数值法解渗流流网也得到广泛应用。

4. 试验法

渗流电拟法是应用较为广泛的试验方法，这种方法采用具有电阻的电场模拟渗流场，电场中的物理量与渗流场中的水力要素间存在一系列相似关系。由此，可以用电场模型代替渗流场，使电场与渗流场保持几何相似、导电性质和渗透性质相似以及边界条件相对应。通过试验测出模型电场的等电位线，就可得出与之相应的渗流场中的等势线。电拟法可用于求解具有复杂边界的平面渗流问题和空间渗流问题。

8.4 工程中的渗流问题

前述内容对渗流的基本理论做了介绍，实际工程中上述理论的应用问题在本节进行讨论。

8.4.1 地下明槽渐变渗流

土木工程领域经常涉及基槽（坑）开挖，当地下水位线高于底标高时，即会发生渗流现象。由于多数情况下发生的是无压渗流，即有一个非水平面的浸润面，渗流时水的运动特征和明渠渐变流相似，故又称为地下明槽渐变渗流。当所在区域土壤层具有均质各向同性时，渐变渗流为一元流动。通过对地下明槽渗流进行分析，可以探查水位变化、水的流向以及补给来源等。

1. 渐变渗流公式

明槽渐变渗流按一元无压渐变渗流模型假定，如图 8-3 所示。

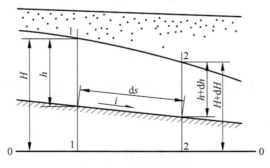

图 8-3　无压渐变渗流

渐变渗流流线是近似平行直线，上游渗流断面 1-1 和下游渗流断面 2-2 近似为平面，各渗流断面上的点压强遵循静水压强分布规律，即渗流断面上各点的测压管水头相同。此外，对于渐变渗流而言,渗流流速很小,其流速水头可忽略,因此,渗流断面上各点的总水头可视作相同(即总水头线与测压管水头线重合),渗流近似于均匀流。设上游断面1-1和下游断面2-2的测压管水头分别为 H 和 $H+\mathrm{d}H$,则水头差 $\mathrm{d}H$ 不变,相应的水力坡度 J 为常数。因为是渐变流,两断面间的距离与槽底距离 $\mathrm{d}s$ 近似相等,J 可表示为:

$$J = -\frac{\mathrm{d}H}{\mathrm{d}s}$$

对于均质各向同性土(渗透系数 $k=C$)的渗流,渗流断面上的孔隙几何特征和分布相同,故各点的流速 u 也相同,有:

$$u = kJ = -k\frac{\mathrm{d}H}{\mathrm{d}s} = C$$

断面平均流速 v 等于点流速 u,即:

$$v = \frac{Q}{A} = u = -k\frac{\mathrm{d}H}{\mathrm{d}s} = kJ \tag{8-25}$$

式(8-25)即为渐变渗流的一般公式,其形式虽与式(8-4)和式(8-5)相同,但意义已有变化,它表示的是渐变流过水断面上的渗流流速与水力坡度的关系,可看作达西定律在特定条件下的应用。

2. 渐变渗流的浸润线方程

渐变渗流的浸润面(线)如同明渠流的自由液面(水面曲线),当浸润线方程确定时,可推求某一渗流断面的运动要素。

(1) 浸润线微分方程

由图 8-3 可知,渗流上游断面 1-1 和下游断面 2-2 的水头差为:

$$\mathrm{d}H = \mathrm{d}h - i\mathrm{d}s$$

式中:i——槽底(即不透水边界)坡度,则由上式可得:

$$J = -\frac{\mathrm{d}H}{\mathrm{d}s} = i - \frac{\mathrm{d}h}{\mathrm{d}s}$$

将上式代入式(8-25),有:

$$v = -k\frac{\mathrm{d}H}{\mathrm{d}s} = k\left(i - \frac{\mathrm{d}h}{\mathrm{d}s}\right) \tag{8-26}$$

相应地有:

$$Q = vA = kA\left(i - \frac{\mathrm{d}h}{\mathrm{d}s}\right) \tag{8-27}$$

式(8-26)和式(8-27)即浸润线微分方程,可用来计算渗流断面流量和平均流速,分析浸润线变化。

(2) 浸润线的分析与计算

渗流时的流速水头因过小而忽略不计,其断面单位比能 $e = h + \frac{\alpha v^2}{2g} \approx h$,即 e 与 h 为同一条线,故不存在临界水深,缓流与急流的概念亦不再存在,这与明渠水流有很大区别。浸润线分析仅需考虑槽底(不透水边界)坡度,而渗流水深也只需同均匀渗流正常水深作对比。因此,浸润线分析要比明渠流水面曲线更为简单。

① $i>0$（正坡）

图 8-4(a)所示，$i>0$ 时，地下明槽存在均匀渗流，N-N 为正常水深线。此时，有 $\dfrac{\mathrm{d}h}{\mathrm{d}s}=0$，将其代入式(8-27)，有均匀渗流流量公式：

$$Q=kiA_0 \qquad (8\text{-}28)$$

以 Q 除以槽宽 b，则得单宽渗流流量：

$$q=kih_0 \qquad (8\text{-}29)$$

式中：A_0——过流断面面积；

h_0——均匀流时的正常水深。

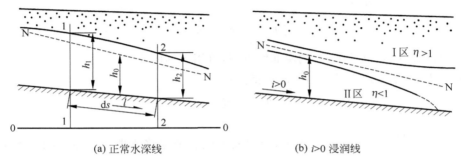

(a) 正常水深线　　　　　(b) $i>0$ 浸润线

图 8-4　正常水深线及 $i>0$ 时的浸润线

将式(8-28)代入式(8-27)，可得：

$$\frac{\mathrm{d}H}{\mathrm{d}s}=i\left(1-\frac{h}{h_0}\right) \qquad (8\text{-}30)$$

令 $\eta=h/h_0$，又 $\mathrm{d}h=h_0\cdot\mathrm{d}\eta$，式(8-30)可改写为：

$$\frac{i\,\mathrm{d}s}{h_0}=\mathrm{d}\eta+\frac{\mathrm{d}\eta}{\eta-1} \qquad (8\text{-}31)$$

对式(8-31)积分有：

$$\frac{il}{h_0}=\eta_2-\eta_1+\ln\frac{\eta_2-1}{\eta_1-1} \qquad (8\text{-}32)$$

式中：l——上、下游断面间的距离。

式(8-32)即 $i>0$ 时的浸润线方程。若已知单宽渗流量 q 和某一断面水深，则可由式(8-29)计算 l_0，再由式(8-32)计算另一断面水深。若将渗流沿其流程划分为若干流段，则可逐段求得各段水深，即可获得浸润线。

如图 8-4(b)所示，$i>0$ 时，浸润线有两种类型。正常水深线 N-N 将水流划分为两区，水深 $h>h_0$ 的称为Ⅰ区，$h<h_0$ 的称为Ⅱ区。

在Ⅰ区，$\eta>1$，由式(8-30)，可知 $\mathrm{d}h/\mathrm{d}s>0$，为壅水曲线。当 $h\to h_0$，$\mathrm{d}h/\mathrm{d}s\to 0$，即浸润线上游以 N-N 线为渐近线。当 $h\to\infty$，$\mathrm{d}h/\mathrm{d}s\to i$，即浸润线下游以水平线为渐近线。

在Ⅱ区，$\eta<1$，故 $\mathrm{d}h/\mathrm{d}s<0$，为降水曲线。当 $h\to h_0$，$\mathrm{d}h/\mathrm{d}s\to 0$，即浸润线上游仍以 N-N 为渐近线。当 $h\to 0$，$\mathrm{d}h/\mathrm{d}s\to\infty$，即浸润线下游与槽底有成正交的趋势，这与明渠 M_2 型水面曲线相似，此时流线是急变流。由于渗流为渐变流，故实际以某一不等于零的水深为终点，而该水深决定于具体的边界条件。

② $i=0$（平坡）

$i=0$ 时，由式(8-27)有：

$$\frac{Q}{Ak}\mathrm{d}s = -\mathrm{d}h$$

以单宽流量 q 表示 Q，则有：

$$\frac{q}{hk}\mathrm{d}s = -\mathrm{d}h$$

$$\frac{q}{k}\mathrm{d}s = -\mathrm{d}h \cdot h \tag{8-33}$$

对式(8-33)积分，可得：

$$\frac{q}{k}l = \frac{1}{2}(h_1^2 - h_2^2) \tag{8-34}$$

式(8-34)即为 $i=0$（平坡）时的浸润线方程，可用于具体计算。

因 q、k 和 h 均大于零，由式(8-33)可推知：

$$\frac{\mathrm{d}h}{\mathrm{d}s} = -\frac{q}{kh} < 0$$

即 $i=0$ 时，$\frac{\mathrm{d}h}{\mathrm{d}s}<0$，而与水深无关，此时浸润线只能是降水曲线。在浸润线下游侧，当 $h \to 0$，$\frac{\mathrm{d}h}{\mathrm{d}s} \to -\infty$，即浸润线与槽底有正交趋势。与前述相同，此为明渠急变流时的跌水曲线，而渐变渗流时不会出现这一情形，而只能趋近于某一水深，该水深决定于边界条件。在曲线的上游侧，当 $h \to \infty$，$\frac{\mathrm{d}h}{\mathrm{d}s} \to 0$，浸润面趋近于水平线，如图 8-5(a)所示。

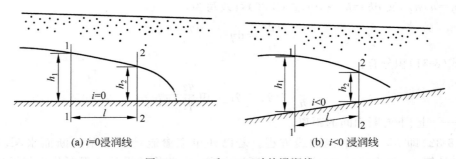

(a) $i=0$ 浸润线   (b) $i<0$ 浸润线

图 8-5 $i=0$ 和 $i<0$ 时的浸润线

③ $i<0$（逆坡）

取 i' 为 i 的绝对值，即 $i'=-i$，则式(8-27)转变为：

$$Q = vA = -kA\left(i' + \frac{\mathrm{d}h}{\mathrm{d}s}\right)$$

以单宽流量 q 取代 Q，上式可变为：

$$q = -kh\left(i' + \frac{\mathrm{d}h}{\mathrm{d}s}\right) \tag{8-35}$$

假定均匀渗流发生在坡度为 i' 的边界上，则有：

$$q = k \cdot h'_0 \cdot i'$$

式中,h'_0 为假定发生均匀渗流时的正常水深。将上式代入式(8-34),可得:

$$-kh\left(i' + \frac{\mathrm{d}h}{\mathrm{d}s}\right) = k \cdot h'_0 \cdot i' \tag{8-36}$$

对上式变形并取 $\xi = \dfrac{h}{h'_0}$,则有:

$$\frac{i'\mathrm{d}s}{h'_0} = -\mathrm{d}\xi + \frac{\mathrm{d}\xi}{1+\xi}$$

在上游断面 1-1 和下游断面 2-2 间积分上式,得:

$$\frac{i'l}{h'_0} = \xi_1 - \xi_2 + \ln\frac{1+\xi_2}{1+\xi_1} \tag{8-37}$$

式(8-37)即 $i<0$(逆坡)时的渗流浸润线方程,可用于具体计算。

因 q、k 和 h 均大于零,由式(8-35)可推知:

$$\frac{\mathrm{d}h}{\mathrm{d}s} = -i'\left(1 + \frac{h'_0}{h}\right) < 0$$

即 $i<0$ 时,$\dfrac{\mathrm{d}h}{\mathrm{d}s}<0$,而与水深无关,此时浸润线也只能是降水曲线,这与 $i=0$ 的情形相类似。在浸润线下游侧,当 $h \to 0$,$\dfrac{\mathrm{d}h}{\mathrm{d}s} \to -\infty$,这与渐变渗流实际情形不符,故应趋近于某一水深。在浸润线的上游侧,当 $h \to \infty$,$\dfrac{\mathrm{d}h}{\mathrm{d}s} \to i$,即浸润线趋近于水平线,如图 8-5(b)所示。

【例题 8.1】 如图 8-6 所示,某大型土建工程在施工区域采用井管探查地下水水位和渗流量。已知施工区域含水层的渗透系数 $k=0.4\mathrm{m/h}$;上游井管内液面高程为 25.67m,井底不透水岩层高程为 21.85m;下游井管内液面高程为 15.45m,井底不透水岩层高程为 13.65m;上下游井管间距为 600m。试计算单宽出水量并确定地下水浸润线。

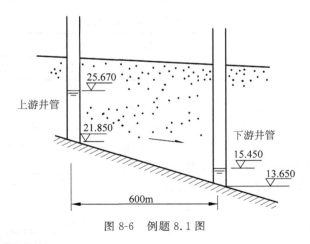

图 8-6 例题 8.1 图

解:由题意知,上游井底高程大于下游井底高程,$i>0$,为正坡。以 1 表示上游,2 表示下游,则根据式(8-32)有计算式:

$$\frac{i \cdot l}{h_0} = \frac{h_2}{h_0} - \frac{h_1}{h_0} + \ln\frac{h_2/h_0 - 1}{h_1/h_0 - 1}$$

$$i \cdot l = h_2 - h_1 + h_0 \ln\frac{h_2 - h_0}{h_1 - h_0}$$

式中：i——两井管间的底坡；

l——井管间距；

h_0——正常水深；

h_1 和 h_2——井管内水深。

各数值分别为：

$$i \cdot l = (21.85 - 13.65)\text{m} = 8.2\text{m}$$
$$i = 8.2/600 = 0.0137$$
$$h_1 = (25.67 - 21.85)\text{m} = 3.82\text{m}$$
$$h_2 = (15.45 - 13.65)\text{m} = 1.80\text{m}$$

将上述数值代入计算式并通分，可得：

$$10.22 = h_0 \ln\frac{1.80 - h_0}{3.82 - h_0}$$

解得：$h_0 = 3.99\text{m}$。

由式(8-30)可得：

$$q = kih_0 = (0.4 \times 0.0137 \times 3.99)\text{m}^3/\text{h} = 0.022\text{m}^3/\text{h}$$

由前述结果可得该区域地下水浸润线方程为：

$$0.0137l = h_2 - h_1 + 3.99 \times \ln\left(\frac{h_2 - 3.99}{h_1 - 3.99}\right)$$

由上游井管液面开始，每隔60m取一计算断面，根据浸润面方程依次计算各断面水深，或按降序假定水深值，根据浸润面方程计算相应距离，获取相应数据，如表8-2所示。

表 8-2　例题 8.1 计算数据

h/m	3.82	3.57	3.25	3.11	2.82	2.54	2.27	2.02	1.9	1.8
l/m	0	245.16	386.76	427.01	488.79	530.85	560.87	582.15	590.6126	596.92

利用表中计算数据，可在坐标系中绘出浸润线。

【例题 8.2】 某下沉式商业广场基础层设计标高位于含水层以下，为顺利施工，需使水位线降至基础层施工标高以下。排水施工方案采取中心管廊工艺，管廊设计长度为150m，地下水经管廊壁渗入后经水泵提升排出，如图8-7所示。排水前含水层厚度 $H = 8.15\text{m}$，含水层渗透系数 $k = 3.65 \times 10^{-2}\text{cm/s}$。若距离管廊 x 处的水深为含水层原有水深，l 值可用下式确定：

$$x = \frac{H - h_0}{J}$$

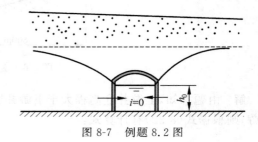

图 8-7　例题 8.2 图

式中：$J=0.0025$；h_0——管廊内水深，排水期间稳定在2.90m。

试求中心廊道的地下水渗流流量为多少？

解：由图8-7可知，地下水渗流底坡$i=0$，为平坡渗流，相应的平坡单宽渗流公式为：

$$\frac{q}{k}l = \frac{1}{2}(h_1^2 - h_2^2)$$

式中：l——上下游断面间距，即排水后对应于原含水层厚度处至廊道的距离x；

h_1——含水层厚度H；

h_2——廊道内水深h_0。

同时需考虑地下水经两侧廊壁渗入廊道中，故廊道实际集水量为$2qb$（b相当于题中廊道长度）。

$$x = \left(\frac{8.15-2.90}{0.0025}\right)\text{m} = 2100\text{m}$$

$$Q = ks(h_1^2 - h_2^2)/x = [3.65 \times 10^{-4} \times 150 \times (8.15^2 - 2.90^2) \div 2100]\text{L/s} = 0.47\text{L/s}$$

8.4.2 井的渗流

地下水有两种不同的埋藏类型，即埋藏在第一个稳定隔水层（一般是岩层）之上的无压潜水和埋藏在上下两个稳定隔水层之间的承压水。潜水的补给主要是当地的大气降水和部分河湖水。承压水则是依靠大气降水与河湖水通过潜水补给。

井是用于开采和汇集地下水的工程构筑物，一般采用圆形断面。井可以是竖向的、斜向的和不同方向组合的，但一般以竖向为主。根据井底相对位置，井又分为普通井（无压井）和承压井（自流井）两种。前者汲取潜水，后者汲取承压水。若井底到达不透水层，称为完整井；若井底未到达不透水层，则称为非完整井。

当井开凿完毕，地下含水层中的水将以渗流方式从井四周通过井壁面向井内汇集，井的出水量和含水层浸润线的变化可根据渗流的相关理论进行计算。当含水层浸润线降落范围内的水位不变，或延长观测时间间隔，水位变化处于极缓慢下降，此时，地下水向井内的渗流可看作处于恒定流状态。

1. 完整普通井

如图8-8所示为一完整普通井，井底直达不透水层。图中水平虚线表示天然浸润线（面）。井汲取水后，天然浸润线自四周向井中心降落，形成漏斗形浸润线。若含水层分布范围远大于井径，而井的汲取水量稳定，则漏斗形浸润线相对稳定，井内水面基本保持不变，此时可视作恒定渗流。若含水层土质为均质各向同性，井的渗流具有轴对称性，可简化为平面流动问题。忽略渗流沿垂线方向的变化，井的渗流可视作一元渐变渗流。

设井底不透水层坡度$i=0$，含水层渗透

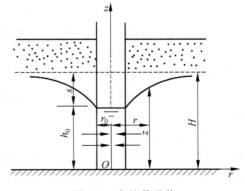

图8-8 完整普通井

系数为 k，井半径为 r_0，以井中心线为 z 轴，铅垂向上为正方向，井径方向为 r 轴，井底中心为坐标原点。在浸润线上任取一点，其坐标为 (r,z)，根据一元渐变渗流流速公式(8-27)，有：

$$v = k \frac{\mathrm{d}z}{\mathrm{d}r}$$

因渗流来自井四周含水层，故过流断面为圆柱面，面积 $A = 2\pi rz$，因此井的出水流量 Q 可表示为：

$$Q = Av = 2\pi rzk \frac{\mathrm{d}z}{\mathrm{d}r}$$

对上式分离变量，有：

$$\frac{Q}{\pi k} \frac{\mathrm{d}r}{r} = 2z\,\mathrm{d}z$$

积分可得：

$$\frac{Q}{\pi k} \int_{r_0}^{r} \frac{\mathrm{d}r}{r} = 2 \int_{h_0}^{z} z\,\mathrm{d}z$$

即有：

$$z^2 - h_0^2 = \frac{Q}{\pi k} \ln \frac{r}{r_0} = \frac{0.73Q}{k} \lg \frac{r}{r_0} \tag{8-38}$$

式中：h_0——井内水深。

式(8-38)即为完整普通井的浸润线方程。

理论上讲，井汲取地下水后，距离井越近处，浸润线降落度越大，距离井越远处，浸润线越趋于天然浸润线。在实际工程中，认为井汲水后引起的天然浸润线降落有一个影响范围，在影响半径 R 以外的区域，含水层厚度 H 不变，即当 $r=R, z=H$。将式(8-38)的积分式 r 和 z 上限变为 R 和 H，可解得：

$$Q = 1.36 \frac{k(H^2 - h_0^2)}{\lg(R/R_0)} \tag{8-39}$$

式(8-39)即完整普通井的出水量公式。

工程经验表明，不同土质的影响半径 R 不同。对细粒土，$R=50\sim 200\mathrm{m}$；中粒土，$R=100\sim 500\mathrm{m}$；粗粒土，$R=400\sim 1000\mathrm{m}$。

R 也可根据经验公式求得：

$$R = 3000s\sqrt{k} \tag{8-40}$$

式中：$s = H - h_0$，即井内水位相较于天然浸润线的降落高度；

　　　k——土壤渗透系数，m/s。

井的影响范围实际是个大致概念，影响半径也只是个近似值，不同的确定方法引起的误差往往较大，但考虑到式(8-39)中 R 以对数形式出现，故对井的渗流量数值计算影响相对有限。

工程中有注水井与出水井之分，注水井是向井内注入水以测定土壤渗透系数，天然浸润线因人工注水而呈现倒置漏斗形，此时的井内水深 h_0 大于含水层厚度 H。若注水井为完整普通井，则注水量计算公式同式(8-39)，此时 $h_0 > H$，需将式中二者位置互换以避免负值流量出现。

2. 完整承压井

承压水受不透水岩层（隔水层）的限制，承受静水压力，有一个受隔水层顶板限制的承压水面和一个高于隔水层顶板的承压水位（即补给区和排泄区水位的连线）。承压井中的水受到静水压力的影响，可以沿井壁面进入井内并涌至相当于当地承压水位的高度。在有利的地形条件下，即地面低于承压水位时，承压水会涌出地表，形成自流井。若虽有上涌，但不能喷出地面，则为半自流井。

图 8-9 所示为一完整承压井，设上、下不透水岩层间的承压水层厚度为 t，不透水岩层坡度 $i=0$。在井开凿完毕进入运行期后，渗流量和漏斗区浸润线逐渐达到稳定，可视作一元恒定渐变流。

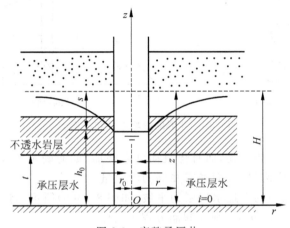

图 8-9 完整承压井

由式(8-27)，可得距井中心 r 处渗流断面的平均流速为：

$$v = k \frac{\mathrm{d}z}{\mathrm{d}r}$$

渗流断面面积 $A = 2\pi rt$，与流速相乘，得到渗流流量表达式：

$$Q = 2\pi rtk \frac{\mathrm{d}z}{\mathrm{d}r}$$

上式分离变量，有：

$$\frac{Q}{2\pi tk} \int_{r_0}^{r} \frac{\mathrm{d}r}{r} = \int_{h_0}^{z} \mathrm{d}z$$

积分可得：

$$z - h_0 = \frac{Q}{2\pi tk} \ln \frac{r}{r_0} = 0.37 \frac{Q}{tk} \lg \frac{r}{r_0} \tag{8-41}$$

与完整普通井相同，设影响半径为 R，天然浸润线至岩层底板厚度为 H，代入式(8-41)，得到完整承压井流量公式：

$$Q = 2.73 \frac{tk(H - h_0)}{\lg R/r_0} = 2.73 \frac{tsk}{\lg R/r_0} \tag{8-42}$$

R 的取值同完整普通井，可参照经验值或利用经验公式计算得到。

3. 井群

规模较大的地下水取水工程中，经常需要建造由很多井组成的取水系统，即井群。由于井和井的距离较近，各井影响半径相互交叉重叠，如图 8-10(a)所示。渗流区内的浸润线变化较为复杂，而井群中各井的渗流量也不同于单井。

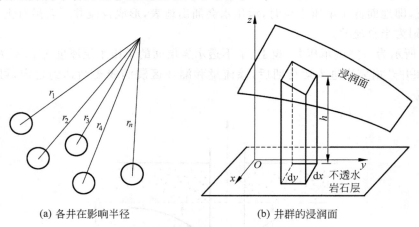

(a) 各井在影响半径　　　　(b) 井群的浸润面

图 8-10　井群的影响半径和浸润面

考虑到渗流是一种有势流动，而有势流动可以叠加，如能确定单井的流速势，则根据叠加原理，可确定井群的流速势，继而确定井群的渗流量。

假定井群所在区域内的不透水岩层为平坡，如图 8-10(b)所示，将 xOy 平面设置于该岩层平面，取铅垂向上为 z 轴正向，则浸润面方程可写作：

$$z = h = f(x, y)$$

式中：h——渗流水头。

若浸润面降落缓慢，流线以渐变方式变化，则等水头面近似于垂直柱面，流线则与等水头面垂直，同一垂线上各点的水头和流速相同。在渗流区域内取一微小柱体，dt 时段内在 x 方向流入和流出柱体的质量净变化量为：

$$\rho u_x h \, dy \, dt - \left[\rho u_x h \, dy \, dt + \rho \frac{\partial (u_x h)}{\partial x} dx \, dy \, dt \right]$$

$$= -\rho \frac{\partial (u_x h)}{\partial x} dx \, dy \, dt$$

x 方向流入和流出柱体的质量净变化量为：

$$-\rho \frac{\partial (u_x h)}{\partial x} dx \, dy \, dt$$

根据质量守恒原理，恒定渗流满足如下微分方程：

$$\frac{\partial (u_x h)}{\partial x} + \frac{\partial (u_y h)}{\partial y} = 0$$

将式(8-19)代入上式，得

$$\frac{\partial^2 h^2}{\partial x^2} + \frac{\partial^2 h^2}{\partial y^2} = 0 \tag{8-43}$$

上式的物理意义是：对于恒定渐变渗流（$i=0$），渗流水头满足拉普拉斯变换。均质各向同性渗流区，流速势可看作 $-kh^2$，即有：

$$\varphi = -kz^2 + C \tag{8-44}$$

式中：C——常数。

井群内单个井的浸润线方程即式（8-38），可写作：

$$z_i^2 = \frac{Q_i}{\pi k}\ln\frac{r_i}{r_{0i}} + h_{0i}^2$$

将上式代入式（8-44），有：

$$\varphi_i = -\left(\frac{Q}{\pi}\ln\frac{r}{r_0} + kh_{0i}^2\right) + C \tag{8-45}$$

式（8-45）即单井的流速势表达。

根据势流叠加原理，井群汲水时，渗流区内任一点的流速势为各井单独汲水时该点的流速势之和，即有：

$$\varphi = \sum \varphi_i = -\left(\sum_{i=1}^{n}\frac{Q_i}{\pi}\ln\frac{r_i}{r_{0i}} + \sum_{i=1}^{n}kh_{0i}^2\right) + C_1$$

$$= -\sum_{i=1}^{n}\frac{Q_i}{\pi}\ln\frac{r_i}{r_{0i}} + C_2 \tag{8-46}$$

将式（8-46）与式（8-44）结合，有：

$$z^2 = \frac{1}{\pi k}\sum_{i=1}^{n}Q_i\ln\frac{r_i}{r_{0i}} + C_3 \tag{8-47}$$

式中，常数 C 由边界条件确定。

式（8-47）即井群渗流时的浸润线方程。若单井渗水量相同，即式中 $Q_1 = Q_2 = \cdots = Q_n = Q_0/n$，则式（8-47）可写作：

$$z^2 = \frac{Q_0}{\pi kn}\left[\ln(r_1 r_2 \cdots r_n) - \ln(r_{01} r_{02} \cdots r_{0n})\right] + C_3 \tag{8-48}$$

式中：Q_0——井群渗流总量；

n——单井总数量。

考虑到井群的影响半径 R 通常远大于井的布置范围，故可近似认为，在 $r_1 \approx r_2 \approx \cdots \approx r_n \approx R$ 处，$z=H$，由此可解得式（8-48）中常数 C_3 为：

$$C_3 = H^2 - \frac{Q_0}{\pi k}\left[\ln R - \frac{1}{n}\ln(r_{01} r_{02} \cdots r_{0n})\right]$$

将 C_3 代入式（8-48），则有：

$$z^2 = H^2 - \frac{Q_0}{\pi k}\left[\ln R - \frac{1}{n}\ln(r_1 r_2 \cdots r_n)\right] \tag{8-49}$$

由式（8-49）可绘制井群工作时的浸润线分布，亦可根据该式计算井群渗流总量。从上式可求出浸润线位置，或反求井群的出水量 Q_0。

【例题 8.3】 一土建基础工程采取大开挖方式，为使地下水位降至基础标高线以下，采取井群降水方案。在基础施工周界共布置 8 口相同的完整普通井，如图 8-11 所示。经现场测试，该井群渗出总水量 $Q_总 = 0.02\text{m}^3/\text{s}$，影响半径 $R = 500\text{m}$，区域内含水层厚度 $H = 10\text{m}$，土

壤渗透系数 $k=0.001\mathrm{m/s}$。试计算沿井群横向方向的地下水位。

解： 井群横向方向，在井群区域中心点位 O 两侧沿轴线等间距(15m)各取 5 点，计算各点位地下水位。

因各井完全相同，该井群浸润线方程可采用式(8-49)：

$$z^2 = H^2 - \frac{Q_0}{\pi k}\left[\ln R - \frac{1}{n}\ln(r_1 r_2 \cdots r_8)\right]$$

代入式中各相关参数值，得：

$$z^2 = 4.21\ln(r_1 r_2 \cdots r_8) + 60.5$$

计算各点位至各单井的距离，代入上式计算该电位 z 值，如表 8-3 所示。

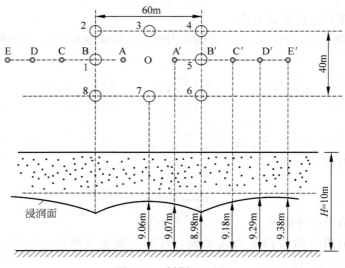

图 8-11　例题 8.3 图

表 8-3　例题 8.3 各点位计算数据

点位	计算点位与井的距离/m								$\Delta = r_1 r_2 \cdots r_8$	$\lg\Delta$	z/m
	r_1	r_2	r_3	r_4	r_5	r_6	r_7	r_8			
O	30	36.0	20.0	36.0	30.0	36.0	20.0	36.0	0.605×10^{12}	11785	9.06
A	45	49.5	25.0	25.0	15.0	25.0	25.0	49.5	0.647×10^{12}	11811	9.07
B	60	63.2	36.0	20.0	0.1	20.0	36.0	63.2	1.242×10^{12}	10094	8.98
C	75	77.2	49.5	25.0	15.0	25.0	49.5	77.5	1.033×10^{13}	13014	9.18
D	90	92.0	63.0	36.0	30.0	36.0	63.0	92.0	1.174×10^{14}	14069	9.29
E	105	107.0	78.4	49.5	45.0	49.5	78.0	107.0	0.007×10^{15}	14907	9.38

A'、B'、C'、D'、E' 各点位分别与表 8-3 中各点位对称，故水位计算值与表 8-3 中相同。将各点位的 z 值绘制于图中并连接成线，即得到井群浸润线。

8.4.3　均质土坝渗流

由土、砂或石块构成主体部分，不透水材料(如黏土或混凝土)构成坝心的坝。土坝主要是用坝址附近的土料,经碾压、抛填等方法筑成的挡水建筑物。这类坝的筑坝材料可以就地取材,并且坝体具有柔性,能适应地基变形,对地基的地质条件要求比混凝土坝、浆砌石坝等刚性坝要低。土坝的结构比较简单,工作可靠,便于维修、加高和扩建,施工技术也容易掌握,便于机械化快速施工。因此,土坝是国内外广泛采用的一种坝型。

作为挡水建筑物,渗流对土坝的安全稳定性有直接影响。土坝渗流计算的主要目的是确定坝内浸润线的位置、经过坝体的渗流流速和渗流量。

当土坝接近棱柱形时,除端部外,其余部位处可按平面渗流处理。若坝体截面简单规则,可视作一元渐变渗流。

如图 8-12 所示,洪泛区修筑一梯形断面均质挡水土坝,坝底为平坡岩石层,水由上游经坝体边界 AB 渗流入下游,AC 为坝体内浸润线,部分渗流经 CD 线渗出,部分则经 DE 线流入。坝体上、下游水位相对稳定,坝内渗流可视作恒定渗流。

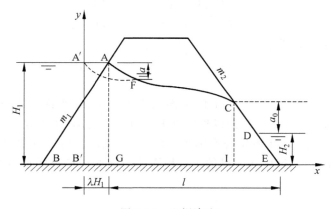

图 8-12 土坝渗流

土坝渗流一般采用分段计算,有三段法和两段法之分。所谓三段法即将渗流区按上游区、坝体区、下游区三部分划分,即图 8-12 中 ABG、ACIG、CEI 三个区域,每一区域流动均视作渐变渗流,建立各区域渗流方程,然后联合求解,以确定渗流流量和浸润线。

两段法是三段法的简化和修正,其主要特点是将坝体区和上游区合并,并用矩形体替代上游三角体区域,替代原则是保持上游水深 H_1 和单宽渗流量 q 不变的条件下,渗流经矩形体到浸润面(AC)时的水头损失与其经三角体到浸润面时的水头损失相等。试验研究证明,矩形体的等效宽度为 λH_1,λ 计算式如下:

$$\lambda = \frac{m_1}{1 + 2m_1} \tag{8-50}$$

式中: m_1——坝体上游边坡系数。

以下为两段法的计算方法。

1. 上游段

如图 8-12 所示,上游水流以渐变渗流方式从 A′B′ 断面渗入坝体,经末端断面 CI 渗出坝体,两断面间的水头差:

$$\Delta h = H_1 - (a_0 + H_2)$$

两断面间的流程长度：
$$s = l + \lambda H_1 - m_2(a_0 + H_2)$$
式中：m_2——坝下游边坡系数。

则上游段的平均水力坡度为：
$$J = \frac{\Delta h}{s} = \frac{H_1 - (a_0 + H_2)}{l + \lambda H_1 - m_2(a_0 + H_2)}$$

由式(8-25)，上游段渗流流速为：
$$v = kJ = k\frac{H_1 - (a_0 + H_2)}{l + \lambda H_1 - m_2(a_0 + H_2)}$$

设上游段的单宽平均过水断面面积为：$\frac{1}{2}(H_1 + a_0 + H_2)$，可得单宽渗流量为：
$$q = \frac{k[H_1^2 - (a_0 + H_2)^2]}{2[l + \lambda H_1 - m_2(a_0 + H_2)]} \tag{8-51}$$

式中，a_0 可通过下游段分析求得。

2. 下游段

对下游段分区：如图 8-13 所示，下游水面线之上为 I 区，水面线之下为 II 区。考虑渐变渗流的流线可近似视作水平线，则以坝底处 E 点作为圆心，以 EC 为半径作圆弧 CJ，将 CJ 作为过流断面较垂直断面 CI 更符合实际渗流状况，而流线长度则近似等于 $z/\sin\beta$（β 为下游坝坡内角）。渗流时，I 区中任一点的水头损失等于该点与 C 点的垂直距离 z；II 区中任一点的水头损失为常数 a_0。

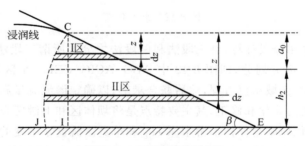

图 8-13　土坝下游段分区

由上述分析，可得 I 区中微小单宽渗流量：
$$dq_\text{I} = k\frac{z}{z/\sin\beta}dz = k\sin\beta dz$$

上式在 I 区内积分，得：
$$q_\text{I} = \int_0^{a_0} k\sin\beta dz = ka_0\sin\beta$$

类似地，可得 II 区中的微小单宽渗流量为：
$$dq_\text{II} = k\frac{a_0}{z/\sin\beta}dz$$

在 II 区内积分，得：

$$q_{\text{II}} = \int_{a_0}^{a_0+H_2} k\,\frac{a_0\sin\beta}{z}\,\mathrm{d}z = ka_0\sin\beta\ln\frac{a_0+H_2}{a_0}$$

Ⅰ和Ⅱ区单宽渗流量相加等于下游段单宽渗流总量：

$$q = q_{\text{I}} + q_{\text{II}} = ka_0\sin\beta\left(1+\ln\frac{a_0+H_2}{a_0}\right) \tag{8-52}$$

式(8-51)和式(8-52)构成联立方程组，可求解此处 q 和 a_0。

3. 浸润线方程

取 x、y 坐标如图 8-12 所示，由式(8-34)，可得：

$$y^2 = H_1^2 - \frac{2q}{k}x \tag{8-53}$$

依据式(8-53)，给定不同 x 坐标值可获得相应 y 值，所获得数据点绘制 y-x 曲线，即为浸润线(图 8-12 中 A′C)。考虑到实际浸润线始发点是 A，故需对浸润线修正。过 A 点沿上游坡的法线方向画线，使之与浸润线相切于 F 点，则 AFC 为修正浸润线。

习　　题

一、选择题

1. 渗流是指水的流动发生在(　　)中。
   A. 岩石缝隙　　　　B. 地下管沟　　　　C. 雨水沟内　　　　D. 多孔介质
2. 产生渗流的水主要是(　　)。
   A. 结合水　　　　　B. 毛细水　　　　　C. 化合水　　　　　D. 重力水
3. 下列情形下，可以采用达西定律的是(　　)。
   A. $Re<2300$　　　B. $Re<575$　　　　C. $Re<100$　　　　D. $Re<10$
4. 对地下水渗流产生影响的因素是(　　)。
   A. 土壤性质　　　　　　　　　　　　　B. 流体性质
   C. 土壤与流体性质　　　　　　　　　　D. 土壤与流体性质、流态
5. 进行渗流试验时，应以(　　)为主要因素考虑模型与实际渗流的相似性。
   A. 几何尺寸　　　　B. 流量　　　　　　C. 作用水头　　　　D. 流速
6. 地下渗流时，可能存在几种流动状态，仅有(　　)不会存在。
   A. 急流　　　　　　B. 缓流　　　　　　C. 渐变流　　　　　D. 层流
7. 井的产水量 Q 与(　　)一次方成正比。
   A. 含水层厚度　　　B. 渗透系数　　　　C. 影响半径　　　　D. 井内水深
8. 井的影响半径和(　　)的 0.5 次方成正比。
   A. 井半径　　　　　B. 渗透系数　　　　C. 影响半径　　　　D. 井内水深
9. 井的出水量随井内水深的增大而(　　)。
   A. 减小　　　　　　B. 增大　　　　　　C. 不变　　　　　　D. 不确定
10. 地下明槽渐变渗流的水深 h 趋近于正常水深时($i>0$)，$\mathrm{d}h/\mathrm{d}s$ 趋近于(　　)。
    A. 0　　　　　　　B. 无穷大　　　　　C. 某一具体数值　　D. 不确定

二、计算题

1. 图 8-14 所示为一达西试验装置,渗流过流断面为圆形,现进行水样渗流测试。所填充的土样渗透系数为 $k=1.0\times10^{-4}$ m/s,其他相关参数示于图中。则渗流量 Q 为多少?

2. 如图 8-15 所示,2 个圆柱形水箱通过一根长度为 0.4m、管径为 0.12m 的内装滤料的圆形管道连接。已知初始时刻两水箱液面高差为 0.6m,若无补充水,在渗流开始后 10min,水箱 1 中的液面降低了 0.14m,则管道内装滤料的渗透系数为多少?

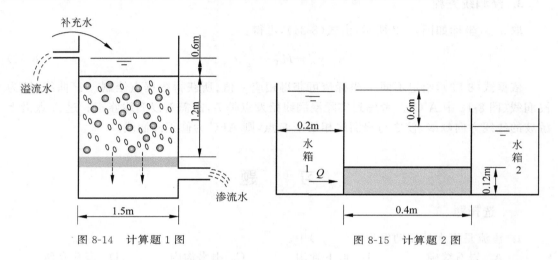

图 8-14　计算题 1 图　　　　　　　图 8-15　计算题 2 图

3. 如图 8-16 所示,两个水箱通过一根长度为 3m、管径为 0.1m 的圆形管道连接,管道内装满 A、B 两种滤料,每种滤料长度均为该管长度一半,两种滤料渗透系数分别为 $k_A=1.0\times10^{-5}$ m/s, $k_B=3.0\times10^{-5}$ m/s,若通过滤料的流量为 4.33×10^{-6} m^3/s,则两水箱液面高度差 H 为多少?

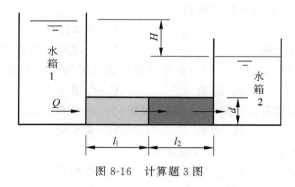

图 8-16　计算题 3 图

4. 如图 8-17 所示,两地间长距离输水,因水质过滤需要,采用封闭式渠道,渠道总长度为 2km,渠道断面为矩形,内装过滤填料,填料层分为上下两层,各层厚度均为 2.0m,上下层填料渗透系数分别为 $k_上=1.0\times10^{-5}$ m/s, $k_下=1.0\times10^{-4}$ m/s,若两地间水池液面高差为 30m,通过的流量为 1.65×10^{-3} m^3/s,则渠道宽度为多少?

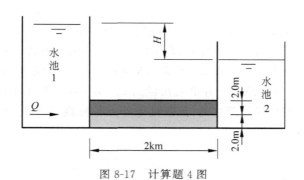

图 8-17 计算题 4 图

5. 如图 8-18 所示,两地间采用大型密闭式输水渠道输水,渠道断面为矩形,宽度为 b,渠道内填三种填料,填料 1 渗透系数为 k_1,高度为 h,长度为 l_1;填料 2 渗透系数为 k_2,高度为 $0.5h$,长度为 l_2;填料 3 渗透系数为 k_3,其余指标同填料 2,试推导渠道的输水流量 Q 的表达式。

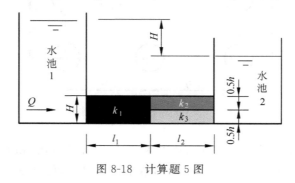

图 8-18 计算题 5 图

6. 为测定施工区域地下水运动情况,沿地下水流向布设相距 1km 的 2 口管井,上游管井井内水深为 8m,下游管井井内水深为 6m,地质勘察表明,含水层位于两水平方向不透水岩层之间,若现场提取该区域土壤样品的渗透系数为 3.0×10^{-4} m/s,测定的渗流量为 3.36×10^{-3} m^3/s,则该含水层水平方向的宽度为多少?

7. 如图 8-19 所示,有一地下水取水工程,开采一口直径 $d=0.3$m 的完整普通井,勘测结果显示该含水层厚度 $H=6.0$m,现场测定井内降深 $s=3.0$m,提取的土壤样品渗透系数为 1.2×10^{-3} m/s,井内出水量为 1.34×10^{-2} m^3/s,该管径的影响半径 R 是多少?

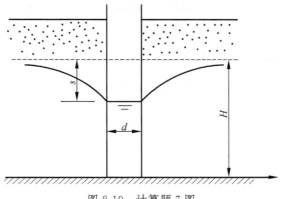

图 8-19 计算题 7 图

8. 某地基工程的基底标高为 16.45m,含水层液面标高为 19.82m,为了工程需要,施行管井降水方案。管井布设如图 8-20 所示,共布设 8 口相同的完整普通井,井直径 $d=0.2$m,竖向井间距为 20m,横向井间距为 30m,水文勘察表明含水层厚度为 10.0m,土壤样品渗透系数为 1.0×10^{-3}m/s,现场测定管井群总出流为 0.1m^3/s,管井群影响半径为 500m,若假设各井出流状况相同,则该区域降水后,该基础中心点位标高是否位于含水层液面以下,请给出计算依据。

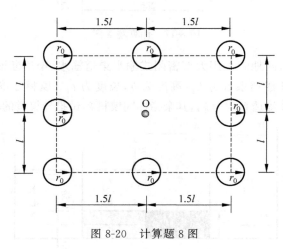

图 8-20　计算题 8 图

9. 如图 8-21 所示,某取水工程开采地下水,现采用直径为 0.3m 的一口管井取水,取水量为 1.5×10^{-2}m^3/s,井类型为完整承压井,取水后,井内水位降落、承压层厚度均示于图中。距井中心 20m 设有一监测点 A,该点水位降落值为 1.0m,则该区域土壤的渗透系数为多少?确定管井的影响范围。

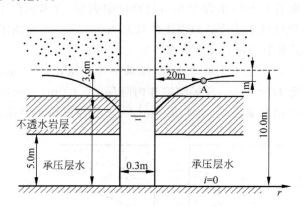

图 8-21　计算题 9 图

第 8 章答案

第9章 有压气体流动

气体与液体同属流体，两者具有机械运动规律的相似性。以连续介质模型假设为前提，常温常压下的低速运动气体与液体具有相似性，前述不可压缩流体的数学物理方程均可应用。但在高速流动（如马赫数大于0.3）状态下，气体的热力学状态将发生显著改变，压强和温度变化所引起的压缩与膨胀效应不能被忽略，此时必须采用可压缩流体模型，而气体运动既要满足流体力学的基本定律，也要符合热力学原则。

本章主要讨论完全气体（遵从理想气体状态方程）一维恒定流动。空气、燃气和烟气等常见气体在常温常压范围内均可看作完全气体。大多数工程问题，如管道输气、汽轮机、燃气轮机、发动机中的气体运动等均可简化为一维恒定流动。

9.1 基本概念

9.1.1 声速

当气体受到微小扰动时，气体的压强和密度将会发生微弱变化，这种微小扰动以波的形式向外传播，传到人耳就能接收到声音。凡是微小扰动在气体介质中的传播速度都定义为声速，它是气体运动的重要参数。

拉普拉斯指出，声音传递是一个等熵过程。传递过程中，热力学参数的变化是无穷小量，忽略黏性作用，则传递过程可视作可逆的绝热过程（即等熵 s 为常量），声速 c 的表达式如下：

$$c = \sqrt{\left(\frac{\mathrm{d}p}{\mathrm{d}\rho}\right)_s} \tag{9-1}$$

式中：p——压强；

ρ——气体密度；

下标 s 代表等熵过程。

式(9-1)适用于作用在气体和液体的微小扰动，包括平面波和球面波。

对于完全气体，等熵状态参数方程式为：

$$\frac{p}{\rho^\gamma} = C \tag{9-2}$$

式中：γ——绝热指数，$\gamma_{空气} \approx 1.4$；
  C——常数。

由式(9-1)和式(9-2)，可推导出完全气体的理论声速公式：

$$c = \sqrt{\gamma R T} \tag{9-3}$$

式中：R——气体常数，对于空气，$R = 286.9 \text{J}/(\text{kg} \cdot \text{K})$。

由式(9-1)～式(9-3)可有如下推论：

(1) $\dfrac{\mathrm{d}p}{\mathrm{d}\rho}$ 反映了物质的压缩性，其值越大，倒数 $\dfrac{\mathrm{d}\rho}{\mathrm{d}p}$ 越小，越容易被压缩，声速 $c = \sqrt{\left(\dfrac{\mathrm{d}p}{\mathrm{d}\rho}\right)_s}$ 则越小；反之，若物质越不易压缩，则声速 c 越大。对于不可压缩流体，$c \to \infty$。由此可知，声速是物质可压缩性大小的反映。

(2) 不同气体的绝热指数和气体常数不同，因此不同气体中的声速也不同。如在常压下，15℃空气中的声速为340m/s，而相同条件下，氢气中的声速则为1295m/s。

(3) 声速与温度有关，而温度是空间坐标的函数，因此声速也是空间坐标的函数，故也称为当地声速。

(4) 根据液体弹性模量 E 和压缩系数 k 之间的关系：

$$E = \frac{1}{k} = \rho \frac{\mathrm{d}p}{\mathrm{d}\rho}$$

可推导出液体中声速的表达式：

$$c = \sqrt{\frac{E}{\rho}} \tag{9-4}$$

常见气体的物理指标如表9-1所示。

表 9-1 常见气体的物理指标

类型	温度 $T/\text{℃}$	密度 ρ /($\text{kg} \cdot \text{m}^{-3}$)	动力黏度 μ /($10^{-5}\text{Pa} \cdot \text{s}$)	运动黏度 ν /($10^{-5}\text{m}^2 \cdot \text{s}^{-1}$)	气体常数 R /($\text{J} \cdot \text{kg}^{-1} \cdot \text{K}^{-1}$)	绝热指数 γ
空气	15	1.25	1.79	1.46	286.9	1.40
二氧化碳	20	1.83	1.47	8.03	188.9	1.3
氢气	20	0.822	8.84	1.05	4124.0	1.41
氮气	20	1.16	1.76	1.52	296.8	1.40
氧气	20	1.33	2.04	1.53	259.8	1.40
水蒸气	107	0.586	1.27	2.17	461.4	1.30

注：表中数据对应1个标准大气压。

【例题 9.1】 声呐是利用声波在水中的传播和反射特性，对水下目标的位置和形态等特征进行探测的一种技术。已知20℃时水体的弹性模量为 $1.91 \times 10^6 \text{kPa}$，密度为 996.7kg/m^3，现声呐测得某水下物体的往返时间为10s，试确定探测仪至该物体的距离 l。

解：由式(9-4)：

$$c = \sqrt{\frac{E}{\rho}} = \left(\sqrt{\frac{1.91 \times 10^6 \times 10^3}{996.7}}\right) \text{m/s} = 1384.3 \text{m/s}$$

因往返时间为10s，则单程时间为5s，探测仪至物体的距离为：

$$l = c \cdot t = (1384.3 \times 5) \text{m} = 6921.6 \text{m}$$

9.1.2 马赫数和马赫锥

1. 马赫数

马赫数是当地气流速度与当地声速之比,定义为:

$$Ma = \frac{v}{c} \tag{9-5}$$

式中:v——当地气流速度;

c——当地声速。

依据马赫数可将气体流动分为 3 类:$Ma>1$,即 $v>c$,称为超声速流动;$Ma=1$,即 $v=c$,称为声速流;$Ma<1$,即 $v<c$,称为亚声速流动。

马赫数实质上反映了惯性力与弹性力之比。若 $Ma<0.3$,压缩现象不显著,则气流可视作不可压缩流动;若 $Ma>0.3$,压缩现象显著,气流则视作可压缩流动。

【**例题 9.2**】 若一飞行器在海拔 20m 的海面处和 20000m 高空处保持 400m/s 的相同飞行速度,该飞行器在这两个海拔高度飞行时的马赫数是否相同?

解:海拔 20m 处的当地声速 c 为 340m/s,相应的马赫数为:

$$Ma = \frac{v}{c} = \frac{400}{340} = 1.18$$

海拔 20000m 处为大气同温层,温度为 216.5K,由式(9-3)计算当地声速:

$$c = \sqrt{\gamma RT} = (\sqrt{1.4 \times 286.9 \times 216.5})\text{m/s} = 294.9\text{m/s}$$

马赫数为:

$$Ma = \frac{v}{c} = \frac{400}{294.9} = 1.36$$

2. 马赫锥

微小扰动波在流场中的传播可分为四种情形。

(1) 当流场中流体流速 $v=0$ 时,扰动波将以声速 c 向四周传播,它的波阵面是以扰动源为原点,半径为 ct 的球面,如图 9-1(a)所示。

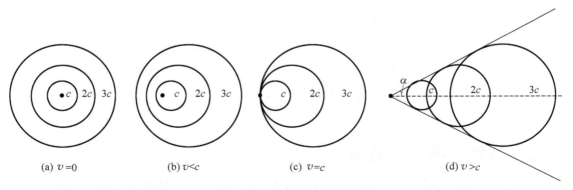

图 9-1 扰动波在流场中的传播

(2) 当流场中流体流速 $0<v<c$ 时,扰动波在固定坐标系中将以声速 c 与流速 v 的叠加速度向四周传播,顺流处的传播速度为 $c+v$,逆流处的传播速度为 $c-v$,它的波阵面是一族偏心球面,如图 9-1(b) 所示。

(3) 当流场中流体流速 $v=c$ 时,扰动波的传播状况同图 9-1(b) 情形。在固定坐标系中,顺流处传播速度为 $2c$,逆流处传播速度为零。如图 9-1(c) 所示,此时的扰动波只能在扰动源右侧(即扰动区)传播,而在扰动源左侧(即安静区)无法传播。图中与所有扰动波相切的 AB 面称为马赫波。

(4) 当流场中流体流速 $v>c$ 时,扰动波不能逆流传播,此时的马赫波是以固定扰动源为顶点向流速方向扩展的旋转圆锥面,称为马赫锥,锥角的一半 α 称为马赫角,如图 9-1(d) 所示。α 计算如下:

$$\alpha = \arcsin \frac{c}{v} = \arcsin \frac{1}{Ma} \tag{9-6}$$

分析式(9-6)可知,$Ma \to \infty, \alpha \to 0$;$Ma=1, \alpha = \frac{\pi}{2}$;$Ma<1, \alpha$ 不存在。

【例题 9.3】 飞机巡航高度为 2000m,人听到飞机声音时已驶离人所在位置处 500m,如图 9-2 所示,若测得空气温度为 25℃,则巡航速度和马赫数是多少?人听到飞机声需多长时间?

解: 由式(9-3)计算当地声速 c:
$$c = \sqrt{\gamma RT} = (\sqrt{1.4 \times 286.9 \times (273+25)}) \text{m/s}$$
$$= 346 \text{m/s}$$

根据题意,绘出计算草图如图 9-2 所示,可知:
$$\alpha = \arctan \frac{2000}{500} = 75.9°$$

又由式(9-6),有:
$$\alpha = \arcsin \frac{1}{Ma} = 75.9°$$
$$Ma = 1.03$$

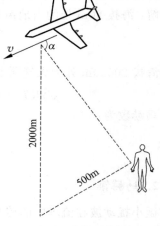

图 9-2 计算草图

由式(9-5),有:
$$Ma = \frac{v}{c}$$
$$v = c \cdot Ma = (346 \times 1.03) \text{m/s} = 356.4 \text{m/s}$$

人听到飞机声音的时间为:
$$t = \frac{l}{v} = \left(\frac{500}{356.4}\right) \text{s} = 1.4 \text{s}$$

9.2 气体一维恒定流动

可压缩气体在运动时的密度是变量,运动规律与不可压缩流体有所不同。工程中所涉及的气体运动,在稳态工况下多可视作一维恒定流动,依据质量守恒、能量守恒可推导出其基本方程组。

9.2.1 连续性方程

图 9-3 所示为一维恒定气流流场,沿流线方向任取两个过流断面 1-1 和断面 2-2,断面面积、断面流速和密度分别表示为 A_1、A_2、v_1、v_2、ρ_1 和 ρ_2。

图 9-3 一维恒定气流流场

由质量守恒定律,1-1 和 2-2 两个断面通过的气体质量流量相同,有:

$$\rho_1 v_1 A_1 = \rho_2 v_2 A_2$$

上式等价于:

$$\rho v A = C \tag{9-7}$$

式中:C——常数。

式(9-6)即为一维恒定气流的连续性方程,其微分形式为:

$$\frac{d\rho}{\rho} + \frac{dv}{v} + \frac{dA}{A} = 0$$

9.2.2 运动微分方程

如图 9-4 所示,在一维恒定气流流场中,取长度为 ds 的微元段,以微元段轴线 s 为坐标轴,流线方向为 s 正向,微元段面上受到相邻气体产生的压强作用。

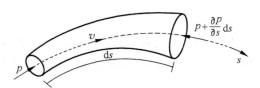

图 9-4 一维恒定气流流场

不考虑气体黏性条件下,引入理想流体运动微分方程式如下:

$$\begin{cases} X - \dfrac{1}{\rho}\dfrac{\partial p}{\partial x} = \dfrac{du_x}{dt} \\ Y - \dfrac{1}{\rho}\dfrac{\partial p}{\partial y} = \dfrac{du_y}{dt} \\ Z - \dfrac{1}{\rho}\dfrac{\partial p}{\partial z} = \dfrac{du_z}{dt} \end{cases}$$

因一维气流流场仅需考虑流线 s 方向,以 s 取代上式中 x,又因大多工程气体流动时的重力作用可忽略,则有:

$$\frac{dv}{dt} = -\frac{1}{\rho}\frac{\partial p}{\partial s} \tag{9-8}$$

一维恒定流条件下，v 等于 s 对 t 的导数，故有：

$$\frac{\mathrm{d}v}{\mathrm{d}t}=\frac{\mathrm{d}v}{\mathrm{d}s}\frac{\mathrm{d}s}{\mathrm{d}t}=\frac{\mathrm{d}v}{\mathrm{d}s}v$$

同时有：

$$\frac{\partial p}{\partial s}=\frac{\mathrm{d}p}{\mathrm{d}s}$$

将以上两式代入式(9-8)，则得：

$$\frac{\mathrm{d}v}{\mathrm{d}s}v=-\frac{1}{\rho}\frac{\mathrm{d}p}{\mathrm{d}s}$$

上式即：

$$v\mathrm{d}v=-\frac{\mathrm{d}p}{\rho} \quad \text{或} \quad \frac{p}{\rho}+\frac{\mathrm{d}v^2}{2}=0 \tag{9-9}$$

式(9-9)即完全气体一元恒定流动时的欧拉运动微分方程式，该方程反映了 v、p 和 ρ 之间的关系。需注意的是，气体密度 ρ 不为常量，若方程求解，需引入状态方程。

9.2.3 状态方程

完全气体状态方程如下：

$$\frac{p}{\rho}=RT \tag{9-10}$$

状态方程的微分式为：

$$\frac{\mathrm{d}p}{p}=\frac{\mathrm{d}\rho}{\rho}+\frac{\mathrm{d}T}{T} \tag{9-11}$$

9.2.4 能量方程

气体同液体相似，在给定条件下，通过对运动微分方程进行积分可推导出伯努利能量方程。但气体在不同状态下的密度变化规律不同，故能量方程存在几种不同的形式。

1. 定容状态

定容又称等容，是指系统的体积始终保持不变的状态。定容状态下，气体密度不变，$\rho=C$，对式(9-9)积分，有：

$$\frac{p}{\rho}+\frac{v^2}{2}=C \tag{9-12}$$

或

$$\frac{p}{\rho g}+\frac{v^2}{2g}=C$$

上式即不可压缩气流的能量方程，对比液体能量方程，可知，该式未计入气体的重力势能，总能量为压强势能和动能之和。

2. 等温状态

等温状态是系统与其外界处于热平衡状态，在此状态下，气体温度不变，$T=C$，由状态方程式(9-10)可得：

$$\frac{p}{\rho} = RT = C$$

将上式代入式(9-9)后积分，得：

$$RT\ln p + \frac{v^2}{2} = C \tag{9-13}$$

或

$$\frac{p}{\rho}\ln p + \frac{v^2}{2} = C$$

3. 等熵状态

等熵状态即可逆绝热状态，在此状态下，气体和外界之间没有热量交换。由式(9-2)可得：

$$\rho = \left(\frac{p}{C}\right)^{\frac{1}{\gamma}}$$

将上式代入式(9-9)后积分，得：

$$\frac{\gamma}{\gamma-1}RT + \frac{v^2}{2} = C \tag{9-14}$$

或

$$\frac{\gamma}{\gamma-1}\frac{p}{\rho} + \frac{v^2}{2} = C$$

或

$$\frac{1}{\gamma-1}\frac{p}{\rho} + \frac{p}{\rho} + \frac{v^2}{2} = C$$

将式(9-14)和式(9-12)对比可知，等熵状态下的能量方程较等容状态时有多出项 $\frac{1}{\gamma-1}\frac{p}{\rho}$，该项表征了单位质量气体在等熵状态下所具有的内能，以符号 e 表示，则式(9-14)可写作：

$$e + \frac{p}{\rho} + \frac{v^2}{2} = C \tag{9-15}$$

式(9-15)表明气流在等熵状态下，单位质量气体所具有的内能、压能和动能之和不变。

由于定容、等温和等熵状态均是理想状态，实际工程条件并不能与三者完全符合，通常根据具体条件的接近程度选择合适的能量方程进行求解。

【例题 9.4】 自来水厂采用风机对滤料进行表面清洗，为有效计量空气量，在空气管道上接入一文丘里流量计，如图 9-5 所示。已知进口直径 $d_1 = 75\text{mm}$，喉管直径 $d_2 = 25\text{mm}$，进口处相对压强 $p_1 = 45\text{kPa}$，喉管位置相对压强 $p_2 = 25\text{kPa}$，若不计摩擦，则空气质量流量是多少？（大气温度 25℃，大气压为 1 个标准大气压）

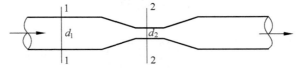

图 9-5 文丘里流量计

解：考虑空气流在流量计内的速度快、流程短、与管壁接触时间短暂，故热量交换可被忽略，运动过程可按等熵状态处理。

由状态方程计算空气密度，进口段 1-1：

$$\rho_1 = \frac{p_1}{RT_1} = \left[\frac{(45+101.3)\times 10^3}{286.9\times(273+25)}\right] \text{kg/m}^3 = 1.71 \text{kg/m}^3$$

由式(9-2)可推导出：

$$\rho_2 = \rho_1 \left(\frac{p_2}{p_1}\right)^{\frac{1}{\gamma}} = \left[1.71\times\left(\frac{101.3+25}{101.3+45}\right)^{\frac{1}{1.4}}\right] \text{kg/m}^3 = 1.54 \text{kg/m}^3$$

由式(9-7)，有：

$$\rho_1 v_1 A_1 = \rho_2 v_2 A_2$$

$$v_2 = \frac{\rho_1 A_1}{\rho_2 A_2} v_1$$

代入 1-1 断面和 2-2 断面处的密度 ρ 和面积 A 数值，得：

$$v_2 = \frac{1.71\times\frac{\pi}{4}\times 0.075^2}{1.54\times\frac{\pi}{4}\times 0.025^2} v_1 = 10 v_1$$

将上述结果代入式(9-14)，得：

$$\frac{\gamma}{\gamma-1}\frac{p_1}{\rho_1} + \frac{v_1^2}{2} = \frac{\gamma}{\gamma-1}\frac{p_2}{\rho_2} + \frac{v_2^2}{2}$$

$$\frac{1.4}{1.4-1}\times\frac{146.3\times 10^3}{1.71} + \frac{v_1^2}{2} = \frac{1.4}{1.4-1}\times\frac{126.3\times 10^3}{1.54} + \frac{(10v_1)^2}{2}$$

解得 $v_1 = 77.4 \text{m/s}$，故有：

$$Q_{\text{质量}} = \rho_1 v_1 A_1 = \left(1.71\times 77.4\times\frac{\pi}{4}\times 0.075^2\right) \text{kg/s} = 0.584 \text{kg/s}$$

【例题 9.5】 某化工企业采用氮气作为液体燃料的压送剂。测定氮气输送管道上游断面的流速为 50m/s，温度为 55℃，下游断面处的流速为 135m/s，若假定氮气处于等熵流动状态，试求下游断面处的温度及上下游断面的压强比值（已知 $\gamma = 1.67$, $R = 2077 \text{J/(kg·K)}$）。

解：由等熵状态能量方程式(9-14)，有：

$$\frac{\gamma}{\gamma-1}RT_{\text{上}} + \frac{v_{\text{上}}^2}{2} = \frac{\gamma}{\gamma-1}RT_{\text{下}} + \frac{v_{\text{下}}^2}{2}$$

代入相关参数值，得：

$$\frac{1.67}{1.67-1}\times 2077\times(273+55) + \frac{50^2}{2} = \frac{1.67}{1.67-1}\times 2077\times(273+T_{\text{下}}) + \frac{135^2}{2}$$

解得：

$$T_{\text{下}} = 53.5 ℃$$

由等熵过程，得：

$$\frac{p_2}{p_1} = \left(\frac{T_2}{T_1}\right)^{\frac{\gamma}{\gamma-1}} = \left(\frac{273+53.5}{273+55}\right)^{\frac{1.67}{1.67-1}} = 0.989$$

9.2.5 等熵气流动力学

1. 滞止参数

滞止参数(Stagnation parameters)是指气流在某一断面的流速设想以无摩擦的绝热过程(即等熵过程)降低为零时,该断面上的其他参数所达到的数值。习惯上以下标"0"表示滞止状态时的参数,如 p_0、ρ_0、T_0 分别表示滞止压强、滞止密度、滞止温度等。

根据等熵状态时的参数关系:

$$\left(\frac{T}{T_0}\right)^{\frac{\gamma}{\gamma-1}} = \frac{p}{p_0} = \left(\frac{\rho}{\rho_0}\right)^{\gamma}$$

将式(9-14)改写为以马赫数表征的函数关系:

$$\begin{cases} \dfrac{T}{T_0} = \left(1 + \dfrac{\gamma-1}{2}Ma^2\right)^{-1} \\ \dfrac{p}{p_0} = \left(1 + \dfrac{\gamma-1}{2}Ma^2\right)^{-\frac{\gamma}{\gamma-1}} \\ \dfrac{\rho}{\rho_0} = \left(1 + \dfrac{\gamma-1}{2}Ma^2\right)^{-\frac{1}{\gamma-1}} \\ \dfrac{c}{c_0} = \left(1 + \dfrac{\gamma-1}{2}Ma^2\right)^{-\frac{1}{2}} \\ \dfrac{v}{v_0} = Ma\left(1 + \dfrac{\gamma-1}{2}Ma^2\right)^{-\frac{1}{2}} \end{cases} \quad (9\text{-}16)$$

式(9-16)即是以单个运动参数表示的等熵气流动力学函数。

对式(9-16)各关系式进行分析可知,T、p、ρ、c 随 Ma 变化趋势一致,当 Ma 由小变大时,$\dfrac{T}{T_0}$、$\dfrac{p}{p_0}$、$\dfrac{\rho}{\rho_0}$ 及 $\dfrac{c}{c_0}$ 均趋于减小,而 $\dfrac{v}{v_0}$ 趋于增加。为便于工程计算,以 $f_1(Ma)$、$f_2(Ma)$、$f_3(Ma)$、$f_4(Ma)$ 和 $f_5(Ma)$ 分别表示以 Ma 为自变量的函数关系,分别对应式(9-16)中分式,具体数值列于表9-2中。

表 9-2 等熵气流动力学参数的数值关系

Ma	$f_1(Ma)$	$f_2(Ma)$	$f_3(Ma)$	$f_4(Ma)$	$f_5(Ma)$	$A_*/A = q$	$y = \dfrac{q}{f_1(Ma)}$
0.0	1.0000	1.0000	1.0000	1.0000	0.0000	0.0000	0.0000
0.1	0.9930	0.9950	0.9980	0.9990	0.0999	0.1718	0.1730
0.2	0.9725	0.9803	0.9921	0.9960	0.1992	0.3374	0.3469
0.3	0.9395	0.9564	0.9823	0.9911	0.2973	0.4914	0.5230
0.4	0.8956	0.9243	0.9690	0.9844	0.3937	0.6288	0.7022
0.5	0.8430	0.8852	0.9524	0.9759	0.4879	0.7464	0.8853
0.6	0.7840	0.8405	0.9328	0.9658	0.5795	0.8416	1.0735
0.7	0.7209	0.7916	0.9107	0.9543	0.6680	0.9138	1.2675
0.8	0.6560	0.7400	0.8865	0.9416	0.7532	0.9632	1.4682
0.9	0.5913	0.6870	0.8606	0.9227	0.8349	0.9912	1.6764

续表

Ma	$f_1(Ma)$	$f_2(Ma)$	$f_3(Ma)$	$f_4(Ma)$	$f_5(Ma)$	$A_*/A=q$	$y=\dfrac{q}{f_1(Ma)}$
1.0	0.5283	0.6339	0.8333	0.9129	0.9129	1.0000	1.8929
1.1	0.4684	0.5817	0.8052	0.8931	0.9870	0.9921	2.1184
1.5	0.2724	0.3950	0.6897	0.8305	1.2457	0.8502	3.1212
2.0	0.1278	0.2300	0.5556	0.7454	1.4907	0.5920	4.6367
2.5	0.0585	0.1317	0.4444	0.6667	1.6667	0.3793	6.4800
3.0	0.0272	0.0762	0.3571	0.5976	1.7928	0.2362	8.6745
5.0	0.0019	0.0113	0.1667	0.4082	2.0412	0.0400	21.1640

2. 临界状态和临界参数

等熵过程中，马赫数达到 1 时称为临界状态，此时的流速等于声速，而相应的运动参数称为临界参数，习惯上以下标"＊"表示，如 p_*、ρ_*、T_* 分别表示临界压强、临界密度、临界温度等。

与前述相似，利用等熵公式可得：

$$\frac{p}{p_*}=\left(\frac{\rho}{\rho_*}\right)^{\gamma}=\left(\frac{T}{T_*}\right)^{\frac{\gamma}{\gamma-1}}=\left(\frac{c}{c_*}\right)^{\frac{2\gamma}{\gamma-1}}$$

由上式结合式(9-16)可推导出不同状态下的运动参数与其临界参数的函数关系：

$$\begin{cases}\dfrac{T}{T_*}=\left[\dfrac{2+(\gamma-1)Ma^2}{\gamma+1}\right]^{-1}\\[2mm]\dfrac{p}{p_*}=\left[\dfrac{2+(\gamma-1)Ma^2}{\gamma+1}\right]^{-\frac{\gamma}{\gamma-1}}\\[2mm]\dfrac{\rho}{\rho_*}=\left[\dfrac{2+(\gamma-1)Ma^2}{\gamma+1}\right]^{-\frac{1}{\gamma-1}}\\[2mm]\dfrac{c}{c_*}=\left[\dfrac{2+(\gamma-1)Ma^2}{\gamma+1}\right]^{-\frac{1}{2}}\end{cases} \quad (9\text{-}17)$$

3. 最大速度状态

设想温度在等熵状态下降至绝对零度，则此时的气流流速将达到最大速度，称为最大速度状态。

由式(9-3)和式(9-14)可有如下关系存在：

$$\frac{\gamma}{\gamma-1}RT+\frac{v^2}{2}=\frac{c^2}{\gamma-1}+\frac{v^2}{2}=C$$

由上式可得：

$$v_{\max}=\sqrt{\frac{2\gamma}{\gamma-1}RT_0}=\sqrt{\frac{2}{\gamma-1}}c_0 \quad (9\text{-}18)$$

【例题 9.6】 储气罐中的压缩空气经喷管向大气喷射，若当地大气压为标准大气压，喷管出口处温度为 35℃，测得喷射气流速度为 185m/s，试求罐内空气温度和压强。

解：压缩空气流经喷管的时间极短,可视作可逆绝热过程,即气流处于等熵状态。罐内空气速度近似为零,罐内可看作滞止状态。

(1) 由滞止参数关系求解

由式(9-3)计算出口当地声速 c：

$$c = \sqrt{\gamma RT} = (\sqrt{1.4 \times 286.9 \times (273+35)}) \text{m/s} = 351.7 \text{m/s}$$

可得马赫数为：

$$Ma = \frac{v}{c} = \frac{185}{351.7} = 0.526$$

因罐内为滞止状态,由滞止参数公式(9-16)中第 1 个和第 2 个方程,有：

$$T_0 = T\left(1 + \frac{\gamma-1}{2}Ma^2\right) = 308 \times \left(1 + \frac{1.4-1}{2} \times 0.526^2\right) \text{K} = 325\text{K} = 52\text{℃}$$

$$p_0 = p\left(1 + \frac{\gamma-1}{2}Ma^2\right)^{\frac{\gamma}{\gamma-1}} = 101.3 \times \left(1 + \frac{1.4-1}{2} \times 0.526^2\right)^{\frac{1.4}{1.4-1}} \text{kPa} = 122.5\text{kPa}$$

(2) 由能量方程求解

由式(9-14)可得罐内外的温度关系：

$$\frac{\gamma}{\gamma-1}RT_0 + \frac{v_0^2}{2} = \frac{\gamma}{\gamma-1}RT_\text{出} + \frac{v_\text{出}^2}{2}$$

罐内流速 $v_0 = 0$,则由上式可得：

$$T_0 = \frac{\frac{\gamma}{\gamma-1}RT_\text{出} + \frac{v_\text{出}^2}{2}}{\frac{\gamma}{\gamma-1}R} = \frac{3.5 \times 286.9 \times (273+35) + \frac{185^2}{2}}{3.5 \times 286.9} \text{K} = 325\text{K} = 52\text{℃}$$

由式(9-10),可得喷口处密度为：

$$\rho_\text{出} = \frac{p_\text{出}}{RT_\text{出}} = \frac{101.3 \times 10^3}{286.9 \times 308} = 1.146 \text{kg/m}^3$$

由式(9-2),可得罐内空气密度为：

$$\rho_\text{内} = \rho_\text{出}\left(\frac{p_\text{内}}{p_\text{出}}\right)^{\frac{1}{\gamma}} = 1.146 \times \left(\frac{p_\text{内}}{101.3}\right)^{\frac{1}{1.4}}$$

代入式(9-14),得：

$$3.5 \times \frac{p_\text{内} \times 10^3}{1.146 \times \left(\frac{p_\text{内}}{101.3}\right)^{\frac{1}{1.4}}} = 3.5 \times \frac{101.3 \times 10^3}{1.146} + \frac{185^2}{2}$$

可得：$p_\text{内} = 122.5\text{kPa}$。

9.2.6 可压缩与不可压缩气流之间的误差限

不可压缩完全气体恒定一维流动时的能量方程为：

$$p_0 = p + \frac{\rho v^2}{2}$$

引入式(9-16)中第 2 式：

$$\frac{p_0}{p} = \left(1 + \frac{\gamma - 1}{2} Ma^2\right)^{\frac{\gamma}{\gamma-1}}$$

该式为等熵状态下可压缩气流压强公式，对其按二项式定理展开，取前三项，有：

$$\frac{p_0}{p} = 1 + \frac{\gamma}{2} Ma^2 + \frac{\gamma}{8} Ma^4 = 1 + \frac{\gamma}{2} Ma^2 \left(1 + \frac{Ma^2}{4}\right)$$

根据马赫数定义，有：

$$Ma = \frac{v}{c} = \sqrt{\frac{\rho v^2}{\gamma p}}$$

$$Ma^2 = \frac{\rho v^2}{\gamma p}$$

将 Ma^2 代入前式，可得：

$$\frac{p_0 - p}{\frac{\rho v^2}{2}} = 1 + \frac{Ma^2}{4}$$

对比可知，同一气流，以不可压缩与可压缩气体计算时的能量相对误差为：

$$\delta = \frac{Ma^2}{4}$$

如正常环境下，空气中的声速 $c = 340 \mathrm{m/s}$，若要求 $\delta \leqslant 1\%$，则应满足 $Ma \leqslant 0.2$，界限速度为：

$$v = cMa = (340 \times 0.2) \mathrm{m/s} = 68 \mathrm{m/s}$$

即 $v \leqslant 68 \mathrm{m/s}$ 时，按不可压缩流体来处理，其相对误差满足要求。实际工程问题可根据数据要求合理地确定 δ 值。

引入式(9-16)中第 3 式：

$$\frac{\rho_0}{\rho} = \left(1 + \frac{\gamma - 1}{2} Ma^2\right)^{\frac{1}{\gamma-1}}$$

当 $Ma = 0.2$ 时，空气绝热系数 $\gamma = 1.4$，代入上式，有：

$$\frac{\rho_0}{\rho} = \left(1 + \frac{1.4 - 1}{2} 0.2^2\right)^{\frac{1}{1.4-1}} = 1.02$$

由上可求得：

$$\frac{\rho_0 - \rho}{\rho} = 1.02 - 1 = 2\%$$

可知，相同速度下，按不可压缩流体处理，密度的相对变化要大于压强。若要求气流密度的变化不超过 1%，可求得 $Ma \leqslant 0.141$，而气流速度应满足 $v \leqslant 48 \mathrm{m/s}$。

9.3 喷管的等熵出流

喷管是把高压气体转变为动能，使气流在管中膨胀加速以高速向外喷射而产生反作用推力的部件，又称排气喷管或推力喷管。喷管的基本特征是过流断面的变化发生在很短的流程范围内，气流高速通过时的热交换和摩擦力可被忽略，即可将气流喷射过程看作等熵状态。引入式(9-7)和式(9-9)如下：

$$\rho v A = C$$

$$v \mathrm{d}v = -\frac{\mathrm{d}p}{\rho}$$

将两式联立，消去 ρ，且将 $c^2 = \frac{\mathrm{d}p}{\mathrm{d}\rho}$ 及 $Ma = \frac{v}{c}$ 代入，则有以下两式成立：

$$\frac{\mathrm{d}A}{A} = (Ma^2 - 1) \frac{\mathrm{d}v}{v} \tag{9-19}$$

$$\frac{\mathrm{d}\rho}{\rho} = -Ma^2 \frac{\mathrm{d}v}{v} \tag{9-20}$$

将式(9-20)代入等熵状态方程式 $\frac{p}{\rho^\gamma} = C$，可得：

$$\frac{\mathrm{d}p}{p} = \gamma \frac{\mathrm{d}\rho}{\rho} = -\gamma Ma^2 \frac{\mathrm{d}v}{v} \tag{9-21}$$

引入完全气体状态方程式(9-11)：

$$\frac{\mathrm{d}p}{p} = \frac{\mathrm{d}\rho}{\rho} + \frac{\mathrm{d}T}{T}$$

将式(9-20)和式(9-21)代入上式，整理得

$$\frac{\mathrm{d}T}{T} = -(\gamma - 1) Ma^2 \frac{\mathrm{d}v}{v} \tag{9-22}$$

将式(9-19)分别代入式(9-20)、式(9-21)和式(9-22)，可分别得：

$$\frac{\mathrm{d}\rho}{\rho} = \frac{Ma^2}{1 - Ma^2} \frac{\mathrm{d}A}{A} \tag{9-23}$$

$$\frac{\mathrm{d}p}{p} = \frac{\gamma Ma^2}{1 - Ma^2} \frac{\mathrm{d}A}{A} \tag{9-24}$$

$$\frac{\mathrm{d}T}{T} = (\gamma - 1) \frac{Ma^2}{1 - Ma^2} \frac{\mathrm{d}A}{A} \tag{9-25}$$

上述方程反映了断面面积 A、气流速度 v、压强 p、密度 ρ 与马赫数 Ma 之间的关系，如表 9-3 所示。

由表 9-3 可以看出，收缩管和扩展管对运动参数和马赫数有明显影响，这反映出喷管断面变化对气流运动的重要性。

由式(9-19)可变形如下式：

$$\frac{\mathrm{d}A}{\mathrm{d}x} = \frac{A}{v} (Ma^2 - 1) \frac{\mathrm{d}v}{\mathrm{d}x}$$

因为 $\frac{\mathrm{d}v}{\mathrm{d}x}$ 为有限量，当 $Ma \to 1$ 时，$\frac{\mathrm{d}A}{\mathrm{d}x} \to 0$，此时面积 A 应达到极限值，由于极大值断面不可能产生声速，则断面必有极小值。

表 9-3　一维气流运动参数与马赫数的变化关系

运动参数	$Ma<1$ 收缩管	$Ma<1$ 扩张管	$Ma>1$ 收缩管	$Ma>1$ 扩张管
v	↑	↓	↓	↑
p、ρ、T	↓	↑	↑	↓

如图 9-6(a)所示,气流先经收缩段进入管道,流速达到声速的位置必然位于最小断面处,称之为临界断面,用 A_* 表示。经喉管进入扩张段后,则气流加速至超声速乃至以上,形成喷管流。瑞典工程师拉瓦尔将喷管流用于涡轮蒸汽机,之后工业上广泛应用并逐渐形成拉瓦尔喷管这一装置,如图 9-6(b)所示。

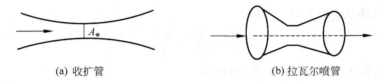

(a) 收扩管　　　　　　　　(b) 拉瓦尔喷管

图 9-6　喷管原理与拉瓦尔管

【**例题 9.7**】 已知空气的滞止压强 $p_0=2.88\times10^5$ Pa,滞止温度 $T_0=325$ K,风洞试验时,需将空气经拉瓦尔管喷射出流,若测得出口处温度为 -15.5 ℃,试求喷管出口处 Ma 值;若 $A_*=1.5\times10^{-3}$ m^2,则气流的质量流量为多少?

解：拉瓦尔喷管出口处压强与背压 p_b 相等。若出口处压强 $p<p_*$,则喉部达到临界状态,质量流量按 $Q_m=\rho_* v_* A_*$ 计算。若出口处压强 $p>p_*$,则气流流速在管内均小于声速,质量流量计算与收缩喷管相同。

(1) 根据已知条件,出口温度为：
$$T=(273-15.5)\text{K}=257.5\text{K}$$

经出口温度、滞止温度代入式(9-16)第 1 式,有：
$$\frac{T}{T_0}=\left(1+\frac{\gamma-1}{2}Ma^2\right)^{-1}$$
$$\frac{257.5}{325}=(1+0.2Ma^2)^{-1}$$
$$Ma=1.145$$

即出口处 $Ma=1.145$。

(2) 由喷口处 $Ma>1$,可判断出流为超声速。因此,在喷管最小断面处气流速度必然等于声速,即气流在最小断面处于临界状态,之后在扩张部被加速。

将滞止状态下 $Ma=0$ 代入式(9-17)第 1 式,可得滞止温度与临界温度之间的关系：

$$\frac{T}{T_*} = \left[\frac{2+(\gamma-1)Ma^2}{\gamma+1}\right]^{-1} = \left[\frac{2+(1.4-1)\times 0^2}{1.4+1}\right]^{-1} = 1.2$$

由题意 $T_0=325\text{K}$，得临界温度 $T_*=325/1.2=270.8\text{K}$，继而有临界流速：

$$v_* = c_* = \sqrt{\gamma RT_*} = (\sqrt{1.4\times 286.9\times 270.8})\text{m/s} = 329.8\text{m/s}$$

将滞止状态下 $Ma=0$ 代入式(9-17)第2式，可得滞止压强与临界压强之间的关系：

$$\frac{p}{p_*} = \left[\frac{2+(\gamma-1)Ma^2}{\gamma+1}\right]^{-\frac{\gamma}{\gamma-1}} = \left[\frac{2}{\gamma+1}\right]^{-\frac{\gamma}{\gamma-1}} = \left[\frac{2}{2.4}\right]^{-\frac{1.4}{0.4}} = 1.893$$

由题意滞止压强 $p_0=2.88\times 10^5\text{Pa}$，得 $p_*=p/1.893=1.521\times 10^5\text{Pa}$。又由状态方程，可得临界密度为：

$$\rho_* = \frac{p_*}{RT_*} = \left(\frac{1.521\times 10^5}{286.9\times 270.8}\right)\text{kg/m}^3 = 1.958\text{kg/m}^3$$

所以空气质量流量为：

$$Q_m = \rho_* v_* A_* = (1.958\times 329.8\times 1.5\times 10^{-3})\text{kg/s} = 0.968\text{kg/s}$$

9.4 可压缩气体管道流动

实际气体多以管道形式输送，如化工企业涉及的各种原料气管道、石油天然气输送管道、水蒸气热媒管道等。工程中的管道流动，有时不仅需要考虑气体的可压缩性，同时也要考虑气流运动过程中摩擦阻力和热交换对压缩性的影响，需要针对不同的热力状态过程进行分析计算。

多数情况下，输送气流的管道长度远大于管道直径，故可视为一维流动作简化处理，而管道断面上各点运动参数均可取其断面平均值。

由前述内容可知，过流断面的变化对于 $Ma<1$ 的亚声速气流和 $Ma>1$ 的超声速气流的影响完全不同。换言之，气流所处状态和断面面积是运动参数的决定性因素。

1. 管道断面面积与马赫数的关系

考虑气流为恒定等熵流，则任意两个过流断面上的滞止参数相等，有：

$$\frac{A_2}{A_1} = \frac{\rho_1 v_1}{\rho_2 v_2} = \frac{\rho_1(v_1/c_0)}{\rho_2(v_2/c_0)}$$

引入式(9-16)第3式和第5式如下：

$$\frac{\rho}{\rho_0} = \left(1+\frac{\gamma-1}{2}Ma^2\right)^{-\frac{1}{\gamma-1}}$$

$$\frac{v}{v_0} = Ma\left(1+\frac{\gamma-1}{2}Ma^2\right)^{-1/2}$$

由以上两式可推导出：

$$\frac{A_2}{A_1} = \frac{Ma_1}{Ma_2}\left[\frac{2+(\gamma-1)Ma_2^2}{2+(\gamma-1)Ma_1^2}\right]^{\frac{\gamma+1}{2(\gamma-1)}} \tag{9-26}$$

由式(9-26)给出了管道过流断面面积和气流马赫数之间的函数关系。式中共4个变量，若知其中3个变量数值，便可求出另一个变量数值。例如，已知两断面直径和其中一个断面的马赫数,则可求得另一断面马赫数,进而通过式(9-16)求解其他参数值。

为便于求解,假设管道中存在临界断面 A_*,即气流通过此断面时的速度为声速,马赫数 $Ma=1$。式(9-26)则可改写为:

$$\frac{A_*}{A} = Ma \left[\frac{\gamma+1}{2+(\gamma-1)Ma^2} \right]^{\frac{\gamma+1}{2(\gamma-1)}} \tag{9-27}$$

式(9-27)在可压缩气体计算中应用广泛。以 A_*/A 为应变量、Ma 为自变量可绘制二者间的关系曲线,如图 9-7 所示。

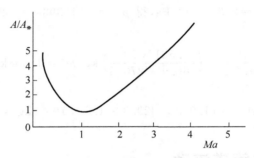

图 9-7 A_*/A 与 Ma 之间的对应关系

由图 9-7 可以看出,A_*/A 与 Ma 之间的关系曲线存在某种程度的对称性,即 A_*/A 数值唯一而 Ma 数值不唯一,这反映出不同断面处均有可能出现 $Ma>1$ 或 $Ma<1$ 的气流状态。

2. 质量流量

根据质量流量的定义,可有如下变形:

$$Q_m = \rho v A = \frac{\rho}{\rho_0} \rho_0 \frac{v}{c} \frac{c}{c_0} c_0 A$$

利用式(9-3)和式(9-16)第 2 式并用 Ma 取代上式中的 v/c,整理可得:

$$Q_m = \rho_0 \sqrt{\gamma R T_0} Ma \left(1 + \frac{\gamma-1}{2} Ma^2\right)^{-\frac{\gamma+1}{2(\gamma-1)}} A$$

$$= \sqrt{\frac{\gamma}{R}} \frac{p_0}{\sqrt{T_0}} Ma \left(1 + \frac{\gamma-1}{2} Ma^2\right)^{-\frac{\gamma+1}{2(\gamma-1)}} A \tag{9-28}$$

由 $\dfrac{dQ_m}{dMa}=0$ 可以推断,假若管道中存在气流等于声速的断面,即有 A_* 存在,则 A_* 处的质量流量达到最大值:

$$Q_{m,\max} = \sqrt{\frac{\gamma}{R}} \frac{p_0}{\sqrt{T_0}} \left(\frac{\gamma-1}{2}\right)^{-\frac{\gamma+1}{2(\gamma-1)}} A_* \tag{9-29}$$

或

$$Q_{m,\max} = A_* \sqrt{\gamma p_0 \rho_0 \left(\frac{2}{\gamma+1}\right)^{\frac{\gamma+1}{\gamma-1}}}$$

【例题 9.8】 氮气罐通过一出口直径为 5cm 的收缩管向外射流,若罐内压强 $p_0=$

$4×10^5$Pa,罐内温度 $T_0=298$K,背压(环境压强)$p_b=1.0×10^5$Pa,试求该管的质量流量为多少?(已知氮气的 $\gamma=1.4$,$R=297$J/(kg·K))。

解:罐体中的气体压强大于背压时,气体在压差作用下可以流出,否则,将出现逆流或不流动现象。根据题意判断管中是否存在临界状态。首先根据已知条件获得滞止温度和临界温度的关系,将 $Ma=0$ 代入式(9-17)第 1 式,有:

$$\frac{T}{T_*}=\left[\frac{2+(\gamma-1)Ma^2}{\gamma+1}\right]^{-1}=\left[\frac{2}{1.4+1}\right]^{-1}=1.2$$

可得:
$$T_*=(298/1.2)\text{K}=248.3\text{K}$$

再将 $Ma=0$ 代入式(9-17)第 2 式,有:

$$\frac{p_0}{p_*}=\left[\frac{2+(\gamma-1)Ma^2}{\gamma+1}\right]^{-\frac{\gamma}{\gamma-1}}=\left[\frac{2}{1.4+1}\right]^{-\frac{1.4}{1.4-1}}=1.893$$

可得:
$$p_*=p_0/1.893=(4×10^5/1.893)\text{Pa}=2.11×10^5\text{Pa}$$

因为环境压强小于临界压强,故可判断出气流在出口前存在临界状态,流量在临界断面处已经达到最大,之后气流流动不再变化,即出现气流壅塞现象(结合表 9-3)。

(1) 由式(9-29)得:

$$Q_{m,\max}=A_*\sqrt{\gamma p_0\rho_0\left(\frac{2}{\gamma+1}\right)^{\frac{\gamma+1}{\gamma-1}}}$$

式中,罐内密度为:

$$\rho_0=\frac{p_0}{RT_0}=\left(\frac{4×10^5}{297×298}\right)\text{kg/m}^3=4.52\text{kg/m}^3$$

将临界密度值代入前式,可得:

$$Q_m=\left(\frac{\pi}{4}×0.05^2×\sqrt{1.4×4×10^5×4.52×\left(\frac{2}{1.4+1}\right)^{\frac{1.4+1}{1.4-1}}}\right)\text{kg/s}$$
$$=1.807\text{kg/s}$$

(2) 因罐内压强小于临界压强,故出口处压强即等于临界压强。之后,气流进入大气中稀释至环境压强。质量流量也可按临界状态时参数计算。将 $Ma=0$ 代入式(9-17)第 3 式,有:

$$\frac{\rho_0}{\rho_*}=\left[\frac{2+(\gamma-1)Ma^2}{\gamma+1}\right]^{-\frac{1}{\gamma-1}}=\left[\frac{2}{1.4+1}\right]^{-\frac{1}{0.4}}=1.577$$

$$\rho_*=\rho_0/1.577=(4.52/1.577)\text{kg/m}^3=2.866\text{kg/m}^3$$

由式(9-3),有:
$$v_*=c_*=\sqrt{\gamma RT_*}=(\sqrt{1.4×297×248.33})\text{m/s}=321.33\text{m/s}$$

所以:$Q_m=\rho_* v_* A=2.886×321.33×\frac{\pi}{4}×0.05^2=1.81\text{kg/s}$

9.5 工程中的绝热管流问题

实际气体管流多见两种类型,即绝热摩擦管流和等温管流。前者发生于有隔热保温材料的长管中,如蒸汽热媒管道。由于隔热保温材料最大程度地降低了气流与外界的热交换程度,管中气流运动可只考虑摩擦而不考虑热交换,即绝热摩擦管流。等温管流则更多见于不保温长距离气体输送管道,如煤气和天然气输送管道。由于不做隔热保温处理,气体在长距离输送过程中可以与环境进行充分热交换从而保持相同的温度,即等温管流。

气流在等直径长距离管道中做恒定流动,因管道长度远远大于管径,可视作一维恒定流动。由式(9-6)可推导出:

$$\rho v A = C_1$$

推导出:

$$\rho v = C \tag{a}$$

由于绝热管流与外界无热量交换(即无能量交换),引入式(9-14)能量方程并变形,有:

$$\frac{\gamma}{\gamma-1}RT + \frac{v^2}{2} = C$$

$$\frac{c^2}{\gamma-1} + \frac{v^2}{2} = C \tag{b}$$

取一段管流,如图9-8所示。管径设为 d,断面面积为 A,τ_0 为管壁处摩擦力。

某时刻处,气流动量可表示为 $\rho v A \mathrm{d}v$,则动量方程可表示为:

$$\rho v A \mathrm{d}v = -A\mathrm{d}p - \tau_0 \mathrm{d}x \cdot \pi d$$

式中

$$\tau_0 = \frac{1}{8}\lambda \rho v^2 = \frac{1}{8}\lambda p Ma^2$$

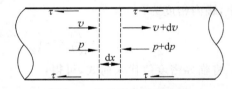

图 9-8 绝热管流动量分析

将 τ_0 表达式代入动量方程,并引入状态方程 $\frac{p}{\rho}=RT$ 和声速表达式 $c=\sqrt{\gamma RT}$,整理可得:

$$\frac{\mathrm{d}p}{p} = -\frac{\rho v \mathrm{d}v}{p} - \frac{\lambda}{d}\frac{\gamma Ma^2}{2}\mathrm{d}x = -\frac{\gamma Ma^2}{2}\frac{\mathrm{d}(v^2)}{v^2} - \frac{\lambda}{d}\frac{\gamma Ma^2}{2}\mathrm{d}x \tag{c}$$

由(a)、(b)、(c)三式可得绝热管流的动力学方程组:

$$\begin{cases} \dfrac{T}{T_*} = \dfrac{\gamma+1}{2+(\gamma-1)Ma^2} \\[2mm] \dfrac{\rho}{\rho_*} = \dfrac{1}{Ma}\sqrt{\dfrac{T_*}{T}} = \dfrac{1}{Ma}\sqrt{\dfrac{2+(\gamma-1)Ma^2}{\gamma+1}} \\[2mm] \dfrac{p}{p_*} = \dfrac{1}{Ma}\sqrt{\dfrac{\gamma+1}{2+(\gamma-1)Ma^2}} \end{cases} \tag{9-30}$$

若已知两断面压强 p_1 和 p_2,则可推导质量流量表达式:

$$Q_m = \rho_1 v_1 A_1 = \sqrt{\frac{\pi^2 d^5}{8\lambda l} \frac{\gamma}{\gamma+1} \frac{p_1^2}{RT_1} \left[1 - \left(\frac{p_2}{p_1}\right)^{\frac{\gamma+1}{\gamma}}\right]} \qquad (9\text{-}31)$$

式中：λ——管道沿程摩阻系数，$Ma<1$，与液流管道相同，可借助穆迪图查取；若 $1<Ma<3$，λ 取值范围在 $0.02\sim0.03$。

对于绝热管流，相应于 $Ma=1$ 的临界状态，存在最大管长 $l_{\max}$，当 $l>l_{\max}$ 时将发生壅塞现象。对亚声速流，压强扰动可向上游传播至入口，入口处将出现溢流现象而导致流量减小至出口断面转变为临界断面。对超声速流，壅塞在管中产生激波，从而使临界断面转变值移至出口截面。

最大管长：

$$l_{\max} = \frac{d}{\lambda} \left\{\frac{1-Ma^2}{\gamma Ma^2} + \frac{\gamma+1}{2\gamma}\ln\left[\frac{(\gamma+1)Ma^2}{2+(\gamma-1)Ma^2}\right]\right\} \qquad (9\text{-}32)$$

管道进口处 Ma_1 和出口处 Ma_2 的关系：

$$\lambda \frac{l}{d} = \frac{1}{\gamma}\left(\frac{1}{Ma_1^2} - \frac{1}{Ma_2^2}\right) + \frac{\gamma+1}{2\gamma}\ln\left[\left(\frac{Ma_1}{Ma_2}\right)^2 \frac{1+\frac{\gamma-1}{2}Ma_2^2}{1+\frac{\gamma-1}{2}Ma_1^2}\right] \qquad (9\text{-}33)$$

【例题 9.9】 有一管径为 0.3m 的绝热空气管道，沿程摩阻系数 $\lambda=0.023$，管内空气流以超声速运动，若测得进口处 $Ma_1=2.5$，则出口马赫数 $Ma_2=1.5$ 时的管道长度应为多少？

解： 此题可由式（9-33）直接求解。将各相关参数值代入式中，有：

$$\lambda \frac{l}{d} = \frac{1}{1.4} \times \left(\frac{1}{9} - \frac{1}{4}\right) + \frac{2.4}{2.8}\ln\left[\frac{9}{4} \times \frac{1+0.2\times 4}{1+0.2\times 9}\right]$$

$$0.023 \times \frac{l}{0.3} = \frac{1}{1.4} \times \left(\frac{1}{2.5^2} - \frac{1}{1.5^2}\right) + \frac{1.4+1}{2\times 1.4}\ln\left[\left(\frac{2.5}{1.5}\right)^2 \times \frac{1+\frac{1.4-1}{2}\times 1.5^2}{1+\frac{1.4-1}{2}\times 2.5^2}\right]$$

解得：$l=3.86$m。

【例题 9.10】 某空气管道的沿程摩擦系数 $\lambda=0.025$，管径 $d=0.1$m。若气流处于绝热状态，测得管道入口压强 $p_1=2\times 10^5$Pa，温度 $T_1=323$K，气流流速 $v_1=200$m/s。则该管道的最大管长、出口处压强和温度各为多少。若管长为 3.5m，则进口的马赫数是多少？

解：（1）根据最大管长计算公式可知，若求 $l_{\max}$，则需知道进口处马赫数，由马赫数定义，有：

$$Ma_1 = \frac{v_1}{\sqrt{\gamma RT_1}} = \frac{200}{\sqrt{1.4\times 286.9\times 323}} = 0.56$$

当出口断面马赫数刚好等于 1 时的管长即最大管长，故取 $Ma_2=1$，代入最大管长公式，有：

$$l_{\max} = \frac{0.1}{0.025} \times \left\{\frac{1-0.56^2}{1.4\times 0.56^2} + \frac{1.4+1}{2\times 1.4}\ln\left[\frac{(1.4+1)\times 0.56^2}{2+(1.4-1)\times 0.56^2}\right]\right\}$$

解得：$l_{\max}=2.8$m。

与前述同，此时出口处压强为临界压强，由式（9-17）第 1 式可得：

$$\frac{T}{T_*} = \left[\frac{2+(\gamma-1)Ma^2}{\gamma+1}\right]^{-1} = \left[\frac{2+0.4\times 0.56^2}{2.4}\right]^{-1} = 1.129$$

将 $T=323\text{K}$ 代入式中,解得 $T_* = (323/1.129)\text{K} = 286\text{K}$。

出口处压强为临界压强,由式(9-17)第 2 式可得:

$$\frac{p}{p_*} = \left[\frac{2+(\gamma-1)Ma^2}{\gamma+1}\right]^{-\frac{\gamma}{\gamma-1}} = \left[\frac{2+0.4\times 0.56^2}{1.4+1}\right]^{-\frac{1.4}{0.4}} = 1.529$$

将 $p=2\times 10^5 \text{Pa}$ 代入式中,解得 $p_* = (2\times 10^5/1.529)\text{Pa} = 1.3\times 10^5 \text{Pa}$。

(2) 因 $l > l_{max}$,将发生壅塞现象,为维持出口处临界状态,进口处马赫数将改变。因 l 已知,且出口马赫数确定,则可由式(9-33)确定进口马赫数,有:

$$0.875 = \frac{1}{1.4}\left(\frac{1}{Ma_1^2} - 1\right) + \frac{2.4}{2.8}\ln\left(\frac{Ma_1^2}{1+0.2Ma_1^2}\times 1.2\right)$$

应用数学迭代法解得 $Ma_1 = 0.526$。

【例题 9.11】 一化工厂采用空气喷管进行试验测试,若管内气流为等熵流,喷管出口处面积 $A_{出} = 3\times 10^{-3} \text{ m}^2$,该处马赫数 $Ma_{出} = 0.8$,试问管内截面面积 $A = 5\times 10^{-3} \text{ m}^2$ 位置处的马赫数是多少?

解:由于 $A_x > A_e$,说明这是一个收缩喷管。由 $Ma_e = 0.8$,查等熵流气动函数表,可得:

$$\frac{A_*}{A} = 0.9632 = \frac{A_*}{A_e}$$

$$A_* = (0.9632\times 0.003)\text{m}^2 = 0.00289 \text{m}^2$$

A_* 为假定的临界断面,设想流体在延伸的喷管持续流动,在截面面积 A_* 处达到声速,喷管其他截面上的参数与该假想临界截面上的参数关系,应符合等熵流气动函数关系。

临界截面面积与计算截面面积之比为:

$$\frac{A_*}{A_x} = \frac{0.00289}{0.005} = 0.578$$

根据表 9-2 中数值,采用数学插值法求得 $A_*/A = 0.578$ 时对应的马赫数,得 $Ma = 0.36$。

习 题

一、选择题

1. 完全气体的声速与下列哪个参数正相关(　　)。
   A. 密度　　　　　B. 压强　　　　　C. 热力学温度　　　　D. 以上都不是
2. 完全气体的声速与绝热指数的(　　)次方成正比。
   A. 0.5　　　　　B. 1.0　　　　　C. 2.0　　　　　　　　D. 3.0
3. 马赫数的物理意义是(　　)。
   A. 声速与气流速度之比　　　　　　　B. 气流速度与声速之比
   C. 声速与临界声速之比　　　　　　　D. 气流速度与临界速度之比

4. 某气流马赫数为 1.5，则可知该气流处于（　　）状态。
   A. 超声速　　　　B. 亚声速　　　　C. 临界　　　　D. 不能确定
5. 有关亚声速等熵气流论述正确的是（　　）。
   A. 流速随断面面积减小而减小　　B. 压强随断面面积减小而减小
   C. 温度随断面面积减小而增大　　D. 密度随断面面积减小而增大
6. 有关超声速等熵气流论述正确的是（　　）。
   A. 流速随断面面积增加而减小　　B. 压强随断面面积增加而增加
   C. 温度随断面面积增加而减小　　D. 密度随断面面积增加而增加
7. 定容状态下，气流能力等于（　　）。
   A. 压强势能　　　　　　　　　　B. 动能
   C. 压强势能＋动能　　　　　　　D. 位置势能＋压强势能＋动能
8. $\dfrac{1}{\gamma-1}\dfrac{p}{\rho}$ 表示单位质量气体在（　　）所具有的内能。
   A. 等熵状态　　　B. 定容状态　　　C. 等温状态　　　D. 等压状态
9. 对超声速流，壅塞在管中产生激波，从而使临界断面转变值移至（　　）。
   A. 最大截面　　　B. 最小截面　　　C. 进口界面　　　D. 出口截面
10. 对于一维恒定等熵流，有关 A_*/A 与 Ma 关系的说法正确的是（　　）。
    A. A_*/A 数值唯一　　　　　　B. Ma 唯一
    C. 二者都不唯一　　　　　　　D. 二者都唯一

二、计算题

1. 如图 9-9 所示，一空压机通过喷管向外喷射高速高压空气流，测得喷管进气口断面温度为 300K，压强 $p_1=1.17\times10^6$ Pa，气流速度 $v_1=100$ m/s，喷管出口断面压强 $p_2=9.8\times10^5$ Pa，则出口处的气流速度为多少？

图 9-9　计算题 1 图

2. 一高压空气型储气罐通过喷管向外喷射高速高压气流（同图 9-9），若喷管出口处 p_2 等于大气压，出口处气流温度 $T_2=243$ K，出口气流速度 $v_2=250$ m/s，计算出口处的马赫数 Ma_1 及储气罐内的压强 p_0 和温度 T_0？

3. 同图 9-9，高速气流通过喷管时的状态可视作等熵流动，若喷管进气速度 $v_1=80$ m/s，压强 $p_1=1.4\times10^5$ Pa，气流温度 $T_1=20$ ℃，气流流出时的压强 p_2 等于大气压，试计算气流流出时的速度 v_2 和流出时的密度 ρ_2。

4. 高压储气罐内装有工业气体，通过收缩喷管射流进入空气。已知气体的绝热指数 $\gamma=1.4$，气体常数 $R=0.167$ kJ/(kg·K)，储气罐压力表读值为 1.7×10^5 Pa，储气罐温度计读值为 333K，则该气体喷射时的质量流量 Q_m 为多少？当储气罐压力表读值为 3.0×10^5 Pa，Q_m 将增至何值？

5. 工业气体通过长距离风管输送，风管不作保温处理，已知风管直径 $d=0.2\mathrm{m}$，风管长度为 600m，环境温度为 300K。若该气体常数 $R=2.08\mathrm{kJ/(kg\cdot K)}$，绝热指数 $\gamma=1.67$，风管摩阻系数 $\lambda=0.015$，测得气体进入风管时的流速 $v_1=90\mathrm{m/s}$，气体压强 $p_1=1.38\times 10^5\mathrm{Pa}$，试计算风管出口处的压强 p_2、风管的最大管长 $l_{\max}$。

6. 已知一工业高质量保温管道的沿程摩阻系数 $\lambda=0.017$，空气经该管道流动，测得管道入口处气流压强 $p_1=9.8\times 10^4\mathrm{Pa}$，入口处气流温度为 $T_1=16\mathrm{℃}$，入口处 $Ma_1=0.3$，管道出口处的压强 $p_2=3.27\times 10^4\mathrm{Pa}$，试求该气流流量 Q_m、管道长度 l 及最大管长 $l_{\max}$。

7. 某高压气体车间通过缩-扩喷管实现蒸汽等熵射流，如图 9-10 所示。喷管入口处的压强 $p_1=3.5\times 10^6\mathrm{Pa}$，入口处温度 $T_1=673\mathrm{K}$，喷管出口处的压强 $p_2=9.8\times 10^5\mathrm{Pa}$，测得通过流量 $Q_m=10\mathrm{kg/s}$，则该缩-扩喷管的临界流速 v_*、喉管断面面积 A_2 各为多少？出口处的气流速度 v_3 和马赫数 Ma_3 为多少？

8. 如图 9-11 所示，一压缩空气罐连接喷管，若罐内压强 $p=2.0\times 10^5\mathrm{Pa}$，温度 $T=20\mathrm{℃}$，则喷管处的临界状态参数 p_*、T_*、ρ_*、v_* 分别为多少？

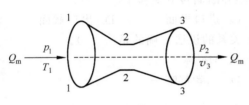

图 9-10　计算题 7 图

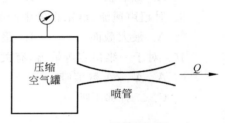

图 9-11　计算题 8 图

第 9 章答案

第 10 章 工程流体机械

流体机械是指以流体为工质进行能量转换的机械,包括原动机和工作机两大类。原动机是将流体的能量转变为机械能并输出轴功率,如水轮机和汽轮机等;工作机是将机械能转变为流体的能量,使流体增压并输送,如泵和风机等。水利工程领域多涉及原动机,而土木工程领域则多涉及工作机。本章从流体力学角度,对泵和风机的工作原理与选用进行阐述。

10.1 水泵与风机工作原理

用来输送水的流体机械称为水泵,输送气体的流体机械称为风机。根据工作原理的不同,水泵与风机(以下称工作机)一般分为叶片式、容积式和其他类等三种类型。

10.1.1 叶片式工作机原理

通过高速旋转的叶轮对流体做功,使流体获得能量。根据流体流过叶轮时的方向不同,又分为离心式、轴流式,如图 10-1 所示。叶轮安装在圆筒形泵壳内,当叶轮旋转时,流体从入口流入,在叶片流道内获得能量后,再经出口流出。离心式泵与风机适用于小流量和较高压头的工作要求,轴流式则适用于大流量和较低压头的工作要求。

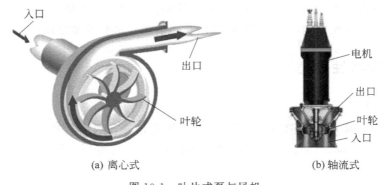

(a) 离心式　　　　(b) 轴流式

图 10-1　叶片式泵与风机

10.1.2 容积式工作机原理

通过工作室容积的改变对流体做功,使流体获得能量。根据工作室容积改变的方式不同,又分为往复式和回转式两类,如图 10-2 所示。

往复式工作机工作时,活塞在泵缸内往复运动,使得工作室产生减压和增压交替状态,同时伴随阀门的开启与闭合,流体被交替吸入和压出。回转式工作机一般设有一对互相啮合的齿轮,主动轮由电机带动旋转,并带动从动轮反向旋转,流体经入口流入后在齿轮挤压下分左右沿泵壳流向出口。与叶片式工作机相比,容积式工作机的效率较低,且结构和调节复杂。目前主要用于间歇式定量输送,如机械设置润滑油的送油泵。

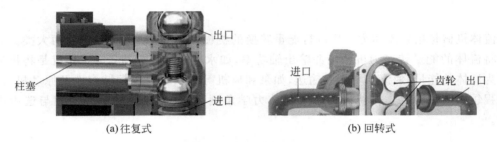

图 10-2 容积式泵与风机

10.2 工作机的特性曲线

泵与风机的性能参数包括流量 Q、扬程 H(或风压 p)、轴功率 N、效率 η 和转速 n 等,若将参数之间存在的函数关系以曲线图表示,即为特性曲线。实际工程中一般以 Q 为自变量,分析 H-Q、N-Q 和 η-Q 之间的相互变化关系:

(1) 流量与扬程之间的关系,用 $H = f_1(Q)$ 来表示。
(2) 流量与轴功率之间的关系,用 $N = f_2(Q)$ 来表示。
(3) 流量与工作机效率之间的关系,用 $\eta = f_3(Q)$ 来表示。

目前对流体进入工作机内部时的水头损失认知仍停留在半理论、半经验阶段,尚难通过精确计算来决定泵或风机的实际扬程,特性曲线多依赖于试验数据绘制。

10.2.1 理论特性曲线

1. 理论扬程

以叶片式工作机为例,如图 10-3 所示。当叶轮流道的几何形状和尺寸(安装角 β、叶片直径 d、叶片宽度 b)确定,若已知叶轮转速 n 和流量 Q,则可得到叶轮内任何半径 R 上某点的速度三角形关系。

该点圆周速度 u 为:

$$u = \omega R = \frac{\pi D n}{60} \tag{10-1}$$

流经叶轮的流量 Q 等于该点径向分速度 v_r 乘以垂直于 v_r 的过流断面面积 F,有:

$$Q = v_r F = v_r 2\pi Rb\varepsilon \tag{10-2}$$

式中:ε——排挤系数,反映了叶片厚度对流道过流面积的遮挡程度。

求得 u、v_r 后,又已知 β,则该点速度三角形关系可确定。

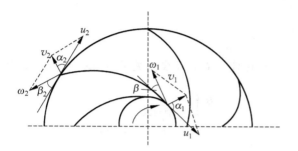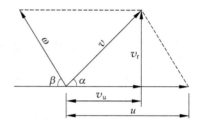

图 10-3　叶片式工作机内流体运动状况

若流体沿径向流入叶片,则可推导出单位重量理想流体的能量增量(扬程)与叶轮中流体运动的关系:

$$H_{T\infty} = \frac{1}{g}(u_{2T\infty} v_{u2T\infty} - u_{1T\infty} v_{u1T\infty}) \tag{10-3}$$

式中:下标 T——理想流体;

下标 ∞——叶片无穷多。

式(10-3)即离心式工作机的基本方程(也称欧拉方程),由该式可知:

(1) 理想流体获得的理论扬程 $H_{T\infty}$ 仅与叶片进口和出口处的速度有关,而与流体在叶轮内部的流动过程无关。

(2) 理想流体所获得的理论扬程 $H_{T\infty}$ 与流体种类无关。无论何种液体或气体,只要叶片进出口处速度三角形相同,都可以得到相同的能量增量。

2. 理论特性曲线

根据欧拉方程研究理论特性曲线。若流体沿径向流入叶片,欧拉方程形式为:

$$H_T = \frac{1}{g} u_2 v_{u2}$$

式中,u_2 和 v_{u2} 的表达式分别为:

$$u_2 = \frac{\pi D_2 n}{60}$$

$$v_{u2} = u_2 - v_{r2} \cot\beta_2$$

若设叶片出口处前盘与后盘之间的轮宽为 b_2,叶轮工作时排出的理论流量应为:

$$Q_T = \varepsilon \pi D_2 b_2 v_{r2} \tag{10-4}$$

将式(10-4)代入式(10-3),得:

$$H_T = \frac{u_2^2}{g} - \frac{u_2}{g} \times \frac{Q_T}{\varepsilon \pi D_2 b_2} \cot\beta_2$$

对于具体的工作机而言,当其转速 n 不变时,上式中的 u_2、ε、β_2、D_2、b_2 均为定值,故上式可简化为：

$$H_T = A - BQ_T \tag{10-5}$$

式中：A、B——组合常数，相应的计算式分别为：

$$A = \frac{u_2^2}{g}$$

$$B = \frac{u_2}{g} - \frac{\cot\beta_2}{\varepsilon\pi D_2 b_2}$$

在固定转速下，工作机的理论扬程 H_T 与理论流量 Q_T 成线性关系，如图 10-4(a)所示。

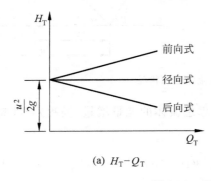
(a) H_T-Q_T

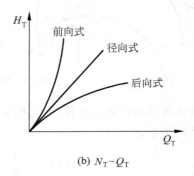
(b) N_T-Q_T

图 10-4　H_T-Q_T 和 N_T-Q_T 曲线

前向式叶片：$\beta_2 > 90$，$\cot\beta_2 < 0$，$B < 0$，H_T 随 Q_T 增大而增大，H_T-Q_T 线向上倾斜；

径向式叶片：$\beta_2 = 90$，$\cot\beta_2 = 0$，$B = 0$，H_T 不随 Q_T 而变，H_T-Q_T 线为水平线；

后向式叶片：$\beta_2 < 90$，$\cot\beta_2 > 0$，$B > 0$，H_T 随 Q_T 增大而减小，H_T-Q_T 线向下倾斜。

在无流动损失条件下，理论上有效功率等于轴功率，即有：

$$N_T = N_{cT} = \rho g Q_T H_T$$

将式(10-5)代入上式，得：

$$N_T = \rho g (AQ_T - BQ_T^2) \tag{10-6}$$

由式(10-6)可绘出 N_T-Q_T 曲线，如图 10-4(b)所示。不同 β_2 值具有不同形状的曲线，但当 $Q_T = 0$ 时，三种叶型的理论轴功率都等于零，三条曲线同交于原点。

前向式叶片：$\beta_2 > 90$，$\cot\beta_2 < 0$，$B < 0$，N_T-Q_T 曲线为向上凸的二次曲线；

径向式叶片：$\beta_2 = 90$，$\cot\beta_2 = 0$，$B = 0$，N_T-Q_T 曲线为一条直线；

后向式叶片：$\beta_2 < 90$，$\cot\beta_2 > 0$，$B > 0$，N_T-Q_T 曲线为向下凹的二次曲线。

理想条件下(无能量损失)，理论上的有效功率等于轴功率。

以上分析可以定性地说明不同叶型的理论特性曲线变化趋势。同时 N_T-Q_T 曲线反映出，前向式叶片所需的轴功率随流量的增加而迅速增大，因此这种工作机在运行中增加流量时，电机超载的可能性要比径向式叶片大得多，而具有后向式叶片的工作机几乎不会发生电机超载现象。

10.2.2　实际特性曲线

由于工作机在实际运行时存在机械损失、容积损失和水力损失，实际特性曲线将不同于理论特性曲线。目前尚无法获得符合数学逻辑的计量关系,仅能在理论特性曲线的基础上,根据各项损失的定性分析,估计出实际性能曲线的大致情况,最后通过试验进行测定。

以后向式叶片为例,实际的 H-Q 曲线如图 10-5(a)所示。H-Q 曲线可有陡降型、缓降型和驼峰型三种类型。陡降型工作机适用于流量变化较小的场合;缓降型则适用于流量变化大而扬程或压头变化不大的场合;驼峰型易出现不稳定运行,一般应避免。

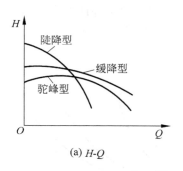 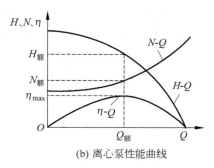

(a) H-Q (b) 离心泵性能曲线

图 10-5 实际特性曲线

由于实际流体在工作机内会发生能量损失,实际轴功率大于理论有效功率,即使 $Q=0$ 时,实际功率并不为零。因为空载运转时,机械摩擦损失仍然存在。一般情况下,实际功率随流量增大而增大,空载时功率最小。因此一般应空载启动,以免电机超载。

实际效率曲线可由 H-Q 曲线和 N-Q 曲线计算得出,即:

$$\eta = \frac{\rho g Q H}{N} \tag{10-7}$$

从式(10-7)可知,当 Q 或 H 为零时,η 都等于零,据此可判断存在一个最高效率 $\eta_{\max}$,工作机在此工况下能量损失最小。通常以 $\eta > 90\% \eta_{\max}$ 作为高效工作区,在此范围内最为经济。

H-Q、N-Q 和 η-Q 曲线是工作机在定转速下的基本性能曲线,其中最重要的是 H-Q 曲线。实际工作中通常将这三条曲线绘制在同一张图上,以直观反映出工作机的运行状态。图 10-5(b)所示为离心泵性能曲线。

10.3 管道特性曲线

由工作机性能曲线可知,H-Q 间存在无数对应关系,但实际运行工况点的确定则取决于工作机连接的管路特性。

管路特性曲线是管路中通过的流量与水头损失之间的关系曲线。图 10-6 为水泵-管路组合系统,在水池液面 1-1 和高位水箱液面 2-2 间建立伯努利能量方程:

$$z_1 + \frac{p_1}{\rho g} + H = z_2 + \frac{p_2}{\rho g} + h_w$$

解得:

$$H = \left[\left(z_2 + \frac{p_2}{\rho g}\right) - \left(z_1 + \frac{p_1}{\rho g}\right)\right] + h_w = H_g + h_w = H_g + SQ^2 \tag{10-8}$$

式中：H——某一流量所需水泵的扬程，m；
　　　h_w——沿程水头损失和局部水头损失之和，m；
　　　H_g——静压头（几何给水高度），m；
　　　S——总阻抗系数，s^2/m^5；
　　　Q——管路流量，m^3/s。

式(10-8)反映了管路系统所需能量与流量的关系，称为管路特性方程。以流量 Q 为横坐标，以 H 为纵坐标，绘制 H-Q 曲线，即管路特性曲线，如图 10-7 所示。

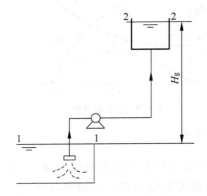

图 10-6　水泵-管路组合系统

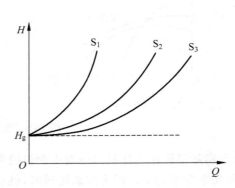

图 10-7　管路特性曲线

管路特性曲线是抛物线型，管路阻抗 S 越大，曲线越陡。由 5.2.2 节内容可知，S 的值随 λ、ζ、d、l 等参数变化而改变。对于确定的管路系统，可通过调整参数进而改变 S，可以达到调整管路水力特性的效果。

10.4　工作点的选定

管路系统实际是由工程设计决定的，而与泵或风机本身的特性无关。当工作机接入管路系统后，它所提供的扬程或风压总是与管路系统所需要的扬程或风压达到自动平衡，此时泵或风机的流量即为管路流量。显然，工作机与管路系统的合理匹配是工程技术经济性的必然要求。

将工作机的特性曲线和管路系统的特性曲线绘制于图 10-8，可以确定工作机的工作点。如图 10-8(a)所示，2 条曲线的交点 A 就是工作机的工作点。在管路系统的特性曲线上，A 点所对应的 Q_A 和 H_A 表明管路系统中通过流量为 Q_A 时所需要的能量为 H_A；而工作机特性曲线上，A 点所对应的 Q_A 和 H_A 表明选定的泵或风机可以在流量为 Q_A 的条件下向管路系统提供的能量为 H_A。如果 A 点所表明的参数既能满足工程设计要求，又处于工作机高效率运行区，则技术经济合理性程度最高。

如果工作机在比 A 点流量大的 C 点运行，则提供的扬程减小，流体因能量不足而减速，流量随之降低，工作点 C 沿泵或风机特性曲线向 A 点移动。若在 B 点运行，则工作机所提供的扬程大于管路所需，造成流体能量过盈而加速，于是流量开始增大，工作点将由 B 点向 A 点靠近。

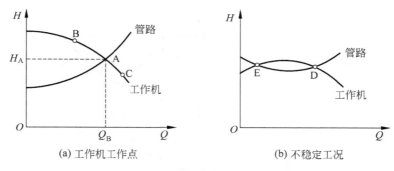

图 10-8 工作点的选定

有些低比转数的工作机的特性曲线为驼峰型,如图 10-8(b)所示。工作机特性曲线与管路特性曲线有可能存在 2 个交点,如图中 D 和 E。D 点如上所述为稳定工作点,而 E 点则为不稳定工作点。

10.5 机组联合工作

实际工程中为增加系统的流量或压头,有时需将 2 台或者多台泵或风机并联或者串联在同一管路系统中联合工作。例如,在扩建工程中要求增加流量时,采用加装设备与原有设备并联工作的方案,有可能比用一台大型设备替换原设备更为经济合理;又如在需要大幅度改变流量的系统中,用增开或停开部分并联设备的方法代替用调节阀来调节流量更加可取。

10.5.1 并联工作

当管路需求流量超过单台最大机组额定流量、流量周期性波动大以及需提高管路可靠性的情况下,可采取机组并联运行方式。以并联方式运行的工作机的扬程一般相同,系统流量为并联机组流量之和。

1. 同型双机组并联

如图 10-9 所示,2 台水泵并联供水。已知机组单独运行时的特性曲线,在相同扬程下使流量增加 1 倍,可得到机组并联运行时的双机特性曲线。图中交点 A 即并联时的工作点,该点相应的 Q_A 和 H_A 分别是并联时的流量和扬程。

过 A 点作水平线与单机特性曲线 I 交于 B 点,B 点是并联时单机的工作点。图 10-9 中可看出,并联时的机组扬程 H_A 和单机扬程 H_B 相同,并联机组流量 Q_A 则是并联时单机流量 Q_B 的 2 倍。B 点所对应 η-Q 曲线上的 η_B 就是并联时单机的效率,应在高效区范围。

管路特性曲线与单机特性曲线的交点 C 是单机单独工作时的工作点。C 点所对应的流量 Q_C 是单机单独工作时的流量。显然,工作机单独工作时的流量 Q_C 大于并联机组中的单机流量 Q_B。这说明随着并联后管路系统总流量的增加,水头损失增加,相应所需扬程增加,根据 H-Q 特性曲线可知,并联后的单机流量相应减小。

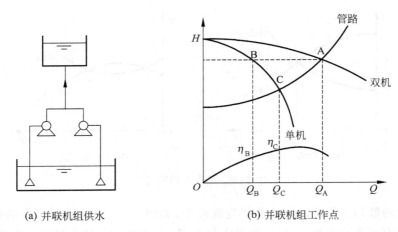

(a) 并联机组供水   (b) 并联机组工作点

图 10-9 机组并联工作

$Q_A > Q_C$，这说明并联后的机组流量大于并联前的单机流量；并联后流量的增加量 $Q_A - Q_C < Q_C$，则说明并联后流量并没有增加 1 倍。

并联时的流量增加比值 $\dfrac{Q_A - Q_C}{Q_C}$ 与单机特性曲线的形状和管路性能曲线有关。单机特性曲线越陡降（比转数越大），并联机组的流量增加比值越大，并联越有利；管路系统的阻抗 S 越小，管路特性曲线越平缓，并联机组的流量增加比值越大。

2. 同型多机组并联

型号相同的多台机组并联工作时的 H-Q 特性曲线如图 10-10(a)所示。随着并联机组数量的增加，机组流量的增量降低，这说明并联机组的数量不宜过多，否则在流量增加不显著的情况下，会大幅提升运行成本。

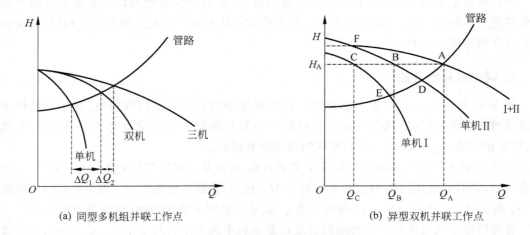

(a) 同型多机组并联工作点   (b) 异型双机并联工作点

图 10-10 机组不同形式的并联

3. 异型双机组并联

异型机组并联时的特性曲线也是在相同扬程下,将两机流量相加得到,如图 10-10(b) 所示。图中 A 点是并联机组的工作点,Q_A 与 H_A 为并联后的流量与扬程。由 A 点作水平线分别交两机单独工作时的特性曲线于 B、C 两点,即为并联时两机各自的工作点。两机单独工作时的工作点对应 D、E 两点,由图可知,$Q_A < Q_D + Q_E$。

异型双机并联工作时,其中一台机必须在其扬程小于 H_F 的情况时,方能与另一台机组并联运行。其中,扬程小的单机输出的流量少。若当管路阻抗增加而导致 A 点移至 F 点或其之上,此时机组因其扬程小于 H_F 而无流量输出,并联失去意义。

10.5.2 串联工作

同型机组串联工作时,单台机组的流量相同,系统总水头等于各台机组的水头之和。当系统对流量要求不高,但对压力要求较高,而单台机组扬程不能满足要求或造价太高时,或者管路系统水头损失大时,可考虑采用机组串联工作方式,如图 10-11(a) 所示。

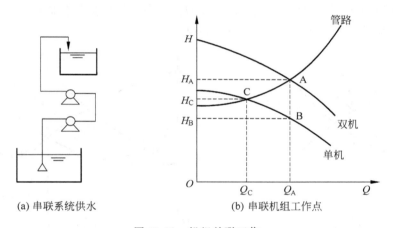

图 10-11 机组并联工作

同型机组串联工作时,特性曲线如图 10-11(b) 所示,A 点为管路特性曲线与串联时双机工作特性曲线的交点,该点即为串联机组工作点,串联工作时的流量为 Q_A,扬程为 H_A。由 A 点作垂线与单机特性曲线交于 B 点,B 点即串联时的单机工作点。

管路特性曲线与单机特性曲线的交点 C 是单机单独运行时的工作点,相应的单机单独运行时的扬程 H_C,即 $2H_C > H_A > H_C$,同型机组串联后产生的总水头较单机运行时并未增加 1 倍。

串联机组的水头增加比值 $\dfrac{H_A - H_C}{H_C}$ 与单台机组及管路的特性曲线有关。机组特性曲线越平缓(比转数越小),串联后的水头增加比值越大;管路系统的阻抗 S 越大,管路特性曲线越陡,则串联时的相对压头增量越大。需指出的是,机组串联一般应用于水泵而非风机,主要原因在于后者实际运行时的可靠性较低。

10.6 工况调节

在实际流体的输配送工程中,为适应工作环境条件的变化以及用户的即时需求,常常需要对水泵和风机的工况进行调节以满足新的要求。工况调节的实质是工作点的改变,而工作点则取决于管路和机组的特性曲线,即可从这两者出发进行调节。

10.6.1 管路特性曲线的调节

阀门调节改变管路的特性曲线,最常用的方法是节流法,主要靠调节阀门的开启度来实现。改变阀门开度大小,从而改变阀门的局部水头损失,使管路的特性曲线发生变化,进而改变机组的工作点,达到调节流量的目的。由于此调节方法非常简单,故应用甚广。但减小流量是靠增加阀门的局部阻力系数来实现的,故额外增加了能量损失。

如图 10-12(a)所示,A 点是阀门调节前的工作点,阀门作开启度变小调节后,管路特性曲线随之发生变化,工作点由 A 点转为 B 点,相应地流量由 Q_A 减至 Q_B,机组水头则由 H_A 增至 H_B,而调节前的流量 Q_B 对应的水头为 H_C,可知,机组水头增加了 $\Delta H = H_B - H_C$,这意味着阀门调节增加了轴功率 $\Delta N = \rho g \Delta H Q_B / \eta_B$。

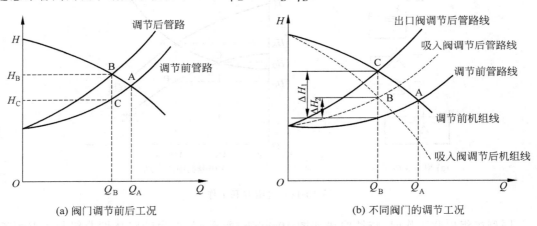

图 10-12 阀门调节管路特性曲线

阀门一般设置于工作机的吸入管或出口管,因此存在两种调节方法。如图 10-12(b)所示,调节前 A 为工作点,现采取阀门调节降低流量至 Q_B。首先采取出口管阀门调节,管路特性曲线变化,工作点相应地由 A 点转变为 C 点,水头损失增加量为 ΔH_1。若调节吸入管阀门,则管路和机组特性曲线同时变化,工作点则由 A 点转变为 B 点,水头损失增加量为 ΔH_2。对比可知,$\Delta H_2 < \Delta H_1$,这说明采取吸入管阀门调节方式能量损失更小。但需要指出的是,由于水泵吸入管易发生汽蚀现象而破坏工况,故该方法多适用于风机流量调节。

10.6.2 机组特性曲线的调节

机组特性曲线的调节主要有转速调节、入口导流叶片调节、切削叶轮调节及改变并联机组数调节四种方法。

1. 转速调节

根据相似律定理,若改变机组转速,则其特性曲线随之变化,工作点位置亦相应改变,系统流量也因此而变化。流量 Q、扬程 H、轴功率 N 与转速 n 的关系如下:

$$\frac{Q}{Q'}=\frac{n}{n'}; \quad \frac{H}{H'}=\frac{p}{p'}=\left(\frac{n}{n'}\right)^2; \quad \frac{N}{N'}=\left(\frac{n}{n'}\right)^3$$

依据上述关系,可将某一转速下的机组特性曲线转化为另一转速下的曲线。

如图 10-13 所示,A 点为转速调节前的工作点,B 点为转速调节后的工作点,因系统中的管路未发生变化,故管路特性曲线保持不变。但 A 和 B 之间并不符合相似工况点。根据等效率关系,过原点做一条通过 B 点的抛物线(图中定位线)与调节前机组特性曲线相交,交点 C 点为 B 点的相似工况点。如果管路特性曲线为通过原点的二次抛物线(如闭式热水管网),则 A 点与 C 点重合。

机组转速调节的主要方法有以下几种:

1) 改变电机转数

采用可控硅调压以实现电机多级调速;改变电机输入电流频率调节转速。其中,后者是目前广泛使用的方法,具有调速范围大、效率高且具有运行自动化的特点。

2) 调换皮带轮

改变机组传动比,这种方法可以在一定范围内调节转速,但调速范围有限且需停机操作。

3) 采用液力联轴器

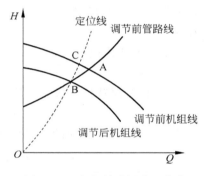

图 10-13 机组转速调节工作点

该方法是在电动机和工作机之间安装以液体传递转矩的传动设备,通过改变进液量以改变转矩,继而在电机转数不变情况下改变工作机转速。这种方法可实现无级调速,但成本较高。

2. 入口导流叶片调节

在工作机(一般为风机)入口安装导流叶片,通过改变叶片转角实现工作机工况的变化。这种方法既改变机组特性曲线,同时也会改变管路特性曲线。入口导流调节会增加能量损失,其损失量高于变速调节,但较阀门调节要小。导流器结构相对简单,可在机组壳外操作,无需停机操作,应用较为便捷。

3. 切削叶轮调节

主要应用于离心水泵。水泵的叶轮经过切削,几何特征变化,水泵组性能随之改变。切削后的叶轮与切削前不再符合几何相似,因此切削前后性能参数的关系不满足相似律。

切削叶轮的调节方法,不增加额外的能量损失,设备效率下降少,是一种节能的调节方法,但需要停机换轮,因此常用于水泵的季节性调节。

4. 改变并联机组数调节

主要应用于水泵机组。通过机组并联数量的变化实现流量调节,属于较为经济简单的调节方法。

【例题 10.1】 图 10-14 为一市政给水厂某型号离心式泵的 H-Q 和 η-Q 特性曲线,已知该型水泵工作转速设定为 $n=2900\text{r/min}$,管路系统的阻抗 $S=76000\text{s}^2/\text{m}^5$,泵需满足的几何扬程 $H_g=19.0\text{m}$。

(1) 计算该泵在上述条件下的流量 Q、扬程 H、工作效率及轴功率 N。

(2) 若采用阀门节流方式使 Q 降至初始流量的 75%,则 Q、H、N 及增加的消耗功率为多少?

(3) 若改变泵转速实现上述目标,则如何改变。

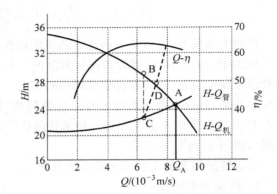

图 10-14 例题 10.1 图

解:(1) 由管路特性曲线方程计算机组所需扬程,表达式为:

$$H = H_g + SQ^2 = 19 + 76000Q^2$$

以 Q 为变量,计算相应的 H 值,如表 10-1 所示。

表 10-1 例题 10.1 扬程计算

$Q/(10^{-3}\text{m}^3/\text{s})$	2	4	6	8	10	15	20	30
H/m	19.30	20.22	21.74	23.86	26.60	36.10	49.40	87.40

根据计算结果,绘制管路特性 H-$Q_{管}$ 和机组特性曲线 H-$Q_{机}$、流量-效率曲线 Q-η,如图 10-14 所示。由图查得 H-$Q_{管}$ 与 H-$Q_{机}$ 曲线交于 A 点,即为工作点,由 A 点作垂线交 Q 轴,交点值为 $Q_A = 8.5 \times 10^{-3}\text{m}^3/\text{s}$,相应扬程 $H_A = 24.5\text{m}$,效率 $\eta_A = 65\%$。根据轴功率计算公式,有:

$$N_A = \frac{\rho g Q_A H_A}{\eta_A} = \left(\frac{1000 \times 9807 \times 0.0085 \times 24.5}{0.65}\right)\text{kW} = 3.14\text{kW}$$

(2) 根据题意,采用阀门调节后的流量为原流量 75%,即新流量 Q_B 为:

$$Q_B = 0.75 \times Q_A = 6.38 \times 10^{-3}\text{m}^3/\text{s}$$

由机组特性曲线,可对应流量 Q_B 时的扬程值 28.8m,效率值 η_B 为 65%,故轴功率 N 为:

$$N_B = \frac{\rho g Q_B H_B}{\eta_B} = \left(\frac{9807 \times 0.00638 \times 28.8}{0.65}\right)\text{kW} = 2.77\text{kW}$$

过 B 点作垂线与 H-$Q_{管}$ 曲线交于点 C,相应的扬程 H_C 为:

$$H_C = (19 + 76000 \times 0.00638^2)\text{m} = 22.09\text{m}$$

阀门调节后新增水头损失为:

$$\Delta H = H_B - H_C = (28.8 - 22.09)\text{m} = 6.71\text{m}$$

阀门调节后增加的功率为：

$$\Delta N_A = \frac{\rho g Q_B \Delta H}{\eta_B} = \left(\frac{1000 \times 9807 \times 0.00638 \times 6.71}{0.65}\right)\text{kW} = 0.65\text{kW}$$

（3）若采取改变泵转速降低流量至75%（即Q_B），则对应Q_B的工况点为C，其相似工况点为过原点的抛物线与机组特性曲线的交点D。

将调节后流量值（即Q_B）代入管路特性曲线方程，可得扬程$H_C = 22.09\text{m}$，则有过原点二次抛物线方程：

$$H = \left(\frac{H_C}{Q_C^2}\right)Q^2 = \frac{22.09}{0.00638^2}Q^2 = 542693Q^2$$

将该二次抛物线绘制于图10-14中（粗虚线），与机组特性曲线交于D点，该点对应的流量值为$7.2 \times 10^{-3}\text{m}^3/\text{s}$。

由相似率定律，有：

$$n' = nQ_C/Q_D = (2900 \times 0.00638/0.0072)\text{r/min} = 2570\text{r/min}$$

即转速调节由2900r/min降至2570r/min。

习 题

一、选择题

1. 下列说法正确的是（　　）。
   A. 离心式水泵适用于大流量、低压头的工作要求
   B. 离心式水泵适用于小流量、高压头的工作要求
   C. 离心式水泵适用于大流量、高压头的工作要求
   D. 离心式水泵适用于小流量、低压头的工作要求

2. 下列说法正确的是（　　）。
   A. 轴流式风机适用于大流量、低压头的工作要求
   B. 轴流式风机适用于小流量、高压头的工作要求
   C. 轴流式风机适用于大流量、高压头的工作要求
   D. 轴流式风机适用于小流量、低压头的工作要求

3. 叶片式工作机中，流经叶轮的流量Q等于径向分速度乘以（　　）的面积。
   A. 径向过流断面　　B. 叶轮旋转断面　　C. 叶轮断面　　D. 轴向断面

4. 固定转速下，工作机的理论扬程H_T与理论流量Q_T呈（　　）。
   A. 四次方关系　　B. 三次方关系　　C. 二次方关系　　D. 线性关系

5. 理想流体获得的理论扬程仅与（　　）有关。
   A. 叶片进口速度　　　　　　B. 叶片出口速度
   C. 叶片进口和出口处的速度　　D. 流体流动过程

6. 前向式叶片工作机的理论扬程H_T随理论流量Q_T增大而（　　）。
   A. 增大　　B. 减小　　C. 不变　　D. 不确定

7. 径向式叶片工作机的理论扬程 H_T 随理论流量 Q_T 增大而( )。
   A. 增大　　　　　　B. 减小　　　　　　C. 不变　　　　　　D. 不确定
8. 后向式叶片工作机的理论扬程 H_T 随理论流量 Q_T 增大而( )。
   A. 增大　　　　　　B. 减小　　　　　　C. 不变　　　　　　D. 不确定
9. 工作机在实际运行时存在一个最高效率 η_{max},在此工况下能量损失最小。通常以 $\eta>($ $)\eta_{max}$ 作为高效工作区。
   A. 80%　　　　　　B. 85%　　　　　　C. 90%　　　　　　D. 95%
10. 管路阻抗 S 越大,则管路特性曲线( )。
    A. 越陡　　　　　　B. 平缓　　　　　　C. 趋于水平线　　　　D. 趋于斜线
11. 工作机的工作点是( )。
    A. 管路特性曲线和工作机特性曲线的切点
    B. 管路特性曲线和工作机特性曲线的交点
    C. 管路特性曲线的最低点
    D. 工作曲线的最低点
12. 根据 H-Q 特性曲线可知,同型双机并联后的总流量增加,( )。
    A. 水头损失增加,相应所需扬程增加
    B. 水头损失减小,相应所需扬程增加
    C. 水头损失减小,相应所需扬程减小
    D. 水头损失减小,相应所需扬程不变
13. 同型机组串联后产生的总水头较单机运行时增加( )倍。
    A. 大于1　　　　　　B. 1　　　　　　C. 小于1　　　　　　D. 不确定
14. 有关阀门调节流量说法正确的是( )。
    A. 吸入管阀门调节能量损失最小
    B. 压出管阀门调节能量损失最小
    C. 吸入管阀门调节能量损失最大
    B. 阀门联合调节能量损失最小
15. 阀门调节更适宜于( )。
    A. 水泵扬程调节　　B. 风机扬程调节　　C. 水泵流量调节　　D. 风机流量调节
16. 机组特性曲线的主要调节方法不包括( )。
    A. 转速调节　　　　B. 阀门　　　　　　C. 入口导流调节　　D. 叶轮切削调节

二、计算题

1. 离心式风机的叶轮直径 $d=0.8\mathrm{m}$,叶轮出口宽度 $b=0.15\mathrm{m}$,叶片安装角 $\beta_2=30°$,叶轮转速 $n=24.17\mathrm{r/s}$,若出风量 $Q=1.0\times10^4\mathrm{m}^3/\mathrm{h}$,求叶轮出口处的流速三角形(即各速度值)。

2. 离心式水泵的叶轮半径 $R=0.2\mathrm{m}$,叶轮出口宽度 $b=0.05\mathrm{m}$,叶片安装角 $\beta_2=20°$,叶轮转速 $n=35.58\mathrm{r/s}$,若出风量 $Q=8.64\times10^2\mathrm{m}^3/\mathrm{h}$,求叶轮出口处的流速三角形。

3. 离心泵叶轮直径 $d=0.36\mathrm{m}$,出口叶片安装角 $\beta_2=30°$,出口有效断面面积 $A=0.023\mathrm{m}^2$,叶轮转速 $n=24.67\mathrm{r/s}$,试计算泵出水量 $Q=0.838\mathrm{m}^3/\mathrm{s}$ 时的理论扬程 H 是多

少?(不考虑进口的漩流作用)

4. 水泵进水管直径 $d_1=0.2$m,进水管真空高度为 $p_v=0.25$mHg,压出管直径 $d_2=0.15$m,压出管压强 $p_2=2.2\times10^5$Pa,泵流量 $Q=0.08$m³/s,若电机转动轴功率 $P=2.7\times10^3$W,求该水泵的效率 η。

5. 对风机进行性能鉴定,测得转速 $n=20.83$r/s 时的压强、流量与功率列于表 10-2 中。试根据表中数据计算各测点对应的效率 η。

表 10-2 计算题 5

测点	1	2	3	4	5	6	7	8
Δp/kPa	0.843	0.827	0.814	0.794	0.755	0.696	0.637	0.579
Q/(m³/s)	1.644	1.844	2.044	2.250	2.444	2.639	2.847	3.056
N/kW	1.69	1.77	1.86	1.96	2.03	2.08	2.12	2.15

6. 有一离心式水泵,转速为 8r/s,水泵扬程 H 为 136m,泵流量 $Q=5.73$m³/s,电机传动功率 $P=9860$kW,容积效率与机械效率均为 92%,水温及密度分别为 $t=20℃$,$\rho=1000$kg/m³,则水泵运行时的效率 η 为多少?

7. 某类型水泵的流量 $Q=25$L/s,进水管管径 $d_1=1.0$m,进水管压强 $p_1=$ 为 3.924×10^4Pa,压出管管径 $d_2=0.75$m,压出管压强 $p_2=3.237\times10^5$Pa,进水管轴线低于压出管轴线 0.8m,若电机功率为 12.5kW,则泵的总效率为多少?

第 10 章答案